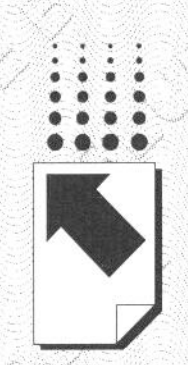

权威·前沿·原创

皮书系列为

“十二五”“十三五”“十四五”国家重点图书出版规划项目

智库成果出版与传播平台

测绘地理信息人才需求与培养研究报告（2021）

REPORT ON DEMAND AND CULTIVATION OF SURVEYING & MAPPING AND GEOINFORMATION TALENTS (2021)

主　　编 / 王广华
副 主 编 / 陈常松
执行主编 / 马振福　乔朝飞

社会科学文献出版社
SOCIAL SCIENCES ACADEMIC PRESS (CHINA)

图书在版编目（CIP）数据

测绘地理信息人才需求与培养研究报告. 2021 / 王广华主编. -- 北京：社会科学文献出版社, 2022.3
（测绘地理信息蓝皮书）
ISBN 978-7-5201-9637-6

Ⅰ. ①测…　Ⅱ. ①王…　Ⅲ. ①测绘-地理信息系统-人才培养-研究报告-中国-2021　Ⅳ. ①P208

中国版本图书馆CIP数据核字（2022）第013241号

测绘地理信息蓝皮书
测绘地理信息人才需求与培养研究报告（2021）

主　　编 / 王广华
副 主 编 / 陈常松

出 版 人 / 王利民
责任编辑 / 王　绯　徐永清
责任印制 / 王京美

出　　版 / 社会科学文献出版社 · 政法传媒分社（010）59367156
　　　　　地址：北京市北三环中路甲29号院华龙大厦　邮编：100029
　　　　　网址：www.ssap.com.cn
发　　行 / 社会科学文献出版社（010）59367028
印　　装 / 天津千鹤文化传播有限公司

规　　格 / 开 本：787mm × 1092mm　1/16
　　　　　印 张：20　字 数：295千字
版　　次 / 2022年3月第1版　2022年3月第1次印刷
书　　号 / ISBN 978-7-5201-9637-6
定　　价 / 158.00元

读者服务电话：4008918866

编委会名单

主　　编　王广华

副 主 编　陈常松

执行主编　马振福　乔朝飞

策　　划　自然资源部测绘发展研究中心

编 辑 组　张　月　周　夏　王　硕　徐　坤　贾宗仁

　　　　　桂德竹

主要编撰者简介

王广华　自然资源部副部长、党组成员。

陈常松　自然资源部测绘发展研究中心主任，博士，研究员，享受国务院政府特殊津贴。多年负责测绘地理信息发展规划计划管理及重大项目工作，主持多项测绘地理信息软科学研究项目，编著多本图书，现任中国测绘学会发展战略委员会主任委员，研究方向为测绘地理信息发展战略、规划与政策。

马振福　自然资源部测绘发展研究中心副主任，高级工程师，研究方向为测绘地理信息发展战略、规划与政策。

乔朝飞　自然资源部测绘发展研究中心应用与服务研究室主任，博士，研究员。负责2010~2021年测绘地理信息蓝皮书的组织编纂工作，主持和参与多项测绘地理信息软科学研究项目，参与编著多本图书，研究方向为测绘地理信息发展战略、规划与政策。

前　言
新时期测绘地理信息事业新发展呼唤人才培养和使用新思路

王广华*

当前，测绘地理信息事业进入一个以“支撑经济社会发展、服务各行业需求，支撑自然资源管理、服务生态文明建设，不断提升测绘地理信息工作能力和水平”（以下简称“两支撑　一提升”）为职能定位的新的历史阶段。履行《中华人民共和国测绘法》赋予的法定职责，推动测绘地理信息事业高质量发展需要解决新问题，完成新任务，实现新目标。在这一新的形势下，加强测绘地理信息新型人才的培养和使用，加快全行业队伍的知识更新、技术更替、技能提升和结构优化进程，作为事业发展的根本保障和支撑，成为首先需要破解的重要命题。测绘地理信息人才培养和使用必须适应新形势，明确新思路，采取新举措。

现状与问题

当前，测绘地理信息行业人才队伍呈现出供需两旺、供需基本平衡的态势。人才教育培养体系日益完善，人才供给日益呈现出测绘—地理信息—地

---

* 王广华，自然资源部副部长、党组成员。

学多学科融合、博士—硕士—本科布局基本合理、技术—技能—经营人才类别基本齐全的特点。人才需求迅速增大，近年来除测绘地理信息行业需求呈迅速增大态势外，IT 等关联企业对测绘地理信息相关专业人才的需求也日渐旺盛。

（一）需求端人才规模逐步扩大，层次稳步提升

人才总量较快增长，公益队伍规模稳中有增。2016~2019 年，全国测绘资质单位从业人员数量分别为 424451 人、457049 人、484614 人和 503261 人，年际增长率分别为 7.7%、6.0%、3.8%，总体呈现较快增长趋势。[①] 机构改革前，2013~2017 年，原测绘地理信息系统所属公益队伍从业人员数量分别为 26155 人、26429 人、27446 人、27487 人和 27293 人，年度增长率分别为 1.0%、3.8%、0.1%、−0.7%，总体呈稳中有增态势。[②] 从公益队伍从业人员数量占比来看，2016 年、2017 年，公益队伍从业人员数量占测绘资质单位从业人员总数的比例分别为 6.5%、6.0%。可以看出，测绘资质单位从业人员构成中，公司企业从业人员为主流，公益队伍处于从属地位，说明测绘地理信息行业在人才队伍方面的市场化程度很高。

人才结构专业化日益突出，行业技术密集型特征十分明显。分专业技术人才和专业技能人才两大类对行业人才结构进行分析。2016~2019 年，测绘资质单位中专业技术人才数量分别为 344261 人、374852 人、402841 人和 419239 人，年际增长率分别为 8.9%、7.5%、4.1%，[①]总体呈现较快增长趋势。其在从业人员总数中的占比分别为 81.1%、82.0%、83.1% 和 83.3%，占绝对优势地位。在专业技术人才中，高层次人才占有一定比例。据统计，目前全行业有院士 20 名。

2016~2019 年，测绘资质单位中专业技能人才数量分别为 36887 人、35256 人、33480 人和 34371 人，[③] 年际增长率分别为 −4.4%、−5.0%、2.7%，

① 数据来源：2016~2019 年《测绘地理信息统计年报》。

② 数据来源：2013~2017 年《测绘地理信息统计年报》。

③ 数据来源：2016~2019 年《测绘地理信息统计年报》。

总体呈现波动式递减趋势，2019年比2016年减少6.8%。专业技能人才在测绘资质单位从业人员总数中的占比分别为8.7%、7.7%、6.9%、6.8%，呈明显下降趋势。专业技能人才结构相对合理，截至2020年8月，全国获得各级测绘技能资格的人数分别为：初级工78067人、中级工263261人、高级工88417人、技师4801人、高级技师546人，共计435092人，[①]中级工数量占比最高，约为61%。高水平的技师与高级技师占比偏少，仅1.2%，加快高水平技能人才的培养需要进一步提高力度。

（二）人才培养体系和培养规模满足行业发展需求

职业教育体系健全、学科设置合理。由中等职业教育、高等职业教育专科和高等职业教育本科三个层面构成的测绘地理信息职业教育体系日益完善，正在源源不断地为行业发展输出不同专业、不同层次技能人才。截至2020年，全国有近140所中等职业学校开设了工程测量技术、地图绘制与地理信息系统、地质与测量、航空摄影测量等4个专业课程，[②]每年招生约8000人。[③]其中，137所开设了工程测量技术专业教育课程，20所开设了地质与测量专业课程，10所开设了地图绘制与地理信息系统专业课程。[④]有254所高等职业院校开设工程测量技术、测绘工程技术、测绘地理信息技术、摄影测量与遥感技术、地籍测绘与土地管理、国土空间规划与测绘、无人机测绘技术、矿山测量、导航与位置服务、空间数字建模与应用技术等10个专业专科教育课程，每年招生人数约15000人。[⑥]其中，251所开设了工程测量技术专业课程，63所开设了测绘地理信息技术专业专科教育课程，47所开设了摄影测量与遥感技术专科教育课程。2021年新设置3个高职本科专业，包括导航工程技术、测绘工程技术、地理信息技术。已各有1所高职院校开设了导航工程

---

① 数据来源：自然资源部职业技能鉴定指导中心。

② 《教育部：关于印发〈职业教育专业目录（2021年）〉的通知》，教育部网站，http://www.moe.gov.cn/srcsite/A07/moe_953/202103/t20210319_521135.html。

③ 数据来源：教育部职业教育与成人教育司。

技术和测绘工程技术高职本科专业。①

高等教育体系稳步发展，人才供给主渠道地位稳定。测绘地理信息高等教育是体系最完善、发展历史最长久、机制制度最成熟、对行业人才供给最稳定的人才供给体系。其既是行业发展的重要组成，也是满足行业持续发展人才需求的基本保障。将现行测绘地理信息高等教育按本科和研究生两个层次进行分析，根据现行高等教育专业目录，② 本科层次分别在工学和理学两大门类下设置9个专业。其中，在工学的“测绘类”下设置有测绘工程、遥感科学与技术、导航工程、地理国情监测、地理空间信息工程等5个专业；在工学的“计算机类”下设置有空间信息与数字技术专业。在理学的“地理科学类”下设置地理信息科学专业，在理学的“地球物理学类”下设置空间科学与技术专业，在理学的“地质学类”下设置地球信息科学与技术专业。研究生层次设置3个一级学科和8个二级学科，在理学一级学科“地理学”下设置地图学与地理信息系统1个二级学科，在工学一级学科“测绘科学与技术”、工学交叉学科“遥感科学与技术”下设置大地测量学与测量工程、摄影测量与遥感、地图制图学与地理信息工程、导航与位置服务、矿山与地下测量、海洋测绘以及遥感科学与技术等7个二级学科。截至2021年7月，全国设置相关本科专业的普通高校约260所，其中，180所高校开设地理信息科学专业，144所高校开设测绘工程专业，53所高校开设遥感科学与技术专业；③ 拥有测绘科学与技术一级学科博士点的高校有19所，一级学科硕士点的高校有55所；④ 拥有地图学与地理信息系统二级学科博士点的高校有18所，二级学科硕士点的高校有67所。⑤ 本科和研究生近年来每年招生人数分别为约3

---

① 数据来源：教育部职业教育与成人教育司。

② 《普通高等学校本科专业目录（2021年修订版）》（https://www.sohu.com/a/454870513_113087）。

③ 数据来源：微信公众号“慧天地”，《2021年招收测绘工程、遥感科学与技术、地理空间信息工程、导航工程本科专业的全国普通高校名单》，2021年7月17日。

④ 数据来源：微信公众号“慧天地”，《最新发布！全国具有测绘科学与技术学科博士点、硕士点的高校及科研院所名单》，2021年7月27日。

⑤ 研招网（https://yz.chsi.com.cn/zyk/）。

万人和约 7000 人。[①②]

继续教育体系较为成熟，成为一线人才队伍知识更新和技能提升的重要渠道。由政府、企业、社会组织共同构建的多层次、相互衔接的测绘地理信息人才继续教育体系为各类人才的发展提供了有力支撑。政府层面，截至机构改革前的 2017 年，原国家测绘地理信息局共选拔培养 16 名科技领军人才，132 名青年学术和技术带头人；[③]实施测绘地理信息“工匠计划”，建立产教融合、校企合作的技能人才培养模式，组织举办多届全国测绘地理信息行业、高校、职业院校职业技能竞赛，与教育部联合实施“卓越工程师培养计划”，组织建设了一批应用型人才培养基地；[④]2018 年自然资源部成立后，优化整合部级科技人才培养计划，实施自然资源高层次科技创新人才培养工程，测绘地理信息领域分别有 2 人、7 人和 149 人入选部高层次科技创新人才第一、第二、第三梯队名单，[⑤]占比分别为 6.3%、23.3% 和 27.0%。在国家层面人才工程的带动下，各地积极鼓励和支持本地区的优秀科技人才申报国家和本地的各类人才工程。

企业层面，一些地理信息企业利用自身的资源，为员工提供各类测绘地理信息专业继续教育。例如，南方测绘集团创办的公益继续教育平台走进全国 150 多所院校；超图集团提供从地理信息系统（GIS）应用到 GIS 开发的全套课程教育；等等。另外，社会组织也采取各种措施帮助拓宽人才培养渠道。例如，从 2018 年起，中国测绘学会每年组织开展青年测绘地理信息科技创新人才奖评选，截至 2020 年，共评选出 93 名青年测绘地理信息科技创新人才。近年来，中国卫星导航定位协会在每年的卫星导航与位置服务年会上组织开

---

① 汤国安、张书亮、杨昕等:《我国地理信息科学专业高等教育现状与分析》，中国地理信息产业协会编著《中国地理信息产业发展报告（2020）》，测绘出版社，2020，第 116~130 页。

② 姚宜斌、赵前胜、高迎春:《我国测绘工程专业高等教育现状与分析》，中国地理信息产业协会编著《中国地理信息产业发展报告（2020）》，测绘出版社，2020，第 131~141 页。

③ 中华人民共和国自然资源部:《中国测绘地理信息年鉴（2018）》，测绘出版社，2018。

④ 国家测绘地理信息局编《砥砺奋进的 5 年——党的十八大以来全国测绘地理信息事业辉煌成就》，测绘出版社，2017。

⑤ 自然资源部《关于公布高层次科技创新人才梯队的公告》（2019 年第 47 号）。

展中青年作者优秀论文评选活动。

总体上看，尽管我国测绘地理信息人才培养和使用工作取得重要进展，对事业发展的保障作用明显提高，但是与国家关于人才工作的总体要求和测绘地理信息事业需求相比，仍然有相当差距，许多问题亟待解决。突出表现在两个方面：一是在测绘地理信息技术与其他相关技术跨界融合发展日益深化的背景下，行业之间争夺人才的竞争日趋激烈，测绘地理信息行业如何留住优秀人才，尤其是青年人才，成为一个亟待解决的问题。据统计，2016~2019 年，测绘资质单位录用的测绘地理信息相关专业应届毕业生人数分别为 25922 人、26561 人、24069 人和 20011 人，年际变化率分别为 2.5%、–9.4%、–16.9%，呈逐年减少趋势。①2019 年，测绘资质单位录用的应届毕业生人数占测绘地理信息专业应届毕业生总数 6 万人的 33.3%，近七成应届毕业生未将测绘资质单位作为工作的首选单位。相较地理信息企业，其他行业企业如信息通信产业的头部企业对应届毕业生的吸引力更大。二是在当前国家加快构建现代职业教育体系、加大高素质技能人才培养力度的背景下，测绘地理信息人才队伍中的技能人才比例却在逐年下降。相关企事业单位对高技能人才的培养和使用上所存在偏差。

形势与需求

“十四五”时期，是我国开启全面建设社会主义现代化国家新征程、向第二个百年奋斗目标进军的第一个五年，也是我国测绘地理信息事业适应体制改革后的新要求，实现更可持续、更高质量发展，加快迈向测绘强国的关键时期。测绘地理信息人才培养和使用要适应时代要求，按照自然资源人才工作总体部署，加快推进在工作理念、工作思路和具体措施等方面的与时俱进，着力形成一支与世界强国相匹配，与事业发展相适应，技术、技能和经营人才组成合理的高精尖队伍。

① 数据来源：2016~2019 年《测绘地理信息统计年报》。

（一）贯彻党和国家对人才工作的新部署新要求

习近平总书记2020年7月29日就研究生教育工作作出重要指示时指出，中国特色社会主义进入新时代，即将在决胜全面建成小康社会、决战脱贫攻坚的基础上迈向建设社会主义现代化国家新征程，党和国家事业发展迫切需要培养造就大批德才兼备的高层次人才。《国民经济和社会发展第十四个五年规划和二〇三五年远景目标纲要》基于第二个百年奋斗目标需要，将建设"人才强国"列为到二〇三五年基本实现社会主义现代化远景目标之一，要求深入实施人才强国战略，从培养造就高水平人才队伍、激励人才更好发挥作用、优化创新创业创造生态等方面激发人才创新活力。加快培养造就一支创新能力强的测绘地理信息队伍是落实党中央、国务院关于人才工作总体部署、推进人才强国战略实施的重要内容，必须坚持以习近平新时代中国特色社会主义思想为指导，进一步贯彻党管人才原则，适应测绘地理信息事业的技术特点、业务特点，构建测绘地理信息人才建设与行业高质量发展协同体系，加快创新型、应用型、技能型人才培养和使用，激发人才创新活力，培养造就大批德才兼备的高素质、复合型人才，满足行业高质量发展的需要。

（二）落实自然资源部党组关于自然资源人才工作新要求新任务

自然资源部成立后，始终高度重视人才工作，尤其是科技创新人才的培养，先后出台了一系列相关文件。2018年11月印发的《中共自然资源部党组关于深化科技体制改革 提升科技创新效能的实施意见》（自然资党发〔2018〕31号）提出改革人才激励机制，要求用好高层次创新人才，建立高层次科技创新人才梯队；强化高层次创新人才绩效激励，加大科技成果转化激励；合理引进急需紧缺高层次创新人才，简化程序精准引才；扩宽青年人才成长空间，放手使用优秀青年人才；拓宽破格竞聘通道，为青年人才成才铺路搭桥等。[①]2019年1月印发的《中共自然资源部党组关于激励科技创新人才的若

① 《自然资源部党组印发实施意见　深化科技体制改革　提升科技创新效能》，自然资源部网站，http://www.mnr.gov.cn/dt/ywbb/201811/t20181116_2366509.html。

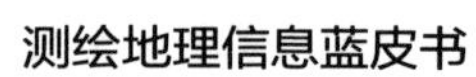

干措施》（自然资党发〔2019〕2号）围绕充分用好现有人才，引进急需人才，加强人才梯队建设，提出了六个方面的具体措施：定向激励高端创新人才、用好科技成果转化政策激励人才、重奖业绩突出的创新人才、充分激励主体业务实践中的创新人才、激活研发单位创新内生动力、加强对创新人才的情感关怀。[①]2020年12月，在细化补充上述两个文件有关政策措施的基础上，制定了《自然资源部高层次科技创新人才工程实施方案》（自然资党发〔2020〕64号），旨在围绕履行自然资源“两统一”等职责使命要求，激发人才创新活力，增强科技创新竞争力，有计划地发现、培养、激励一批在自然资源重大基础研究、技术研发和重大工程实施等方面创新能力强、业绩突出的高层次创新人才，壮大青年科技人才队伍。围绕上述目标，提出了四个方面的培养支持措施：充分发挥自然资源重大专项任务的优势，拓宽高层次创新人才成长通道；建立科学合理的科技创新人才评价标准，完善选人、育人、用人机制；尊重科技创新人才成长规律，加强青年科技人才发现和培养力度；完善激励机制与政策，强化创新贡献导向。同时提出了高层次科技创新人才入列和选拔机制以及遴选程序。[②]测绘地理信息领域要根据上述文件的要求，采取针对性强的具体措施，加大人才发现、培养、使用力度，使更多高层次科技创新人才和青年人才不断脱颖而出。

（三）为测绘地理信息“两支撑、一提升”根本定位落地提供坚实保障

当前，根据自然资源部的总体安排，“支撑经济社会发展、服务各行业需求，支撑自然资源管理、服务生态文明建设，不断提升测绘地理信息工作能力和水平”，已经成为在自然资源工作全局下，测绘地理信息工作履行《中华人民共和国测绘法》各项法定职责，为经济建设、国防建设、社会发展和生

① 《中共自然资源部党组关于激励科技创新人才的若干措施》，自然资源部网站，http://gi.mnr.gov.cn/201901/t20190124_2389824.html。

② 《中共自然资源部党组关于印发〈自然资源部高层次科技创新人才工程实施方案〉的通知》，自然资源部网站，http://gi.mnr.gov.cn/202101/t20210106_2597314.html。

态保护提供服务的主要任务。为此，自然资源部正在加紧研究谋划测绘地理信息事业“十四五”发展规划，明确新目标，提出新思路，部署新任务。测绘地理信息人才的培养和使用，是不断提升测绘地理信息工作能力和水平的重要内容，必须针对人才培养和使用方面所存在的短板和问题，按照推进测绘地理信息自主创新、安全发展、产业发展等要求，重点围绕跨界融合、全球视野、创新思维、市场意识等内容，不断推出新的人才培养和使用对策，着力形成一支具备创新能力、创造能力，懂业务、懂管理的复合型人才队伍，为“两支撑、一提升”根本定位的全面落地提供保障。

对策与措施

将测绘地理信息人才培养和使用作为“两支撑、一提升”的重要内容，纳入测绘地理信息事业和自然资源人才工作总体布局，针对人才使用和队伍建设等方面存在的问题，全面落实国家关于人才工作总体部署，面向测绘地理信息“十四五”发展目标和到2035年目标要求，努力营造良好人才发展环境，厚置人才成长沃土，为多出人才、快出人才奠定基础。

（一）进一步强化复合型人才的培养和使用

准确把握测绘地理信息“两支撑、一提升”的工作定位，依托国家级人才计划和自然资源部人才培养工程，有计划地发现、培养、激励在自然资源和测绘地理信息领域重大基础研究、技术研发和重大工程实施等方面的科技创新人才，打造高层次复合型人才队伍，以及创新型、交叉型、互补型科研团队。充分发挥自然资源重大专项任务的优势，进一步加大测绘、土地、地质、矿产、海洋等领域间的交流与融合，在深地探测、深海探测、自然资源全要素调查监测等自然资源重大工程和项目中，增加测绘地理信息领域人才的参与、使用度，充分发挥测绘地理信息人才和技术在自然资源管理全业务链条中的支撑作用。拓宽高层次科技创新人才成长通道，对国家级科技人才实行“一人一策”的培养方式，对领军人才从事的战略性、原创性项目予以特殊支持，依法赋予其更大的人财物支配权和技术路线决定权。紧跟科技发展前沿技术，建立长效学习机制，推行继续教育制度，组织高端研修培训，承办或参与高水平学术交流会议，为人才知识更新、拓宽视野创造条件。鼓励测绘地理信息企事业单位与国内外知名高校、科研机构和企业开展深度合作，大力培养应用型科技人才，满足技术跨界融合和地理信息产业高质量发展的需要。

（二）进一步强化国际化人才培养

积极开展测绘地理信息领域国际交流合作，有计划地引进海外“高精尖缺”人才，简化程序精准引才，根据搭建科技创新基地和科技创新任务的需要，采取“一事一议”方式和灵活、简便的招聘流程，引进急需紧缺的测绘地理信息高层次创新人才。进一步加强人才派出工作，加强与相关国际组织和国外知名高校的联系与合作，选派更多科技创新人才尤其是优秀青年技术及管理人员到国外著名高校、科研机构进修学习或合作开展科研，学习国际先进技术和管理理论，拓宽人才国际化视野。优先推选优秀高层次人才到国际组织任职，提升我国测绘地理信息行业的国际影响力。加快落实联合国全球地理信息知识与创新中心建设，搭建国内外交流平台。加强与有关部门的合作，推动我国地理信息企业积极扩展国际业务，切实帮助企业解决“走出去”所面临的各类实际问题。

（三）进一步打通人才供给端与需求端环节，形成人才培养、使用和创新的完整链条

面向技术跨界、业务融合等新要求，打通测绘地理信息人才培养供给端与需求端环节，培养“基础厚、素质高、实践强”的跨学科复合型人才。推动高校加强地理信息相关新理论、新方法等基础研究，及时更新和编写满足自然资源管理需求以及服务测绘地理信息发展的教材。推动高校相关专业和学科体系优化设置。基于测绘地理信息专业涉及多学科、综合交叉、理工并举的特点，应推行大类招生、分流培养模式，专业设置模式

应向厚基础、宽口径、一专多能、适应性强的方向调整。适应技术创新、行业发展和市场需求，在人才培养过程中建立由通识教育、专业必修课和跨学科选修课共同组成的文、理、工一体化课程体系，削减或调整与人才实际需要不相适应的课程，适时增加与行业发展或前沿信息技术紧密结合的课程，不断拓宽学生知识面，满足不同就业方向，提升人才就业与发展空间。鼓励相关高校与测绘地理信息企事业单位深度合作，建立科教融合、产教融合的人才培养模式，探索“培养学习—专业应用—创新发展”的贯通式人才培养和使用路径。

（四）进一步优化专业技术人才和高技能人才体系结构

随着地理信息技术和人工智能、5G、区块链等新型信息技术的深度融合，测绘地理信息行业的高技术特征将日益明显。今后要努力打造良好的科技创新生态环境，破除制约科技人员创新活力的体制机制障碍，着力打造规模合适、结构合理、素质优良的测绘地理信息专业技术人才队伍。在测绘地理信息重大工程和重大项目中，积极实行“揭榜挂帅”机制，鼓励高层次创新人才解决测绘地理信息领域发展重大科技问题。实施好自然资源部“杰出青年科技创新人才培养计划”，大胆起用青年科技人才，鼓励青年科技人才担任学科建设带头人，拓宽专业技术人才及青年科技人员成长渠道、壮大人才队伍。鼓励多种方式使用和引进高层次创新人才，关注专精尖人才的锻炼培养，进一步落实以创新能力、质量和贡献为主的人才评价导向和激励机制。积极推荐科技领军人才申报两院院士，加快培养高层次创新型科技人才和团队。同时，促进优化职业教育类型定位，稳步发展职业本科教育，深化产教融合、校企合作的技能人才培养模式，推进顶岗实习以及“订单式”人才培养。继续开展职业技能竞赛，完善测绘地理信息职业分类、技能鉴定等制度，增强职业教育适应性。在测绘地理信息工程技术领域健全职业技能等级认定与专业技术职称评审贯通机制，打通专业技术人才和技能人才的双向发展通道，培养更多素质高、创新能力强的高技能人才、能工巧匠、大国工匠。

“创新之道，唯在得人。得人之要，必广其途以储之。”我们编辑出版这本测绘地理信息蓝皮书之《测绘地理信息人才需求与培养研究报告（2021）》，旨在吸收借鉴业内有关专家的智慧，充分发挥政府、科研单位、高校、企业等各界力量，共同为建设一支强有力的测绘地理信息人才队伍作出贡献。

2021年9月

摘 要

人才是第一资源，是测绘地理信息事业发展的关键要素。为探讨新时代测绘地理信息人才需求与培养的发展方向，自然资源部测绘发展研究中心组织编纂第十二本测绘地理信息蓝皮书——《测绘地理信息人才需求与培养研究报告（2021）》（以下简称《蓝皮书》）。该蓝皮书邀请测绘地理信息行业的有关领导、专家和企业家撰文，总结测绘地理信息人才发展现状，分析新时期测绘地理信息人才面临的新需求，探讨测绘地理信息人才培养的举措。

《蓝皮书》包括总报告和专题报告两部分内容。总报告总结分析了测绘地理信息人才培养现状，梳理了专业技术人才、技能人才和企业经营管理人才等三类人才的现状和培养概况，剖析了存在的问题及其产生的原因；研究了新时期科技自立自强、自然资源管理、数字经济发展、提升我国全球治理体系能力等对测绘地理信息人才工作提出的新需求；提出了新时期加强测绘地理信息人才培养的有关政策建议。

专题报告由综合篇、高校学科篇和企业篇组成，从不同领域和角度分析了如何加强测绘地理信息人才培养。

《蓝皮书》的出版得到了北京帝测科技股份有限公司的大力支持。

关键词：人才　测绘地理信息　人才需求　人才培养

目录

Ⅰ 总报告

Ⅱ 综合篇

Ⅲ　高校学科篇

Ⅳ 企业篇

总报告

Overview

B.1

测绘地理信息人才需求与培养研究报告

马振福　乔朝飞　张月　周夏　王硕*

摘　要：本报告总结分析了我国测绘地理信息人才现状，梳理了专业技术人才、技能人才和企业经营管理人才等的现状和培养概况，剖析了存在的问题及其产生的原因；研究了新时期科技自立自强、自然资源管理、数字经济发展、提升我国全球治理体系能力等对测绘地理信息人才工作提出的新需求；提出了新时期加强测绘地理

* 马振福，自然资源部测绘发展研究中心副主任，高级工程师；乔朝飞，自然资源部测绘发展研究中心应用与服务研究室主任，博士，研究员；张月、王硕，自然资源部测绘发展研究中心，助理研究员；周夏，自然资源部测绘发展研究中心，实习研究员。研究方向均为测绘地理信息发展战略、规划与政策。

信息人才培养的有关政策建议。

关键词：人才　测绘地理信息　人才培养　人才需求

一　测绘地理信息人才培养现状

（一）有关人才的定义

目前对人才的定义并没有一个明确、定量化的标准。《国家中长期人才发展规划纲要（2010-2020年）》中对“人才”的定义是：“指具有一定的专业知识或专门技能，进行创造性劳动并对社会作出贡献的人，是人力资源中能力和素质较高的劳动者。”该纲要将“人才”分为党政人才、企业经营管理人才、专业技术人才、高技能人才、农村实用人才以及社会工作人才等6类。《测绘地理信息人才发展“十三五”规划》中将测绘地理信息人才分为党政人才、专业技术人才、技能人才、企业经营管理人才等4类。本研究采用《测绘地理信息人才发展“十三五”规划》中的分类。这4类人才互有交叉。

1. 党政人才

党政人才是指经过法定考试或考核，符合国家录用和选用标准，在乡镇（街道）及乡镇以上党政、群团、人大、政协、法院、检察院、人民团体等工作的公务员和参照《公务员法》管理的人员。具体到测绘地理信息行业，主要是指各级自然资源部门负责测绘地理信息管理的公务员，以及自然资源部系统内各测绘地理信息相关单位内主要从事党务和行政管理的人员。

自然资源部成立后，原测绘地理信息系统的党政人才被纳入自然资源部系统党政人才序列中，由于党政人才在总的人才数量中占比较小，而且对此类人才国家和部门已有一套完整、成熟的培养体系，因此，后文对此类人才不做分析。

2. 专业技术人才

专业技术人才一般是指在专业技术工作岗位上工作或具有专业技术职务（资格）在管理岗位上工作的人员。测绘地理信息专业技术人才的范围十分广泛，主要包括测绘资质单位和不具有测绘资质的企事业单位中的专业技术人才、高校和职业院校中的教师、科研院所中的科研人员等。根据《国家中长期人才发展规划纲要（2010-2020年）》中对“人才”的定义，测绘地理信息相关专业的各类在校学生，由于尚未走入社会，并未对社会做出贡献，因此不属于人才的范畴。但是，这些学生是未来潜在的人才是毋庸置疑的。

3. 技能人才

根据《测绘地理信息统计调查制度》中的定义，技能人才是指在生产和服务等领域岗位一线，掌握专门知识和技术，具备一定的操作技能，并在工作实践中能够运用自己的技术和能力进行实际操作的人员，包括高级技师、技师、高级工、中级工、初级工等。其中，高级技师、技师、高级工可视为高技能人才，是技能人才中的佼佼者。

4. 企业经营管理人才

企业经营管理人才是指在各类企业经营管理岗位上工作的人员。

（二）专业技术人才方面

1. 现状

根据《测绘地理信息统计年报》，2017年末，我国测绘资质单位人员总数为457049人，其中，专业技术人员374852人，占年末从业人员总数的82.0%。专业技术人员中具有高级、中级和初级职称的人数分别为46883人、109161人和117608人，分别占专业技术人员总数的12.5%、29.1%和31.4%。[①]

2018年末，我国测绘资质单位人员总数为484614人，其中，专业技术人员402841人，占年末从业人员总数的83.1%。专业技术人员中具有高级、中级和初级职称的人数分别为51563人、119963人和127180人，分别占专业

① 专业技术人员统计中，除了高级、中级和初级职称人员外，还包括其他人员。下同。

技术人员总数的 12.8%、29.8% 和 31.6%。

2019 年末，我国测绘资质单位人员总数为 503261 人，其中，专业技术人员 419239 人，占年末从业人员总数的 83.3%。专业技术人员中具有高级、中级和初级职称的人数分别为 62390 人、146561 人和 164896 人，分别占专业技术人员总数的 14.9%、35.0% 和 39.3%。

高层次科技创新人才是科技创新的重要力量。测绘地理信息行业目前共有院士 20 名，院士中年龄最大者 87 岁，最小者 56 岁，平均年龄 74 岁，70 岁以下者 8 人。

测绘地理信息相关普通高校是培养测绘地理信息专业技术人才的主要基地。本科生培养方面，截至 2021 年 7 月，全国设置测绘地理信息相关本科专业的普通高校共有 260 所。开设高校数量排名前 3 的专业分别是地理信息科学、测绘工程和遥感科学与技术（如表 1 所示）。

表 1　我国测绘地理信息相关本科专业设置和开设高校数量

门类	专业类	专业代码	专业名称	开设高校数量（所）
理学	地理科学类	070504	地理信息科学	180
	地球物理学类	070802	空间科学与技术	22
	地质学类	070903T	地球信息科学与技术	17
工学	计算机类	080908T	空间信息与数字技术	16
	测绘类	081201	测绘工程	144
		081202	遥感科学与技术	53
		081203T	导航工程	8
		081204T	地理国情监测	3
		081205T	地理空间信息工程	15

数据来源：微信公众号“慧天地”,《2021 年招收测绘工程、遥感科学与技术、地理空间信息工程、导航工程本科专业的全国普通高校名单》，2021 年 7 月 17 日。

研究生培养方面。测绘地理信息相关的专业分别设在理学一级学科地理学和工学一级学科测绘科学与技术下。其中，地理学下设地图学与地理信息系统1个二级学科点；测绘科学与技术下设6个二级学科点，分别是：①大地测量学与测量工程；②摄影测量与遥感；③地图制图学与地理信息工程；④导航与位置服务；⑤矿山与地下测量；⑥海洋测绘。截至2021年7月，全国拥有测绘科学与技术一级学科博士点的高校有19所，一级学科硕士点的高校有55所；拥有地图学与地理信息系统二级学科博士点的高校有18所，二级学科硕士点的高校有67所。

从近年来的招生情况看，测绘地理信息本科每年招生人数约3万名，研究生每年招生人数约7000名，共计约37000名。

在高校教师方面，目前全国开设地理信息科学专业高校的专业教师有约3000人，其中有博士学位的教师占73%。大部分高校的地理信息科学专业教师人数在15人以下，教师人数超过20人的院校占比为24%，教师人数在30人以上的高校仅占9%。在开设测绘工程的高校中，大部分的专业教师人数在15人以上，占比为57%，人数在10人以下的高校只占20%。全国72%的高校测绘工程专业中青年教师博士占比在40%以上，有55%的高校青年教师博士占比在60%以上，985、211等重点高校青年教师博士占比在90%以上。

在测绘地理信息相关的科研院所方面，中国测绘科学研究院、资源与环境信息系统国家重点实验室、中国科学院空天信息创新研究院、中国科学院精密测量科学与技术创新研究院、西安测绘研究所在岗的测绘地理信息科研人员总数约1300人。

2. 培养概况

高校学生培养方面，注重培养学生的综合素质，通常设置公共基础课程、通识教育课程、专业必修课程、专业选修课程、专业实践课程等。从2017年起，教育部积极推进新工科建设，探索形成中国特色、世界水平的工程教育体系，这为测绘地理信息工程教育和实践探索指引了新的发展方向。测绘地理信息部门与教育部联合实施“卓越工程师教育培养计划”，组织建设了一批应用型人才培养基地。相关高校开展了多层次学科竞赛，包括全国高校大学生测绘技能大赛、全国大学生 GIS 应用技能大赛等。在研究生培养方面，重视研究生科研能力的培养，鼓励研究生参与科研项目，发表科研论文，申请专利，参与国内外学术交流。

高校青年教师培养方面，中国地理信息产业协会教育与科普工作委员会举办了全国 GIS 青年教师讲课比赛、全国 GIS 青年教师讲课技能培训、全国 GIS 青年教师实践技能培训等系列活动。教育与科普工作委员会还与教育部高校地理科学类专业教学指导委员会联合举办全国大学生 GIS 应用技能大赛，每年吸引全国 100 多所高校、500 多名大学生参加。1990~2019 年，教育部高校测绘类专业教学指导委员会和中国测绘学会教育工作委员会共同举办了十届测绘类专业青年教师讲课竞赛。

管理层面，截至 2018 年，一是为科技人才发挥作用打造良好平台。机构改革前，测绘地理信息系统共有 1 个国家工程技术研究中心、17 个局属重点实验室和 10 个局属工程技术研究中心。二是突出骨干人才培养，实施科技领军人才培养工程，通过鼓励承担、参加重大测绘地理信息科研和工程项目，在选题立项、科研条件配备、参加国际学术交流活动等方面为科技领军人才搭建平台。三是实施青年学术和技术带头人培养工程。通过举办学术交流、资助科技活动、境内外培训等方式，不断加强带头人培养。

3. 存在的问题及其产生原因

我国测绘地理信息行业专业技术人才队伍虽然总体规模不小，但是高层次的拔尖人才和创新团队、青年人才仍然匮乏。缺乏高层次战略科学家。院士梯队年龄老化，70 岁以下的仅占 40%。1991~1999 年间当选院士 10 人，2000~2019 年 20 年间仅当选院士 11 人，其中，2016~2018 年连续 3 年无院士当选。领军型人才缺乏。目前一般的专业技术人才多，能够负责整体架构、设计，能够将用户和社会需求设计成技术和实施方案的领军人才和团队负责人少。能够胜任测绘地理信息重大工程、重大项目、重大装备研发的总工程师、总设计师级水平的工程管理技术复合型人才缺乏。从事“从 0 到 1”的原创性、基础性的研究人才偏少。高水平的科研创新团队匮乏，单一类型的研究团队多，复合型、交叉型、互补型研究团队少。非科研型单位的科研团队缺乏项目、平台和激励措施支撑，科研人员单打独斗多，难以形成真正的科研团队。具有国家级水平发展潜力的青年科技人才缺乏。高水平的测绘地理信息软科学人才缺乏，高端智库专家匮乏。具有战略思维，能够跳出测绘地理信息看测绘地理信息、发展测绘地理信息，将测绘地理信息技术与大数据、互联网、物联网、云计算、人工智能等新技术融合发展，实现测绘地理信息跨界融合发展的专业技术人才少。

上述问题产生的原因是多方面的。一是激励机制不够健全。基础性科研投入不足，科研成果转化的激励措施在相关单位中落实不够。二是科研评价机制不够健全。评价标准单一，以创新能力、成果质量、贡献为导向的评价机制还未真正建立。科技人才评价存在行政化、"官本位"倾向。缺乏针对青年科技人才的探索性、基础性研究项目。从科研人员自身角度看，一些研究人员往往在短期性、产出快的科研项目或研究方向上有很强的驱动力，而对国家和行业急需、基础性研究工作则缺乏内生动力。加之受社会浮躁心态和急功近利的影响，以及相关政策不配套，能够真正静下心来搞基础研究的人太少，这是我国测绘地理信息自主创新不够，主要核心软件和技术装备还依赖进口的主要原因。

（三）技能人才方面

1. 现状

据统计，2019 年测绘资质单位中的技能人才数量比 2016 年减少 6.8%。这表明测绘资质单位中技能人才的总数呈下降趋势。

根据自然资源部职业技能鉴定指导中心的统计，截至 2020 年 8 月，全国获得各级测绘技能资格的人数分别为：初级工 78067 人、中级工 263261 人、高级工 88417 人、技师 4801 人、高级技师 546 人，共计 435092 人，中级工为人才队伍的主要力量，占比约为 61%，技师与高级技师共占比 1.2%，表明高级技能人才紧缺。各类人才占比见图 1。

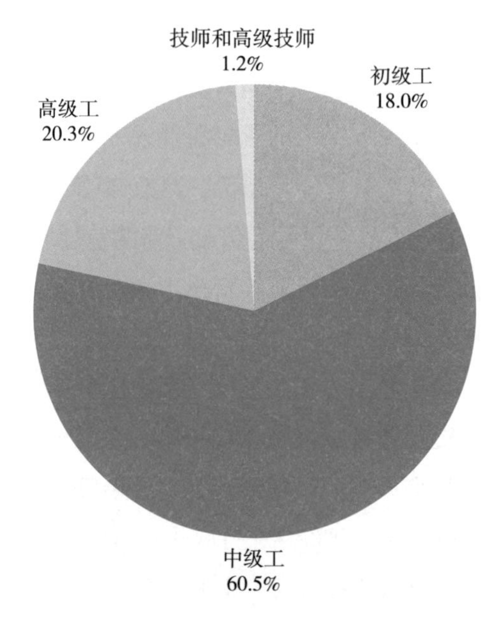

图1　截至2020年8月获得各级测绘技能资格的人数占比

数据来源：自然资源部职业技能鉴定指导中心。

2. 培养概况

测绘地理信息技能人才培养主要依托相关职业院校，分为中等职业教育、高等职业教育专科和高等职业教育本科三个层面，专业设置和开设院校数量如表2所示。截至2020年，全国有近140所中职院校开设了相关中职专业，有254所高职院校开设了相关专科专业。

中等职业教育方面，"工程测量技术"专业开设院校数量最多。中职专业每年招生人数约8000人。

高等职业教育专科方面，截至2020年，全国共有254所高职院校开设了测绘地理信息相关专科专业。开设数量排在前3位的专业分别是："工程测量技术""测绘地理信息技术""摄影测量与遥感技术"。上述专业每年招生人数约15000人。

高等职业教育本科方面，2021年，国家新增3个测绘地理信息相关的高职本科专业，分别是"导航工程技术"、"测绘工程技术"和"地理信息技

术”。已各有 1 所高职院校开设了“导航工程技术”和“测绘工程技术”高职本科专业，“地理信息技术”专业尚无学校开设。

表 2　我国测绘地理信息职业教育相关专业设置及开设院校数量

教育类别	专业代码	专业名称	开设院校数量（所）
中等职业教育专业	620301	工程测量技术	137
	620302	地图绘制与地理信息系统	10
	620303	地质与测量	20
	620304	航空摄影测量	4
高等职业教育专科专业	420301	工程测量技术	251
	420302	测绘工程技术	23
	420303	测绘地理信息技术	63
	420304	摄影测量与遥感技术	47
	420305	地籍测绘与土地管理	14
	420306	国土空间规划与测绘	14
	420307	无人机测绘技术	17
	420308	矿山测量	9
	420309	导航与位置服务	6
	420310	空间数字建模与应用技术	11
高等职业教育本科专业	220301	导航工程技术	1
	220302	测绘工程技术	1
	220303	地理信息技术	0

数据来源：教育部职业教育与成人教育司。

测绘地理信息高职高专和中职院校大力加强专业与实践教育。推行技能操作岗位师徒式带教制度，不断提高技能人才的素质和水平。相关院校基本都建立了校企联合培养模式，通过到企业进行综合实践、在企业实习完成毕业设计等方式，提高学生的实践能力。同时通过建立双导师制（企业和学校导师），给技能人才培养提供机遇，形成了产学研相互促进的良性发展格局。

测绘地理信息主管部门通过技能培训、人才培养工程等方式，统筹推进技能人才队伍建设。一是大力实施测绘地理信息“工匠计划”，建立了产教融合、校企合作的技能人才培养模式，完善技能人才培养体系，推动测绘地理信息现代职业教育加快发展。通过建立技能人才考核评价制度、加强测绘地理信息行业职业技能鉴定、完善测绘专业技术人员职称评价机制、开展技能人才岗位培训等手段，不断加强职业资格管理，推进技能人才队伍发展壮大。结合测绘地理信息职业技能鉴定工作分批次开展技能人才培训，培训技能人才 5 万余人次。

二是加强技能人才培训和技能竞赛。大力推进面向测绘地理信息行业单位、高等学校和职业院校举办技能培训、技能鉴定和技能竞赛，提升技能人才的技艺水平。党的十八大以来，共组织举办了三届全国测绘地理信息行业职业技能竞赛、两届全国高等学校大学生测绘技能竞赛、五届全国职业院校技能大赛高职组测绘测量赛项竞赛，以及地图绘制员赛项及工程测量员赛项、全国高校大学生无人机测绘技能大赛等。组织开展了无人机操控员培训班、不动产登记数据整合建库及权籍调查培训班、激光雷达数据处理及应用培训班、地下管线测绘技术培训班等应用技能培训。

3. 存在的问题及其产生原因

总体上看，测绘地理信息技能人才存在以下一些问题：一是对技能人才的培养和使用不够，人才培养体系尚不完善。在实际培训中，脱产培训会影响工作的开展，尤其是测绘外业工作，培训的组织难度大。而采取业余培训方式，又难以保证培训效果和培训的系统性。二是在生产服务单位和基层，专业技术人才（应用型人才）和技能人才混淆不清，从高校引进人才时不注意梯次搭配，从人才引进开始就混淆了专业技术人才和技能人才的培养与使用。三是政策导向存在问题。重专业技术人才培养使用，轻技能人才培养使用，技能人才的培养使用政策与专业技术人才的培养使用政策不配套、不同步，技能人才比例结构、薪酬待遇等政策与专业技术人才的相关政策不衔接不协调。四是职业院校作为技能人才培养的主阵地之一，虽注重学生技术应用能力的培养，但是在实训条件、教材资源、学生质量等方面依然存在一定的不足。

造成上述问题的原因主要在于评价和激励机制不够健全。专业技术职称评审与职业技能评价之间一直存在界限，未能建立职业技能等级认定与专业技术职称评审贯通机制，社会中固有的“重学历轻技能”的思想观念未被摒弃，技能人才的价值被低估，相较于专业技术人员在工资福利待遇上有较大差距，获得感不强。在岗位设置上，由于中高级岗位总量少，技术工人很难取得工程师、高级工程师职称，人才职业发展中出现“独木桥”“天花板”等问题。

（四）企业经营管理人才方面

1. 现状

根据中国地理信息产业协会的统计，截至 2019 年末，我国地理信息产业从业单位超过 11.7 万家，其中，企业占 93.2%，数量为 10.9 万家。如按平均每家企业 3 名高级管理人员计，共有约 33 万名企业经营管理人员。随着地理信息产业的快速发展，具有战略眼光、市场开拓精神、管理创新能力和社会责任担当的经营管理人才队伍已初具规模。

2. 培养概况

截至 2018 年，测绘地理信息主管部门每年举办 2 期测绘地理信息甲、乙级测绘资质单位主要负责人培训。同时指导省级测绘地理信息行政主管部门和行业培训机构面向行业开展技术类培训，每年培训测绘地理信息行业干部人才 8 万余人次。同时，实施“走出去”战略，组织遴选甲、乙级测绘资质单位负责人参加中欧地理信息产业发展高级研讨班，学习了解国外先进科技和管理知识，提升企业创新能力和发展后劲。

3. 存在的问题及其产生原因

总体上看，我国地理信息企业经营管理人才队伍的需求量很大。随着事业单位的改革、改制，企业的数量会越来越多，而与之相反的是，企业经营管理人才培养依然薄弱和未被重视。地理信息企业经营管理人才队伍中，具有战略眼光、勇于开拓创新、具有国际视野的人才依然较少。究其原因，主要是由我国地理信息产业自身发展阶段所决定的。我国地理信息企业数量上虽然较多，但是除了少数软、硬件研发、生产企业外，多数企业从事的是工程性的服务，企业的同质化现象比较严重，企业之间竞争激烈，许多企业的管理者忙于维持企业生存、维持员工队伍，无暇思考事关企业长远发展的重大发展战略，更谈不上创新。要改变此状况，需要企业、政府、行业协会多方努力，营造公平的市场环境，重视和加强相关培训，使优秀的企业家脱颖而出。

二　测绘地理信息人才面临的需求

（一）科技自立自强战略提出的新需求

2021 年是我国“十四五”开局之年，开启了全面建设社会主义现代化国家新征程，我国已转向高质量发展阶段，积极应对各种风险挑战和瓶颈制约，对科技创新提出了更高、更迫切的要求。党的十九届五中全会通过的《中共中央关于制定国民经济和社会发展第十四个五年规划和二〇三五年远景目标的建议》（以下简称《建议》）提出，把科技自立自强作为国家发展的战略支撑。

我国测绘地理信息行业科技创新近年来成果丰硕，但与美国等发达国家相比，我国测绘地理信息科技装备的自主可控水平仍然有待提高。我国的地理信息系统软件在功能、性能上与国外主流软件相比还存在一定差距。智能化数据处理软件的多数底层算法均来自美国，存在较大安全隐患。高精尖硬件装备的市场仍然被国外企业占领。

创新驱动实质是人才驱动，人才在创新驱动和科技发展方面起到决定性的作用，同时也是各项研究的主体，人是科技创新最关键的因素。测绘地理信息行业科技自立自强，需要培养一批具有国际水平的科技创新人才和创新团队，以及一大批了解市场一线情况的科技成果转化人才。

（二）自然资源管理工作提出的新需求

自然资源部的成立，促进了自然资源相关业务从以往的分散、割裂、孤立，走向系统、整体，要求将各类自然资源看作一个整体，从更为宏观和综合的角度开展自然资源管理工作。这必然会促进地质、地理、测绘、水文、海洋、环境、生态等学科的相互交叉、融合，需要大量具有交叉学科背景的专业技术人员和管理人员。自然资源部的技术优势相当程度上体现在测绘地理信息技术上，自然资源管理工作“严起来”的要求，需要测绘地理信息技术提供强有力的支撑保障。新的形势要求大力培养既懂测绘地理信息技术又懂自然资源管理的复合型人才。现有的测绘地理信息科研人员应主动学习自然资源管理相关的新知识、新理论，不断拓展专业范围，加强创新，为自然资源精准管理提供坚实支撑。应针对测绘地理信息科研人员加强自然资源管理领域的相关教育培训，使他们了解自然资源管理方面的业务知识，以及自然资源工作对测绘地理信息的真实需求，使测绘地理信息工作更好更精准地服务自然资源管理工作。

（三）数字经济的发展提出的新需求

当前，人类社会正在进入以数字化生产力为主要标志的全新历史阶段，世界主要国家都把数字化作为经济发展和技术创新的重点，能否适应和引领数字化发展，成为决定大国兴衰的一个关键。党的十九届五中全会通过的《建议》明确提出要“加快数字化发展”，并对此做出了系统部署。地理位置是其他各类信息的“定位器”，地理信息产业作为我国数字经济的重要组成部分，与大数据、云计算、人工智能、物联网、区块链等新型信息技术相融合，拥有巨大潜力和发展空间。加快发展地理信息产业，推动数字经济发展，客观上要求培养多层次、多类型的数字化人才队伍。需要培养大量地理信息大数据挖掘利用与增值服务方面的科研人员、技术咨询与服务人员、数据相关法律领域的专业人员、数据安全领域的专业人员，以及具有创新意识、开拓意识和国际视野的企业家等。

（四）提升我国全球治理体系能力提出的新需求

当今世界正经历百年未有之大变局，新一轮科技革命和产业革命深入发展，国际力量对比深刻调整，和平与发展仍然是时代主题，人类命运共同体理念深入人心，同时国际环境日趋复杂，不稳定性不确定性明显增加，新冠肺炎疫情影响广泛深远，经济全球化遭遇逆流，世界进入动荡变革期，单边主义、保护主义、霸权主义对世界和平与发展构成威胁。随着我国国际地位的提升，在全球治理体系中的角色正在发生变化，从参与者向全球治理的贡献者、引领者转变，逐步走向世界舞台的中央，需要建设一支与国际接轨、具有国际视野、熟悉国际规则惯例的专业人才队伍。我国基础测绘已实现了从国内向全球的拓展，全球地理信息资源建设取得了初步成果。同时，更多的地理信息企业“走出去”参与开展国际测绘地理信息相关项目和工程。这要求培养更多的从事全球地理信息资源建设的科技创新人才、具有全球视野的企业经营管理人才等人才队伍。

（五）新技术平台和应用场景提出的新需求

2020 年 7 月 31 日，习近平总书记宣布中国北斗三号全球卫星导航系统正式开通，“北斗三号”组网运行，提供了全球卫星导航定位的中国方案。从 2013 年 4 月 26 日高分辨率对地观测卫星一号成功发射至 2020 年 12 月 6 日高分十四号卫星成功发射，提供了全球对地观测的中国方案。从“十四五”到 21 世纪中叶，在我国迈向社会主义现代化强国的历程中，测绘地理信息工作将发挥更加重要的、不可替代的基础性、先导性作用。在自动驾驶、基于位置信息的区块链技术、地理空间变化规律、促进乡村振兴和区域发展、区域生态功能构建、精准社会建设和治理及安全发展、快速实时定位保障和支持国防建设等方面，测绘地理信息领域均面临前所未有的大变局和大发展机遇。为此，需要一大批技术技能精湛、能够提供高质量地理空间位置及其属性服务的测绘地理信息专业技能人才。

三　加强测绘地理信息人才培养的有关建议

（一）总体思路

牢固树立科学人才观，坚持党管人才的原则，坚持正确选人用人导向，坚持聚天下英才而用之，深入实施人才优先发展战略，遵循社会主义市场经济规律和人才成长规律，破除束缚人才发展的思想观念和体制机制障碍，完善测绘地理信息人才培养机制，改进人才评价机制，创新人才流动机制，健全人才激励机制。按照国家“十四五”规划和二〇三五年远景目标的要求，分类施策，加强各类测绘地理信息人才的培养。

加强高等学校和职业院校学科建设。根据地理信息产业、数字经济、自然资源管理的实际需求，不断丰富高校和职业院校中测绘地理信息学科专业内涵，科学设置调整学科专业，大力加强师资力量建设，扩大新型、交叉专业招生规模。

突出市场导向。充分发挥市场在人才资源配置和科技创新资源配置中的决定性作用。各级相关主管部门应充分发挥政策导向作用，保障和落实用人主体自主权，提高人才横向和纵向流动性，健全人才评价、流动、激励机制，最大限度地激发和释放测绘地理信息人才创新创造创业活力。

体现分类施策。根据不同类型人才的特点，坚持从实际出发，具体问题具体分析，增强人才治理制度的针对性、精准性。纠正人才管理中存在的行政化、“官本位”倾向，防止简单套用党政领导干部管理办法管理科研教学机构学术领导人员和专业人才。

（二）加强专业技术人才培养的有关建议

一方面，各级相关主管部门应瞄准测绘地理信息科技自立自强的战略目标，切实落实好国家和有关部门关于深化科技体制改革、激励科技创新人才和高层次科技创新人才等方面的规定，着力培养造就一大批测绘地理信息领域具有国际水平的科技领军人才和高水平创新团队、战略科技人才、青年科技人才。另一方面，相关各高校应从人才供给源头入手，加强测绘和地理信息学科建设。

对标世界级水平，继续打造以两院院士队伍为首、国家杰出青年科学基金获得者为主的国家级测绘地理信息科技人才队伍。对国家级科技人才实行“一人一策”的培养方式，支持其担任国家级科技创新平台负责人和首席专家，以及发起大科学计划和大科学工程。对领军人才从事的战略性、原创性项目予以特殊支持，依法赋予其更大的人财物支配权和技术路线决定权。对地理信息企业科技领军人才给予支持，充分发挥企业在技术创新中的主体作用。针对科技创新能力强、具有较多科技创新成果、有国家级及部级科技创新平台、优势突出的测绘地理信息基层单位，提供更为优惠的人才政策，以激发基层单位的创新内生动力。

针对我国测绘地理信息关键核心技术、“卡脖子”技术、基础理论研究，争取设立国家测绘地理信息大科学计划和大科学工程，组建技术攻关团队联合攻关，通过大科学计划和大科学工程培养出杰出的测绘地理信息科技领军人才。

加强测绘地理信息软科学研究人才队伍建设。依托各测绘地理信息智库和测绘发展研究机构，打造一批高水平、开放式战略决策咨询研究队伍。在测绘地理信息软科学研究项目设置、有关实验室建设等方面加大支持力度。探索实行测绘地理信息软科学研究成果后期资助和事后奖励机制。

从行业长远发展的大局出发，加大对青年科技人才的培养力度。遵循青年科技人才成长规律，为青年人才提供多样化的发展机会。实施好“杰出青年科技创新人才培养计划”，发挥其“风向标”作用。鼓励各测绘单位建立职业早期资助计划，支持青年科技人才开展科技创新。在重大测绘地理信息科技项目中，适当增加青年科技人才的比例。支持青年科技人才担任项目和课题负责人、组建科研团队。

完善科技创新人才管理体制机制。一是创新专业技术人才编制管理和岗位管理模式。鼓励相关测绘科研单位试点探索根据单位实际情况自行决定科研岗位结构比例和聘用标准，推动实现人才能上能下，激发内部活力。支持有关测绘单位通过课题研究、流动岗位兼职等方式，柔性引进测绘、信息等领域的国内外高端人才；创新人才激励机制。围绕测绘地理信息领域优先支持的研究方向，建立竞争性经费与稳定性经费相协调的科技投入机制，加强对基础性、原创性研究的投入，强化科技创新项目对青年人才的支持力度，采取旨在激发研究人员积极性的更加灵活的绩效工资制，加大科研成果转化激励，督促相关科研单位将激励政策真正落到实处；完善人才评价机制。构建以信任为前提、激励和约束并重的人才政策体系，坚持分类评价，发挥政府、市场、专业组织、用人单位等多元评价主体作用，注重科研人员的能力、质量、实效和贡献，克服唯论文、唯职称、唯学历、唯奖项等倾向，基础研究人才以同行学术评价为主，应用研究和技术开发人才突出市场评价，软科学人才强调社会评价，适当延长基础研究人才评价考核周期。

加强高等学校测绘和地理信息学科建设。遵循测绘和地理信息学科专业发展规律、人才成长规律和教育教学规律，按照知识生产逻辑、人才培养逻辑和市场需求逻辑，更新测绘和地理信息学科专业知识，丰富学科专业内涵，科学设置调整学科专业。深化产教融合，实现测绘和地理信息学科专业设置与地理信息产业链、创新链、人才链相互匹配和相互促进。改进教育教学内容与方式，提升快速响应需求的能力。设置测绘和地理信息相关专业的高校应加强基础学科高层次创新人才培养，高起点布局支撑我国测绘地理信息原始创新能力的基础学科专业，建立基础学科高端领军人才引进绿色通道。创新人才培养模式，支持科研院所与地理信息企业深入参与学科专业建设和人才培养，构建产学研用深度融合的协同育人机制。

（三）加强技能人才培养的有关建议

加强测绘地理信息技能人才培养、使用和队伍建设的关键，在于改变社会对技能人才的看法，提高对技能人才在促进测绘地理信息事业（产业）发展中重要性的认识，制定和完善技能人才培养、评价、使用、职称、待遇、奖惩等相关政策，形成促进技能人才队伍建设发展的鲜明政策导向。

加大技能人才培训力度。按照新颁布的测绘地理信息国家职业技能标准

开展分级培训，将日常业务培训和职业技能鉴定培训有机结合，提升从业人员业务知识和技术应用能力。各单位应加大技能人才培训的经费投入，采取在岗和基地培训、订单培养等“教、学、练”相结合的形式，突出高新技术理论的应用实践和创新能力培养。以技师和高级技师为重点，建立高水平技能人才培训制度，多形式多渠道常态化开展岗位练兵和技能竞赛活动，培养发现优秀人才。充分发挥高水平技能人才传、帮、带作用，开展业务交流、技术研修、技术攻关、技能创新和带徒传技等活动。

进一步发挥职业院校在技能人才培养中的作用。国家应持续增加对测绘高职和中职院校的投入，扩大招生规模，加强师资力量培养。相关院校应紧密结合生产一线岗位需求调整专业设置，及时开设和更新测绘地理信息领域新理论、新技术的有关课程，加快培养复合型技能人才。有关职业院校和行业单位应加强合作培养，建立示范性高水平技术应用人才培训基地，根据市场和行业发展需求，推行订单培养、委托培养，实现从招生、培训、实训到就业等全过程、全方位的校企合作。

健全技能人才评价使用机制。一是完善技能人才评价制度，扩大企业用人自主权。健全以市场为导向、以企业等用人单位为主体、以职业技能等级认定为主要方式的测绘地理信息技能人才评价制度。提高用人单位在技能人才评价工作中的自主权，支持技术实力较强、内部管理规范的企业自主开展高技能人才职称评审，企业职称工作实行评聘分开制度。二是创新技术技能导向的高技能人才职称评价机制。完善高技能人才职称评价标准，积极吸纳优秀高技能人才参与制定评价标准，提高其科学性和可行性。坚持科学评价，淡化学历、论文、外语、计算机等限制性条件。开设职称评审绿色通道试点，对掌握高超技能、为测绘地理信息重大项目实施作出突出贡献的技能人才，可采取特殊评价办法，直接申请破格或越级参加技师、高级技师考评。三是在技能人才培养使用政策制定完善中注意做好与专业技术人才培养使用政策的有效衔接。研究解决技能人才初、中、高级职称与专业技术人才初、中、高级职称及待遇对应问题，在测绘地理信息相关的工程技术领域实现技能人才与专业技术人才职业发展贯通。

完善技能人才激励机制。生产单位在薪酬上应向生产一线技能人才倾斜，真正体现“多劳多得”“按劳分配”原则，将职工岗位贡献的大小与其绩效工资相挂钩，切实提高一线人员工资待遇。鼓励行业单位内部建立高水平技能人才表彰奖励制度，对坚守在生产服务一线的高技能领军人才，给予相应荣誉和特聘岗位津贴、带徒津贴等物质奖励。发挥竞赛评价平台作用，广泛开展地理信息行业从业人员和高等学校、职业院校学生职业技能竞赛活动，对选拔出的优秀人才，可按有关规定直接晋升职业资格或优先参加技师、高级技师考评。

（四）加强企业经营管理人才培养的有关建议

地理信息企业经营管理人才培养，一方面需要企业管理者自身加强学习，不断增强战略思维能力和创新能力；另一方面需要政府和产业协会共同为企业发展营造良好环境，加大对企业管理人员的培养力度，加快培育掌握现代经营管理知识、熟悉国际惯例、适应地理信息产业发展需要的职业化、现代化、国际化的高素质企业经营管理人才队伍。同时，应加大对地理信息龙头企业的扶植。

建立健全地理信息企业经营管理人员培养机制。针对目前人才工作中对地理信息企业经营管理人员培养力度偏弱的问题，应尽快将企业经营管理人才工作纳入到人才工作整体部署中。在制定人才工作相关规划时，统筹考虑企业经营管理人才的培养措施。针对地理信息产业结构优化升级和实施“走出去”战略等的需要，建立企业经营管理人才培养机制，制定相关培养计划，依托各类科研院所和培训机构，引进国内外优秀的企业经营管理课程，强化人员培训，提高企业管理者的战略管理和创新能力。

建立健全企业经营管理人才激励机制。建立地理信息企业经营管理人才评价指标体系和企业经营管理人才表彰奖励制度。营造宣传优秀地理信息企业经营管理人才的良好氛围，通过各种新媒体等宣传途径，大力宣传重点企业的领军人物，让他们有更多的获得感和成就感。

搭建和用好交流互动平台。一是充分发挥相关社团的桥梁纽带作用，通过举办论坛、成立工作委员会、举办沙龙活动、企业家游学等多种方式，为地理信息企业搭建交流平台，定期召开企业家座谈会，促进企业间的经验交流；二是建立定期的测绘地理信息行业主管部门与企业的交流和互动机制，使主管部门充分了解市场与企业诉求，以便有效支持企业的发展，出台有针对性的措施促进企业经营管理人才的提升；三是开展多种形式的企业经营管理、测绘地理信息法律法规、科技发展前沿、测绘成果质量和安全保密等方面的培训，为企业组团出国考察交流等创造机会。

加大对地理信息龙头企业的扶植。一是有关扶持资源应向龙头企业倾斜，通过资本市场、准入要求、创造机会、加强宣传等措施来支持龙头企业的发展；二是让龙头企业参与到政府的相关科技项目中去，用实践机会支持企业人才的培养；三是继续开展对甲级测绘资质单位负责人的培训，进一步提升骨干企业负责人的素质、能力和水平。

人才兴则事业兴。建设测绘地理信息强国，人才是根本。政府有关部门、相关院校和科研单位、企业、社团组织等各方面应尊重测绘地理信息人才成长规律，为人才成长营造良好环境，使各类人才脱颖而出，为测绘地理信息行业高质量发展筑牢人才根基。

致谢：感谢自然资源部测绘地理信息智库委员会的陈建国、杨震澎、张志华、赵文亮、宫辉力等专家对本文提出的宝贵意见和建议。

参考文献

[1] 《党政领导干部选拔任用工作条例》，人民出版社，2019。

[2] 国家测绘地理信息局编《砥砺奋进的 5 年——党的十八大以来全国测绘地理信息事业辉煌成就》，测绘出版社，2017。

[3] 黄奇帆:《结构性改革》，中信出版集团，2020。

[4] 《中共中央印发〈关于深化人才发展体制机制改革的意见〉》，人力资源和社会

保障部网站，http://www.mohrss.gov.cn/SYrlzyhshbzb/dongtaixinwen/buneiyaowen/201603/t20160322_236103.htm。

[5] 汤国安、张书亮、杨昕等:《我国地理信息科学专业高等教育现状与分析》，中国地理信息产业协会编著《中国地理信息产业发展报告（2020）》，测绘出版社，2020，第116~130页。

[6] 王钦敏:《进一步提高数据资源开发利用水平》,《中国地理信息产业发展报告（2020）》，测绘出版社，2020，第1~7页。

[7] 姚宜斌、赵前胜、高迎春:《我国测绘工程专业高等教育现状与分析》，中国地理信息产业协会编著《中国地理信息产业发展报告（2020）》，测绘出版社，2020，第131~141页。

[8]《中共自然资源部党组关于印发〈关于加强和改进自然资源部直属机关党的政治建设的意见〉的通知》（自然资党发〔2021〕1号）。

[9]《中共中央关于制定国民经济和社会发展第十四个五年规划和二〇三五年远景目标的建议》，人民出版社，2020。

[10]《国家中长期人才发展规划纲要（2010-2020）》，中央人民政府网站，http://www.gov.cn/jrzg/2010-06/06/content_1621777.htm。

[11]《人力资源和社会保障部印发〈关于充分发挥市场作用促进人才顺畅有序流动的意见〉》，中央人民政府网站，http://www.gov.cn/xinwen/2019-01/29/content_5361983.htm。

[12]《人社部印发〈技能人才队伍建设实施方案（2018—2020年）〉》，中央人民政府网站，http://www.gov.cn/xinwen/2018-10/16/content_5331297.htm。

[13]《中共中央关于坚持和完善中国特色社会主义制度、推进国家治理体系和治理能力现代化若干重大问题的决定》，人民出版社，2014。

[14] 2017年测绘地理信息统计年报。

[15] 2018年测绘地理信息统计年报。

[16] 2019年测绘地理信息统计年报。

[17]《关于印发自然资源科技创新发展规划纲要的通知》，自然资源部网站，http://www.mnr.gov.cn/gk/tzgg/201811/t20181113_2364664.html。

[18]《中共自然资源部党组关于激励科技创新人才的若干措施》，自然资源部网站，http://gi.mnr.gov.cn/201901/t20190124_2389824.html。

[19]《中共自然资源部党组关于深化科技体制改革 提升科技创新效能的实施意见》，自然资源部网站，http://gi.mnr.gov.cn/201811/t20181112_2358121.html。

综 合 篇

Comprehensive Articles

B.2

新时代测绘地理信息科技人才需求洞察

宋超智*

摘 要：本文分析了新时代测绘地理信息科技人才面临的社会经济发展新形势，结合测绘地理信息人才队伍现状，从自然资源部“两统一”职责履行、地理信息产业高质量发展和科技创新等方面剖析了对测绘地理信息科技人才提出的新需求，为新时代测绘地理信息科技人才发展提供参考。

关键词：人才需求 “两统一”职责 地理信息产业 科技创新

* 宋超智，中国测绘学会理事长，博士。

改革自然资源管理体制，是推进国家治理体系和治理能力现代化的重要举措。组建自然资源部，是深化自然资源管理体制改革的一场深刻变革。这场系统性、整体性、重构性的变革，让测绘地理信息事业站在了新的历史起点。测绘地理信息在持续履行好为经济建设、国防建设、社会发展和生态保护服务的法定职责的同时，全面融入自然资源管理，支撑“统一行使全民所有自然资源资产所有者职责，统一行使所有国土空间用途管制和生态保护修复职责”的履行，行业发展面临重大机遇和巨大空间。

发展是第一要务，人才是第一资源，创新是第一动力。人才是事业发展的重要支撑，也是科技创新中最活跃、最积极的核心要素。为推动自然资源事业高质量发展，必须充分发挥人才效能，实现依靠创新驱动的内涵型增长。测绘地理信息是国家基础性、战略性新兴资源，在自然资源管理中具有不可替代的作用。近年来，我国的测绘地理信息发展从模拟测绘、数字化测绘，向信息化、智能化测绘转型升级，测绘地理信息科技创新在卫星导航与位置服务、地理信息数据获取装备、地理信息数据处理，以及地理信息应用和服务等方面取得了重要进展，这些成绩离不开测绘地理信息科技工作者的努力。自然资源部的组建，提供了资源更加丰富、技术更加融合、服务更加拓展的契机，也使测绘地理信息人才队伍建设进入新的阶段。

2015~2016 年，为贯彻落实《国家中长期人才发展规划纲要（2010-2020 年）》《中共中央关于深化人才发展体制机制改革的意见》《国土资源中长期人才发展规划（2010-2020 年）》《全国海洋人才发展中长期规划纲要（2010-2020 年）》《测绘地理信息人才发展“十三五”规划》《全国水利人才队伍建设“十三五”规划》等自然资源领域的人才发展规划相继印发。各项规划结合其各自领域的人才发展实际，对人才队伍建设的发展目标、主要任务、重点人才工程和保障措施等提出了具体要求。至 2020 年，上述规划均已步入收官之年。随着自然资源部组建的新形势、新变化，自然资源人才队伍也亟需整合与重构。

一　社会经济发展新形势下的新需求

党的十九大明确指出，将要素市场化配置作为经济体制改革的两个重点之一。2020 年 4 月公布的《中共中央国务院关于构建更加完善的要素市场化配置体制机制的意见》中，数据作为一种新型生产要素首次被写入中央文件中，与土地、劳动力、资本、技术等传统要素并列，这充分体现了互联网大数据时代的特征。地理信息是其他各类数据的基底信息，随着高新技术的融合发展，地理信息产业中生产要素占比会发生很大变化，在坚持以创新为发展动力的前提下，加强地理信息人力资源和数据资源的协同发展，将对优化地理信息产业结构，提升地理信息产业效能，发挥地理信息融合效应起到举足轻重的作用。

党的十九大以来，中共中央政治局已组织的二十二次集中学习中，共有 3 次是围绕数字经济领域，主题分别为大数据、人工智能和区块链。国家提出推动实施大数据战略，加快建设数字中国，推动新一代人工智能健康发展，加快推动区块链技术和产业创新发展。以此为契机，要加大相关领域的人才引入和现有人才队伍的能力提升，把握好测绘地理信息数据资源的基础性和战略性意义，将人工智能作为引领科技创新和产业变革的战略性技术，将区块链作为核心技术创新应用的重要突破口，使测绘地理信息技术在提升国家治理现代化水平、促进保障和改善民生等方面发挥更大作用。

此外，人才需求和区域产业战略布局密切相关。党的十八大以来，党中央先后部署了京津冀协同发展、粤港澳大湾区建设、长三角一体化发展、长江经济带共抓大保护、黄河流域生态保护、成渝地区双城经济圈建设等一系列区域协调发展战略。一方面，区域经济优势和资源禀赋，以及高端创新资源的汇聚，将为人才聚集和人才发展提供得天独厚的优势环境。另一方面，地理信息人才可充分利用其在数据资源和信息技术等方面的优势，为区域协调发展提供战略支撑。

二　履行自然资源“两统一”职责的新需求

自然资源系统的学科门类多样，集聚了山水林田湖草海多个门类的研究力量，拥有地质、地球物理、地球化学、海洋、测绘、地理、水文学以及植物学、动物学等覆盖地球系统四大圈层、地球科学的多个学科。自然资源系统有着良好的科研传统，研究基础厚重，部系统中央级科研院所有14家，多数建院建所历史已有60年左右；拥有40多家具备较好科技研发实力的单位，副高职称以上的科技工作者占比在30%以上，是比较典型的科技密集型部门。测绘地理信息是自然资源系统重要的基础性工作，发挥自身在数据资源储备、更新和应用方面的优势，主动融入自然资源管理的各个关键环节，做好相关技术体系、标准体系、管理体系的衔接，是当前测绘地理信息科技工作者面临的主要任务。

（一）全面融入自然资源管理的发展需求

在自然资源管理“两统一”职责中，履行“统一行使全民所有自然资源资产所有者职责”涉及自然资源调查监测、自然资源确权登记、自然资源所有者权益和自然资源开发利用四个关键环节，履行“统一行使所有国土空间用途管制和生态保护修复职责”涉及国土空间规划、国土空间用途管制和国土空间生态修复三个关键环节。

开展自然资源调查监测是“统一行使全民所有自然资源资产所有者职责”的基础。当前，自然资源部正在推动建立自然资源统一调查、评价、监测制度，形成协调有序的自然资源调查监测工作机制。我国于2013年启动了第一次全国地理国情普查，耗时3年、动用5万余名技术人员顺利完成了该项工作，并在其后逐渐探索和实践形成了以基础性地理国情监测和专题性地理国情监测为核心的地理国情监测体系。根据2020年1月印发的《自然资源调查监测体系构建总体方案》，地理国情监测内容纳入专题监测范畴，地理国情分类标准将整合融入自然资源地表覆盖分类标准，地理国情监测技术体系也将全面支撑自然资源调查、监测、数据库建设和分析评价。从地理国情普查到监测，已形成了一支覆盖调查、监测、数据库建设、分析评价和成果应用的专业技术人才和技能人才队伍。面对自然资源调查监测要统一标准规范、提升技术水平、升级技术手段、提升数据质量的需求，测绘地理信息人才队伍将与土地资源、水资源、林草资源等调查监测人才队伍进行整合优化，立足“山水林田湖草是一个生命共同体”的理念，升级为一支综合性、系统性、协同性更强的队伍。为此，一方面要加强自然资源、土地资源管理、生态环境、经济、信息技术等相关领域的人才引进和培养；另一方面要加强已有专业技术人员在人工智能、区块链技术、大数据分析、海量数据管理和三维展示等方面的技术能力提升。

建立国土空间规划体系是“统一行使所有国土空间用途管制和生态保护修复职责”的核心。建立国土空间规划体系并监督实施，就是要将主体功能区规划、土地利用规划、城乡规划等空间规划融合为统一的国土空间规划，实现“多规合一”，并强化国土空间规划对各专项规划的指导约束作用。这就使得从事主体功能区规划、生态环境保护规划、城乡规划、国土规划、土地规划、海洋功能区划等的人才队伍将进行重构。测绘地理信息作为至关重要的信息和技术支撑，可渗透至国土空间规划的编制、实施、评估以及修订的全过程。以基础测绘成果为框架，以数字高程模型为基底，以高分辨率遥感影像为背景，建立国家统一的测绘基准和测绘系统，可为国土空间基础信息平台提供架构支撑，为国土空间规划“一张图”提供基底，实现各类空间要素的精准落地，进而协同推进政府部门之间的数据共享以及政府与社会之间的信息交互。基于测绘地理信息数据资源和关键技术，还可为资源环境承载能力和国土空间开发适宜性评价、“三区三线”划定、规划实施动态监测与评估预警等工作提供空间分析与辅助决策。因此，面对国土空间规划人才队伍的重构，测绘地理信息工作者应发挥测绘地理信息技术优势，加强与城乡规划、土地利用规划、土地资源管理、海洋科学、人文和经济地理学等国土空间规划相关学科领域的协调、融合，完善知识体系结构，扩大专业视野，积极主动参与各级总体规划、详细规划和相关专项规划实践，转型升级为适应新时代国土空间规划工作要求的高层次人才。

（二）测绘地理信息科技人才发展的政策保障

随着改革的深入，自然资源部围绕科技创新工作，相继印发了《自然资源科技创新发展规划纲要》《中共自然资源部党组关于深化科技体制改革 提升科技创新效能的实施意见》《中共自然资源部党组关于激励科技创新人才的若干措施》等一系列重要文件，明确指出将把加快培育集聚创新型人才队伍放在自然资源科技创新最优先的位置，并通过着力培养科技创新领军人才、加大优秀青年科技人才培养力度、加大国际科技人才合作交流力度、加大欠发达地区科技创新人才政策支持力度等工作，加快科技创新人才队伍建设。这些科技政策在对自然资源领域科技创新发展总体布局和具体实施做出科学谋划的同时，也为测绘地理信息对接自然资源事业发展需求、指导测绘地理信息科技创新活动、培养测绘地理信息科技人才等提供了重要参考。其中，“新型测绘地理信息科技创新与应用工程”被纳入重大科技工程，“智能化测绘、中低空遥感平台、现代测绘基准维持与服务”等被纳入优先支持的优势科技方向，“自主可控高端技术装备、自然资源大数据技术平台、地质灾害监测、海洋立体观测监测关键技术、海洋及内陆水下地形测绘关键技术、地理信息安全监管与安全态势服务技术”等被纳入急需技术支撑的研究方向，“自然资源卫星后续星、全球自然资源信息开发利用、自然资源要素质量提升、国土空间监测评估、国土综合整治、国土空间生态修复”等被纳入短板科研内容。此外，还明确了重大科技成果培育计划、技术转化推进计划、科技创新平台建设计划、高端科技创新人才培养计划等一系列科技创新支撑计划，提出了激励科技创新人才的20项具体措施，为测绘地理信息科技人才提供了广阔的发展平台。

三 加快地理信息产业高质量发展的新需求

地理信息产业是战略性新兴产业和生产性服务业的重要结合点，是自然资源领域推动高质量发展的重要着力点之一。改革开放以来，我国地理信息产业从无到有，现已进入了发展壮大、转型升级的新阶段。据统计，2019年中国地理信息产业总产值约为6400多亿元人民币，同比增长8.7%。近年来，我国地理信息产业规模逐步发展壮大，但增速有减缓趋势。面对国内外竞争加剧、经济整体下行压力加大等挑战，地理信息产业自身的产业结构、产业链条、创新能力与核心竞争力仍有提升空间和发展潜力。当前，国家的高度重视、战略需求的持续增加、社会需求的日益旺盛、科学技术的创新发展，以及国家机构的深化改革，为地理信息产业发展带来了新形势和新要求。

（一）产业政策支撑下的发展需求

2014年国务院办公厅印发《关于促进地理信息产业发展的意见》，提出了支撑产业发展的五大重点领域，包括提升遥感数据获取与处理能力、振兴地理信息装备制造、提高地理信息软件研发和产业化水平、发展地理信息与导航定位融合服务、促进地理信息深层次应用。在此基础上，《国家地理信息产业发展规划（2014-2020年）》进一步明确了“测绘遥感数据服务、测绘地理信息装备制造、地理信息软件、地理信息与导航定位融合服务、地理信息应用服务、地图出版与服务”六个方面的主要任务。这些领域和主要任务仍然是当前阶段政府部门重点支持建设的内容，也是测绘地理信息科技工作者需要重点关注和努力的方向。尤其是其中一些尚未攻克的难题，例如在高精尖装备研发、地理信息大数据应用、基础平台软件开发等方面的瓶颈，更是对高层次创新人才有极大的渴求。

（二）以产业结构优化促进人才结构科学布局

随着国家供给侧结构性改革的持续推进，测绘地理信息行业也在不断深化“放管服”改革，不断优化营商环境，不断激发市场活力。关于行业准入政策的改革，就是以减轻企业负担、减少准入限制、保障从业人员权益为主要考量。这一方面将吸引更多企业进入行业，扩充人才队伍；另一方面也有助于培养龙头企业，提高市场聚集度，提升高层次人才水平。在产业规模和人才队伍规模不断扩大的背景下，结构性调整是促进产业发展的关键。

地理信息产业从上游的高端装备制造和软硬件平台研发，到中游的数据采集与处理，再到下游的数据挖掘和应用服务，具有较好的产业链延展性，但产业结构还有待进一步优化。当前，无论是企业数量还是产值规模，都相对集中于产业链中游，要实现产业的高质量发展，就必须促使产业结构基本趋于均衡。产业对人才的需求一定程度上取决于产业结构的布局。因此，在加大产业结构调整的同时，也要与之相适应加大人才结构的调整，这样才能促进结构调整、推动新型应用业态，有效避免在产业链中游的同质化竞争。加强高层次科技人才在数据智能化处理方面的投入，以满足应对海量数据和提高数据精度的需求。着力推动地理信息产业向高端领域发展，重点支持高精尖测绘仪器国产化、智能化装备研发等方面的创新型人才。促进科技创新成果转化是实施创新驱动发展战略的重要任务之一，对于产业发展而言，人才是主体，应用是价值出口。亟需发展大量智库型人才和应用服务型人才，以满足面向政府、行业和公众的各类应用需求，发挥地理信息跨界融合所形成的更强可用性和更高价值。

四　以科技创新发展驱动人才高质量发展的新需求

新时代的测绘地理信息科技人才要主动应对新一轮科技革命带来的挑战。党的十九大提出要加快建设网络强国、数字中国、智慧社会，落实国家“放管服”改革，为人民高品质生活提供多元化公共服务，在这些领域中，地理信息无处不在。从数字城市到智慧城市，再到数字孪生，不断涌现的新兴课题也为测绘地理信息带来了新的机遇与挑战。地理信息作为数据基底，既是定位和吸附其他信息的基底，也是集成和整合其他信息的基底。这种固有特性，使得跨界融合成为对新时代测绘地理信息科技人才的本质要求。产业的发展，需要加速推动移动互联网、人工智能、云计算、区块链、物联网、5G等前沿科技与测绘地理信息技术的深度对接融合，以实现更加精细化、动态化、智能化与精准化的地理信息服务。无论是“地理信息 +”，还是“+ 地理信息”，呼唤的都是更加泛在的地理信息服务。这个各种新技术不断交叉、渗透与融合的过程，也更加需要发挥人才创新创造的活力。

企业的科技创新能力是提高产业发展速度和质量的关键。2019 年，航天宏图信息技术股份有限公司作为首批 25 家科创板企业之一在上交所注册上市；截至 2019 年底，境内外上市及新三板上市的地理信息企业总数已近 300 家。据统计，在 2018 年上市的 49 家具有甲级测绘资质的企业，研发投入共计 25.67 亿元，较 2017 年同比增长 34.73%，研发投入占企业营收的百分比增长 1.5 个百分点，显示企业对科技创新的重视程度日益提高。2013~2018 年，我国测绘地理信息企业中本科及以上学历从业人员数量逐年递增，2019 年底达到近 80%；企业研发人员占从业人员比例逐年上升，达 30% 以上，企业科技研发力量不断增加。但从另一项统计数据来看，近年来，我国具有测绘资质的高新技术企业数量虽逐年增加，占全国高新技术企业的比例却不足 1%。可见，还需要持续以提高产业综合竞争能力为核心，以深化地理信息应用广度和深度为目标，培育一批核心技术能力突出、集成创新能力强、引领重点领域发展的创新型科技人才和团队，支撑地理信息产业创新发展。

五　总结与建议

全面深化科技体制改革，不断提升科技创新能力，优化集聚科技创新资源，是经济高质量发展、生态文明建设和新一轮科技革命对自然资源科技创新工作提出的总体要求。面对自然资源科技创新格局的重构，测绘地理信息行业需进一步推进科技体制改革，大力提升自主创新能力，尽快突破关键核心技术，推动新技术大规模应用和迭代升级，以提高测绘地理信息的核心竞争力和整体水平。为此，要坚持人才是第一资源的思想，发挥好人才在科技创新中的核心作用。

对自然资源系统而言，一方面要加快整合系统内现有的科技人才队伍，构建合理的人才梯队，打造多种形式的高层次人才培养平台，落实人才激励机制；另一方面，要引导社会力量，培育市场化人才队伍，协同支撑自然资源管理的各项工作；同时，还要积极吸纳科研院所和大专院校的力量参与自然资源管理工作，充分发挥其专业特长和智力优势。对科研院校而言，要加大力度促进学科间的交叉、渗透和集成，打破专业限制，建立学科群模式，加强实践教学内容，注重培养学生创新意识和创新能力，着力培养复合型、实用型人才。对企业而言，既要通过企业政策和文化广泛吸引优势人才，提升科技人才在专业领域的覆盖面和深度；也要注重传统岗位人才的转型发展，将行业经验与新技术融合；同时，企业还要更多地参与到人才培养的阵营，在校企间开拓新时代测绘地理信息教育的交流合作。

创新驱动发展，人才推动创新。以一流人才队伍建设带动科技创新效能提升，是新时代测绘地理信息科技工作最迫切的任务之一，也是测绘地理信息工作再创佳绩的重要基础。测绘地理信息事业转型升级发展，从夯基垒台到全面推进，还需继续勇毅笃行，在新起点、新机遇下实现新突破，为开启全面建设社会主义现代化国家新征程积势蓄力。

B.3

自然资源管理对测绘地理信息及人才需求研究

陈建国　楼燕敏*

摘　要：本文根据自然资源部门的主要管理职能，通过调查研究，全面分析了自然资源管理核心业务与测绘地理信息的关联，自然资源管理对测绘地理信息及人才的需求，测绘地理信息为自然资源管理提供服务保障以及人才队伍建设方面存在的问题和不足，提出了测绘地理信息全面融入自然资源管理整体业务，培养满足自然资源管理需要的测绘地理信息复合型人才的建议。

关键词：自然资源　测绘地理信息　人才需求　人才培养

本轮机构改革，中央和地方各级政府都在国土资源、海洋、测绘等部门的基础上新组建了自然资源管理部门。测绘地理信息管理职能归并到自然资源部门后，服务保障自然资源管理已成为测绘地理信息工作的主要任务之一。因此，研究分析自然资源管理核心业务与测绘地理信息的关联、需求以及人才队伍建设情况，是测绘地理信息全面融入自然资源管理整体业务，为自然资源管理工作提供全面、优质、高效的测绘地理信息保障服务的重要基础工作。

* 陈建国，浙江省自然资源厅，经济学研究生，中国工程教育认证专家，自然资源部测绘地理信息智库委员会委员；楼燕敏，教授级高工，浙江省自然资源厅科技处处长。

一 自然资源部门的主要管理职能及核心业务划分

根据中央印发的《自然资源部职能配置、内设机构和人员编制规定》，新组建的自然资源部主要职责有：履行全民所有土地、矿产、森林、草原、湿地、水、海洋等自然资源资产所有者职责和所有国土空间用途管制职责，负责自然资源调查监测评价、自然资源统一确权登记、自然资源资产有偿使用、自然资源的合理开发利用、地质勘查和矿产资源管理、统筹建立空间规划体系并监督实施、统筹国土空间生态修复、实施海洋战略规划和海洋开发利用保护的监督管理、管理测绘地理信息等工作。

根据中央确定的主要管理职能，除管理测绘地理信息工作外，自然资源部和地方各级自然资源和规划主管部门的核心业务可以概括为8个方面：（1）自然资源调查与监测（包括土地、海洋、矿产、森林、草原、湿地、水资源等的调查与监测）；（2）自然资源权属管理（包括自然资源确权登记和不动产确权登记）；（3）国土空间规划管理（包括制定国土空间总体规划、详细规划、专项规划等及监督实施）；（4）国土空间用途管制（包括空间准入、用途转用等）；（5）自然资源开发利用管理（包括全民所有自然资源资产管理、土地开发利用、矿产资源开发利用、海域海岛海岸线开发利用、森林草原资源开发利用等）；（6）国土空间生态修复（包括耕地保护、国土空间生态修复治理等）；（7）自然资源执法与监管（包括自然资源执法监管、土地资源监测监管、海洋资源监管、矿产资源监管、森林草原资源监管、地质勘查监管等）；（8）自然灾害监测与防治（包括地质灾害、海洋灾害、森林草原灾害等的监测与防治）。

自然资源管理体制改革是一场系统性、整体性、重构性的变革，从自然资源部门管理职责和核心业务来看，我国自然资源管理工作进入了一个新的历史发展时期，实现了从分部门管理、单要素管理到综合化、系统化统一管理的转变，自然资源管理体制调整，对测绘地理信息工作提出了新要求。

二　自然资源管理核心业务与测绘地理信息的关联及需求

测绘地理信息工作成为自然资源管理工作组成部分后，后者各项核心业务工作的开展离不开测绘地理信息工作的保障支撑。

（一）自然资源管理核心业务与测绘地理信息的关联

地理信息及其技术可以在时空维度对各类自然资源进行系统地位置、长度、高度、深度、面积、属性等定位和记录，可以进行三维可量化的分析评估，它是架构自然资源管理各业务系统、承载关联自然资源要素信息、规划空间布局、合理开发利用自然资源、监测评价规划实施和管理成效等不可或缺的重要支撑和科学手段。因此，自然资源管理各项核心业务工作与测绘地理信息紧密相关，不可分割，测绘地理信息工作是自然资源管理的重要组成部分，是其信息化和现代治理数字化转型的重要条件。

测绘地理信息服务保障自然资源管理主要体现在为其提供地理信息数据和技术支撑。自然资源管理各项核心业务工作的开展需要空间定位基准、位置数据、遥感影像数据、地形地貌土质数据、地表覆盖数据、地名地址数据、地理实体数据、地表三维模型数据、数字高程模型数据、水下地形数据、地下空间数据、海域海岛海岸带数据、海底地形数据，以及与空间位置有关的经济社会发展和人文地理数据等地理信息数据的基础支撑；需要导航定位（GNSS）、航天航空遥感（RS）、地理信息系统（GIS）、虚拟现实、自动识别、数据挖掘、地理实体和地理单元统计、云计算、空间分析与评估等现代测绘地理信息技术的支撑。

（二）自然资源管理核心业务对测绘地理信息的需求

从上面分析的自然资源管理核心业务与测绘地理信息关联情况，可以大概了解自然资源管理核心业务对测绘地理信息的需求，主要包括以下三个方面。

1. 对地理信息数据的需求

（1）对陆海统一的测绘基准数据的需求。自然资源管理不同种类的业务数据只有按照统一的测绘基准在时空维度上对其进行定位、记录和统一化处理，才能彻底解决长期以来存在的空间布局上交叉重叠、数据打架问题。这是自然资源统一管理、统筹建立空间规划体系并监督实施的重要基础之一。

（2）对地形地貌土质、地下空间、水下地形、地表覆盖、水源水系、交通设施、各类建（构）筑物、地名地址、海岛礁、浅海海底地形、滩涂、河口、海湾、海岸线等基础地理信息数据，以及附着的权属、人口、经济、社会、文化等信息数据的需求。基础地理信息数据以及所附着的权属、人口、经济、社会、文化信息数据，是自然资源统一管理和建立统一的空间规划体系的基础信息，是承载关联自然资源管理相关业务信息、架构自然资源管理和国土空间规划统一空间信息平台以及各业务管理系统、开展自然资源管理各项核心业务工作不可或缺的重要基础空间信息。

（3）对航天航空遥感影像数据的需求。遥感影像数据是自然资源调查与监测、自然资源监督管理、自然灾害监测与防治等自然资源管理核心业务开展不可缺少和无法取代的空间信息数据。

（4）对定制地理信息数据的需求。随着自然资源管理数字化、信息化水平的提升，自然资源管理核心业务开展中对地理信息实体化、三维化、个性化定制的需求会不断提出。

2. 对地理信息技术手段的需求

自然资源管理各项核心业务工作的开展，离不开地理信息技术支撑，主要体现在以下几个方面。

（1）空间定位。对各类自然资源要素和需要确定空间位置的管理内容采用测绘地理信息技术手段进行空间定位。

（2）遥感监测。对各类自然资源在国土空间上的水平分布、数量、质量、生态状况以及变化情况，对国土空间规划实施情况，对各类自然资源合理开

发利用情况，对国土空间生态修复情况，对自然资源管理法律、法规和政策、措施贯彻执行情况，对自然灾害等情况采用遥感手段进行动态监测。

（3）数据采集。采用各种测量、测绘技术手段对各类自然资源要素及相关信息，自然资源管理中涉及的各项工程质量和评价要素，自然资源管理成效评价要素等进行采集。

（4）数据处理。按照统一的技术标准、数据格式、编码规则，采用计算机系统程序，对采集的信息数据进行自动解译、识别、提取、清洗、归类等处理。

（5）平台搭建和系统建设。利用基础地理信息系统和地理信息系统及相关软件开发技术，搭建自然资源管理统一的空间信息平台，并在此基础上开发建设自然资源管理各核心业务信息系统。

3. 对自然资源管理决策支持的需求

测绘地理信息的计算统计和空间分析功能可以为自然资源管理科学决策提供技术支持。随着新型基础测绘建设发展，通过不断升级扩展和完善地理空间实体模型、三维数据模型和时空动态模型，实现流数据展示和陆地海洋、地上地下、室内室外一体化空间数据展示，以及不同部门数据资源的整合共享，运用地理信息统计分析技术和综合运用多学科知识，通过大数据挖掘和对各类时空数据的数理统计分析、矢量空间分析、影像数据智能挖掘分析、数据流分析，可以更好地揭示自然资源各要素之间的空间关系和相互影响作用，以及发展演变趋势，分析自然资源开发利用的适宜度和环境承载能力，了解不同自然资源和生态环境的特点及发展规律，为自然资源管理科学决策提供支持。

（三）为自然资源管理提供保障服务方面存在的问题和不足

1. 基础地理信息数据不能满足自然资源管理业务需要

现在测绘地理信息部门生产的基础地理信息数据仍然延续着传统模拟地形图的表达方式，数据采集标准和分类体系与自然资源管理业务（也包括其他管理部门的业务）关联不够紧密。虽然基础地理信息数据和自然资源管理数据在空间位置上高度一致，但基础地理信息数据只表达了各要素最基本的自然属性，没有社会管理属性的表达，而自然资源管理业务应用需要将社会管理属性在空间上进行挂接。基础地理信息产品形式仍然以3D标准产品为主，还没有以地理实体为对象进行数据采集和实体化表达，不能满足自然资源“一码管地”等业务管理的需要，尚不具备可分析、可统计的功能。由于分类体系、指标要素、概念语义、属性挂接、数据结构、采集方式等技术标准的不同，导致基础地理信息数据在自然资源管理业务中不能直接应用，需要在基础地理信息数据的基础上重新生产专题数据，一定程度上只起到了调查底图、空间背景、参考数据的作用。

2. 遥感影像获取还无法满足自然资源管理动态监测的需要

由于成本、技术等原因，大范围遥感影像数据获取的周期还是太长，频次偏低，还不能满足国土空间用途管制、国土空间生态修复、自然资源执法监管、重点监管地区监控等自然资源管理动态监测的需要。在遥感影像的种类方面也存在数据源单一的问题，用于森林资源调查、地面沉降监测、地质灾害防治、水环境监测等自然资源管理业务需要的激光雷达遥感影像数据、高光谱遥感影像数据、SAR遥感影像数据还比较缺乏。

3. 支撑自然资源管理科学决策的综合分析能力有待提升

目前，测绘地理信息为自然资源管理科学决策提供综合分析服务的能力还比较弱，主要停留在地形分析、要素信息自动提取、变化图斑发现、信息归类统计等方面，还没有运用多学科知识，开展空间分析、数据深度挖掘等综合分析服务工作，没有形成基于空间分析的综合性、科学性的研究成果和对策建议，支持自然资源管理科学决策的能力有待提升。

三　自然资源管理对测绘地理信息人才的需求

测绘地理信息服务保障自然资源管理存在的不足和问题原因是多方面的，有长期以来存在的体制机制问题，有测绘地理信息部门本身的服务理念和思路问题，有科技发展水平限制和服务能力问题，而科技创新和服务能力的关键是人才问题。下面以浙江省为例，对测绘地理信息人才情况进行分析。

（一）浙江省测绘地理信息人才队伍现状

为了全面了解测绘地理信息人才队伍现状、自然资源管理对测绘地理信息及人才需求、测绘地理信息服务保障自然资源管理核心业务开展等情况，2020 年 6 至 7 月笔者通过调查问卷、查阅统计资料、召开座谈会、访谈交流等方式对浙江省 574 家测绘资质单位，11 个设区市和部分县自然资源和规划管理部门进行了调研，并对调查情况作了统计分析。

1. 人才队伍结构情况

2019 年浙江省 574 家测绘资质单位共有从业人员 17986 人。从人员结构和专业职称结构看，非专业技术人员 3995 人，占比 22.2%；专业技术人员 13991 人，占比 77.8%，从业人员以专业技术人员为主。专业技术人员中初级职称人员 6193 人，占比 44.3%；中级职称人员 5389 人，占比 38.5%；副高以上高级职称人员 2209 人，占比 15.8%，专业技术人员中初级职称人员占比较高。从年龄结构看，45 岁以下从业人员占比 83.6%，人才队伍结构呈现年轻化。

2. 人才队伍素质（知识、专业结构）情况

从文化程度看，浙江省测绘地理信息从业人员中高中以下、中专、大专、本科、硕士、博士学历人员分别为 985 人、1224 人、5992 人、8789 人、915 人、81 人，占比分别为 5.5%、6.8%、33.3%、48.9%、5.1%、0.4%，从业人员中大专学历以下占比较高，为 45.6%，高学历高层次人才占比较少，为 5.5%。从专业结构看，大地测量、工程测量、摄影测量、地理信息系统等测绘地理信息类专业从业人员为 6242 人，占比 34.7%；计算机、软件、土地资源管理、城乡规划、档案等测绘相关专业从业人员 6928 人，占比 38.5%；其他专业从业人员 4816 人，占比 26.8%。从总体上看，测绘地理信息类专业人员占比不高，另外，从业人员的专业背景相对单一。

3. 人才分布和使用情况

根据对杭州、宁波、温州、湖州、嘉兴、金华、台州、舟山 8 个设区市自然资源和规划管理部门及直属单位调研统计的数据看，这 8 个市局工作人

员中共有测绘地理信息专业背景的人才1010人，其中局本级165人，占比为16.3%；局属企事业单位843人，占比为83.5%；其他岗位2人，占比为0.2%。测绘地理信息专业人才主要分布在局属企事业技术支撑单位，局本级行政管理岗位也有一定占比。

（二）服务自然资源管理测绘地理信息人才队伍建设存在的不足

1. 测绘地理信息专业技术人才数量不足

从2019年对浙江省各市、县（市、区）自然资源和规划管理部门急需的专业技术人才调查汇总的数据看，最为紧缺的专业人才是测绘地理信息、土地资源管理、城乡规划，约需885人，测绘地理信息排在第1位，需要371人，约占总急需16类人才1850人的20.1%。

2. 服务自然资源管理测绘地理信息人才能力有待提升

（1）现有测绘地理信息专业人才所学知识比较单一，知识面不够宽，对涉及自然资源管理的相关知识、政策法规和业务需求不够了解，服务保障工作不能很好地切入实际需要。（2）现有市县测绘地理信息专业人才以大地测量、工程测量、地图制图、地理信息工程专业为主，摄影测量与遥感、地理大数据挖掘与分析、遥感与自然资源管理、地理国情调查与监测等面向自然资源管理的测绘地理信息专业人才不足。（3）满足服务保障自然资源管理需要的测绘地理信息复合型人才严重缺乏，特别是既有测绘地理信息专业背景，又掌握自然资源管理领域相关知识的复合型人才。

3. 测绘地理信息专业人才分布和使用不够合理

（1）与测绘地理信息关联度较高的自然资源管理核心业务部门没有配备相应的测绘地理信息专业人才，使得业务工作开展中不能充分发挥测绘地理信息及其技术的作用。（2）测绘地理信息专业人才在区域上分布不够合理。国家、省级人才数量和层次高于市县，这与自然资源管理业务呈正三角分布形成了矛盾。发达地区人才数量和层次高于欠发达地区。

4. 测绘地理信息专业人才发展通道有待进一步畅通

现在除了专项普查、调查和自然资源管理相关工程项目通过向市场购买

服务外，自然资源管理日常核心业务工作的技术支撑主要依靠行政管理部门所属的事业单位。由于受事业单位人员编制、评聘结合、绩效工资、凡进必考等规定的影响，使测绘地理信息高层次人才引进、在岗专业技术人员高级职称评定、收入待遇等受到一定的限制，这在一定程度上会影响到测绘地理信息专业人才队伍建设。

（三）自然资源管理对测绘地理信息人才的需求

从自然资源管理核心业务与测绘地理信息的关联和需求可以看出，随着自然资源管理各项核心业务的深入开展和数字化、信息化程度的不断提升，自然资源管理对测绘地理信息人才的需求会越来越大，要求会越来越高。

自然资源管理不仅需要掌握地理信息获取实时化、处理自动化方面的专业技术人才，还需要掌握摄影测量与遥感知识和技术，能进行多光谱、高光谱影像处理与应用服务方面的专业技术人才；需要既具备测绘地理信息专业知识和应用开发技术，又懂得管理的高层次应用管理人才；更需要既具备测绘地理信息专业背景，又熟悉自然资源管理、地理学、统计学、经济学、地质学、林学、规划学、计算机科学等某一学科知识的跨学科复合型人才。

四　培养满足服务保障自然资源管理需要的测绘地理信息复合型人才

（一）培养满足服务保障自然资源管理需要的测绘地理信息人才

世界上万事万物的描述、判断、确定都需要用时间、空间来定义，测绘地理信息就是科学表达时间维度和空间维度的。随着科技发展，测绘地理信息的应用领域越来越广，服务面越来越宽，与其他高新技术的融合度越来越高，渗透到经济社会发展各行各业管理业务的程度也越来越深。正是这种发展趋势，全国高校系统普遍重视测绘地理信息类人才的培养工作，据不完全统计，目前全国有近 200 所高校设置了测绘地理信息类专业，为国家经济社会发展、国防建设和科学研究培养了大批测绘地理信息专业人才。自然资源管理是一个十分广阔的领域，需要大量综合素质高的测绘地理信息专业人才为其提供服务。为此，就培养满足服务保障自然资源管理需要的测绘地理信息专业人才提些建议。

1. 围绕自然资源管理核心业务需要，优化调整部分专业设置和培养目标

既有测绘地理信息类专业，又有自然资源管理相关专业的高校，可以对接自然资源管理部门，认真研究分析自然资源管理各核心业务对测绘地理信息专业人才的需求，在此基础上，优化调整测绘地理信息类相关专业的设置，明确满足服务保障自然资源管理需要的测绘地理信息专业人才培养要求，并根据自然资源管理各项核心业务的实际需要，修改完善人才培养目标。

2. 围绕培养目标制定毕业要求和设置课程体系

要围绕专业定位和人才培养目标，根据“面向产出”的工程教育认证要求，着重关注学生服务保障自然资源管理核心业务开展的能力培养，根据培养目标的实现来制定毕业要求。课程是支撑毕业要求实现的主要内容，要围绕毕业要求设置课程体系、课程内容和课程目标。为了实现毕业要求和培养目标，培养合格的服务保障自然资源管理的测绘地理信息专业人才，课程设置中除了测绘地理信息基础理论、专业知识和技能等基础和专业课程外，还应当设置自然资源调查监测、国土空间规划、自然资源权属管理、自然资源开发利用、国土空间生态修复、自然灾害监测与防治等相关自然资源管理类课程，加大统计学、管理学、经济学、生态环境学、可持续发展等公共知识课程的教育学习深度，培养学生的综合素质能力。另外，建议设置国土资源管理、空间规划管理、森林资源管理、水资源管理等自然资源管理相关专业的高校和专业，也要将测绘地理信息类的课程作为专业的必修课，使这些专业的学生掌握测绘地理信息的知识和技能。

3. 测绘地理信息本科教学应突出应用型人才培养

测绘地理信息类专业属于高校工科类系列，本科教学应突出培养满足经济社会发展各行各业实际需要的应用型人才，研究型人才应当在研究生教学阶段培养。因此，培养服务保障自然资源管理的测绘地理信息应用型人才，

除了让他们掌握必要的基础、专业理论知识和技能外，要在“通”和“用”上下功夫，要在解决服务保障自然资源管理的复杂测绘地理信息工程问题能力上下功夫，要在提升他们的综合素质能力上下功夫。实践教学要紧密结合自然资源管理具体业务工作进行，要嵌入到自然资源管理的具体应用场景、具体岗位中去，要与自然资源管理部门或者其所属的技术支撑单位共同设置教学实践基地。

4. 加强高素质测绘地理信息人才培养教育的师资队伍建设

要培养服务保障自然资源管理需要的高素质测绘地理信息专业人才，就必须有高水平的师资队伍。高校师资队伍建设除了要注重专业教师的学历、学养、职称外，还应当重视专业教师的专业工程能力培养。要鼓励专业教师积极参与或承接服务自然资源管理的测绘地理信息项目，专业教师要有从事服务保障自然资源管理的测绘地理信息工程经历。鼓励专业教师考取国家注册测绘师等职业资格。要采取“请进来”的办法，邀请自然资源管理部门领导、专家走进课堂，邀请自然资源和测绘地理信息行业的专家担任兼职教师和学生毕业论文（毕业设计）导师。

（二）做好人才引进和现有人才培训提升工作

从浙江省调研情况看，自然资源和规划管理系统现有测绘地理信息专业人才无论数量还是质量都还不能满足服务保障自然资源管理业务工作的需要。浙江如此，想必其他大部分省份自然资源和规划管理部门对测绘地理信息专业人才的需求更是如此。因此，今后若干年自然资源和规划管理部门要有计划地引进一批既有测绘地理信息专业知识和技能，又知晓海洋、地质、林业、水利水文、国土等自然资源和经济、管理、统计、生态环境等某方面知识的复合型人才。同时要加大对现有人才能力素质的培训提升工作。对测绘地理信息专业人才进行自然资源和规划管理方面的知识、法律法规、业务技能培训，使他们了解自然资源和规划管理方面的业务知识，以及对测绘地理信息的真实需求，使测绘地理信息工作更好更精准地服务自然资源和规划管理工作。对自然资源管理人员和相关专业人才进行测绘地理信息相关知识和技能的培训，使他们知晓在自然资源和规划管理工作中如何利用地理信息及其技术，提高管理工作的科学性和成效。要花大力气培养一批具有创新意识和开拓精神，既有扎实的测绘地理信息专业知识和数理统计与空间分析能力，又熟悉了解自然资源管理相关业务的复合型人才，能通过科学统计计算所获得的地理空间信息和自然资源与经济社会数据，利用空间分析工具和技术，准确判断自然资源各要素以及相互之间的关系，揭示自然资源管理和监测对象的变化演进规律，为自然资源管理决策提供科学依据和技术支持。

（三）做好测绘地理信息人才使用工作

1. 优化人才配置

要从自然资源管理核心业务与测绘地理信息的关联与需求，从目前自然资源和规划管理系统测绘地理信息人才队伍建设存在的问题出发优化人才配置。从人才体系和布局来看，高校科研机构、测绘地理信息企业、行政管理部门所属技术支撑单位（通常讲的事业单位）、行政管理部门要根据科研、技术支撑和服务保障的实际需要做好人才配置工作。高校科研机构是科技引领和人才培养的主要场所，企业事业单位是人才资源开发、使用、建设和测绘地理信息服务保障与技术支撑的主要力量，自然资源和规划行政管理部门是测绘地理信息及其技术应用的需求方。从人才需求的地域来看，东、中、西部和中央、省、市、县四级，目前中西部地区和市、县对服务保障自然资源管理的测绘地理信息专业人才，无论从数量还是人员素质的需求都最为迫切。因此，国家和省级政府以及自然资源和规划主管部门，要制定相应的政策，鼓励和引导测绘地理信息专业人才向中西部地区和市、县流动。从自然资源管理工作实际需要看，测绘地理信息企事业单位需要积极引进熟悉自然资源管理相关业务的专业人才；为自然资源和空间规划管理提供相关技术支撑的其他企事业单位，也要注意引进测绘地理信息专业人才；自然资源和规划管理行政部门的相关业务司、处、科室，应该适当配备测绘地理信息专业人才。

2. 加强人才交流

自然资源和规划行政管理部门及其所属的技术支撑单位，要有意识地加强岗位和跨单位、跨部门人才交流工作。一个人的工作经验主要是在工作岗位上学习、积累的，业务才干是在实际承担的项目中增长的。因此，要做好测绘地理信息管理岗位人员和自然资源与规划管理岗位人员的轮岗交流和不同技术支撑单位跨单位的人才交流工作，通过交流，了解熟悉不同专业的业务工作，提高实际工作能力和才干。

3. 完善人才激励机制

要建立完善以科技水平、创新能力、工作业绩、实际贡献为导向的人才评价体系，技术职称评聘向专业能力和业绩贡献突出的专业技术人员倾斜，不断改革和完善专业技术职称评聘制度。要进一步完善收入分配制度，形成对创新人才、工作业绩突出人才的奖励和薪酬激励机制，充分调动测绘地理信息人才创新创业积极性，为自然资源管理提供高质量的测绘地理信息人力资源保障。

B.4
我国测绘地理信息人才培养现状分析

宋伟东　王崇倡　张建国*

摘　要：为了解我国测绘地理信息人才培养现状，分析存在的问题，更好地满足地理信息产业发展对人才的需求，收集整理了测绘类专业的相关信息，从培养目标、依托学科、课程体系等方面进行分析。结果发现，我国测绘类专业在培养质量上是有保障的，但也存在专业培养目标特色不明、学科交叉融合不够、专业间及高校间同质化现象突出、专业技术陈旧等问题。建议以 OBE 理念为指导，重新界定测绘类各专业边界，凝练各专业的核心知识、能力、技能和素养，重构课程体系，推动测绘高等教育高质量发展。

关键词：测绘地理信息　人才培养　课程体系　同质化

一　前言

目前我国测绘行业定位已拓展到国家层面，服务于国家及全球战略，行业从公益转型到公益与产业结合，行业发展从测绘地理信息到与其他行业的跨界与融合。[1]测绘学科已经融入了更多学科的交叉，包括信息科学、通信科学、地球科学、服务科学、人工智能科学和脑认知科学，已从当初的几何科学，发展成为多学科交叉的信息科学和服务科学。[2]近年来，随着测绘地理信息技术

* 宋伟东，辽宁工程技术大学，教授，研究方向为地理空间信息服务、遥感信息提取；王崇倡，辽宁工程技术大学，教授；张建国，中国测绘学会，教授级高工。

与大数据、移动互联、智能处理和云计算等高新技术的融合不断加快，智能时代的来临给测绘带来了机遇与挑战，作为学科，不会扩张，但须跨界、交叉和融合，作为职业，将会出现蓝领消失，创客、智士领军的局面。[3]为了实现专业人才培养的转型升级，适应智能时代测绘行业发展需求，有必要审视当前测绘地理信息人才培养的现状，分析存在的问题，提出改革发展的建议。

二　我国测绘类本科专业基本情况

（一）专业数量

改革开放前，我国测绘类专业共开设 12 个，20 世纪 80 年代和 90 年代是发展的低谷期，从 2000 年后进入快速发展阶段，2006~2010 年专业数量增速达到高峰，2011~2015 年增速减缓，从 2016 年开始又进入快速增长期（见图 1（a））。截至 2019 年，全国共开设测绘类专业 224 个，其中测绘工程专业 161 个，导航工程专业 7 个，地理国情监测专业 2 个，地理空间信息工程专业 10 个，遥感科学与技术专业 44 个。测绘类专业中，测绘工程专业在 2006~2010 年增速达到最大，随后呈现下降趋势（见图 1（b）），以遥感科学与技术专业作为代表的新兴专业，从 2005 年后开始进入快速增长阶段（见图 1（c）），最近几年的增量超过测绘工程专业。

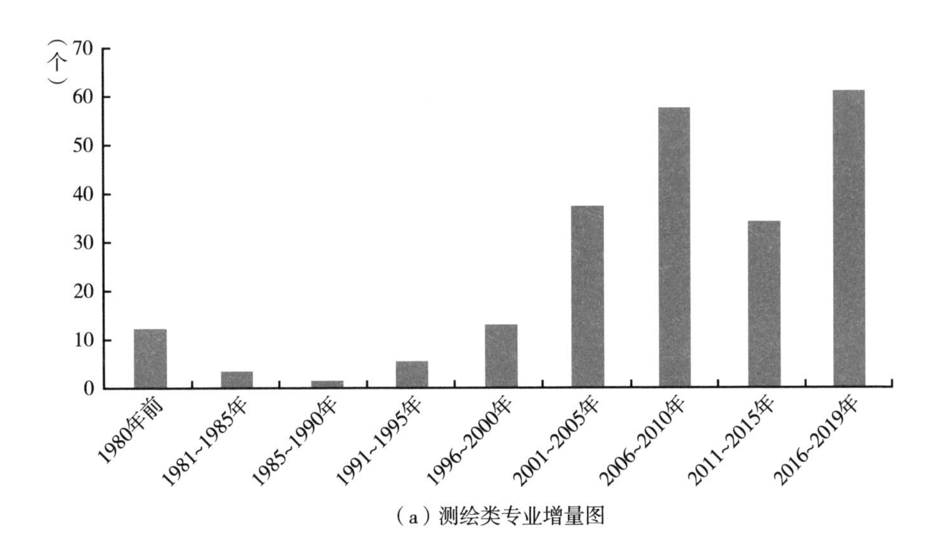

（a）测绘类专业增量图

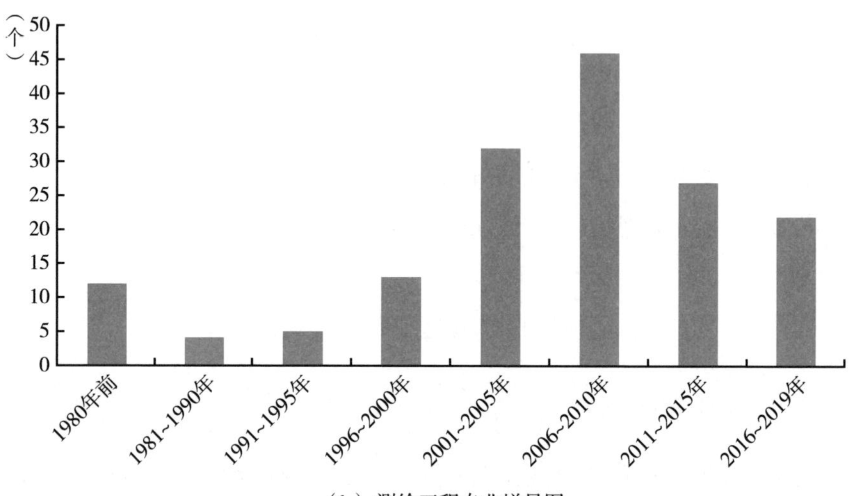

（b）测绘工程专业增量图

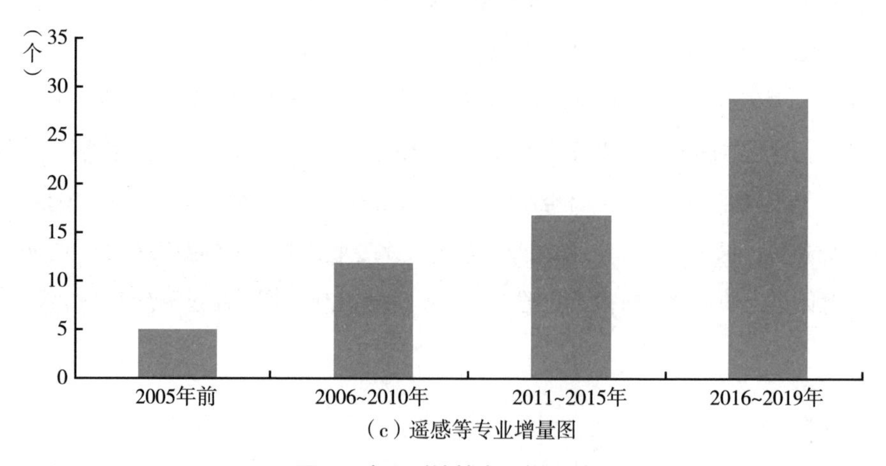

（c）遥感等专业增量图

图1　我国测绘等专业增量图

注：图中横轴为年份，纵轴为专业数量。

资料来源：中国测绘学会统计资料。

（二）专业分布情况

开设测绘类专业的高校共有 177 所，按照高校行业背景的基本类型划分如图 2 所示，这充分体现出了测绘类专业在高校的覆盖面较广，特别是在具

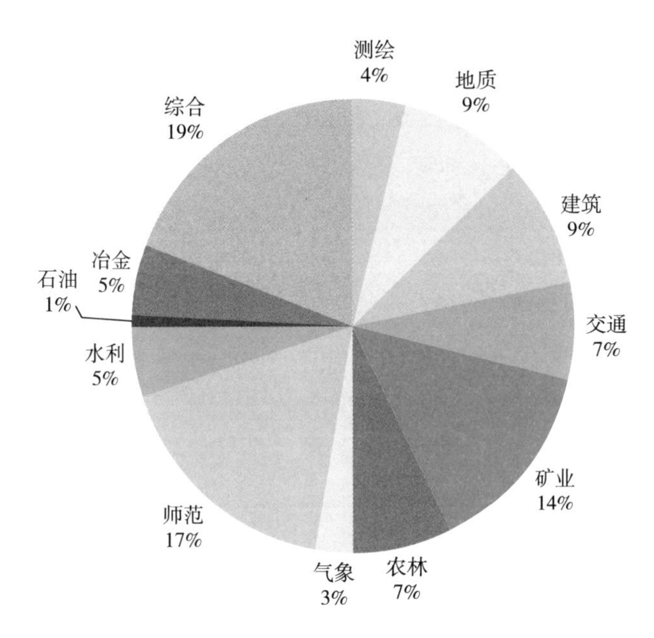

图2 开设测绘类专业的高校行业背景占比情况

资料来源：中国测绘学会统计资料及各高校网站简介。

有地球科学门类中的高校中。

从测绘类专业各省份分布来看，呈现明显的不均衡状态，专业主要集中在我国的东中部省份和西部的四川省，与各省的经济发展有一定的相关性，江苏和四川是测绘类专业数量最多的省份。

（三）招生规模

从2016~2017年测绘类专业的招生数量看（见表1），每年招生超过1.2万人以上，并且呈现增长趋势。其中地理空间信息工程专业作为特色专业于2017年首次招生，近年来申报此专业的高校不断增加，预计未来5年会有较大增幅。

表1　测绘类专业招生和毕业生数量信息

专业名称	专业代码	2016年			2017年		
		毕业生数	招生数	在校生数	毕业生数	招生数	在校生数
测绘工程	081201	8836	9221	38223	9156	9252	39022
遥感科学与技术	081202	960	1265	5108	1181	1299	5216
导航工程	081203	31	78	278	35	118	407
地理国情监测	081204	37	30	165	38	33	176
地理空间信息工程	081205	0	0	0	0	91	91
测绘类专业	081299	28	1844	2445	0	2274	3398
合计		9892	12438	46219	10410	13067	48310

数据来源：教育部统计数据。

三　国内测绘地理信息企业发展与人才需求

（一）测绘地理信息企业基本情况

我国测绘地理信息行业目前处于高速发展时期，测绘地理信息单位直接服务总值从2011年的487.36亿元增长到2018年1141.21亿元，测绘资质单位的服务总值从477.34亿元增长到1122.36亿元，测绘资质单位从业人员数量也从290648人增长到475630人，测绘资质单位数量从12512个增长到20700个，具体如图3所示。

（二）地理信息产业发展情况

据《中国地理信息产业发展报告（2019）》，我国地理信息产业2018年产值为5957亿元，同比增长率约15%，产业规模持续扩大，产值保持两位数增长，产业结构继续优化，创新能力不断提升，融合发展效应显著。预计我国地理信息产业2019年产值将超过6900亿元。截至2019年6月底，地理信息产业从业单位数量超过10.4万家，产业从业人员数量超过134万人。2019

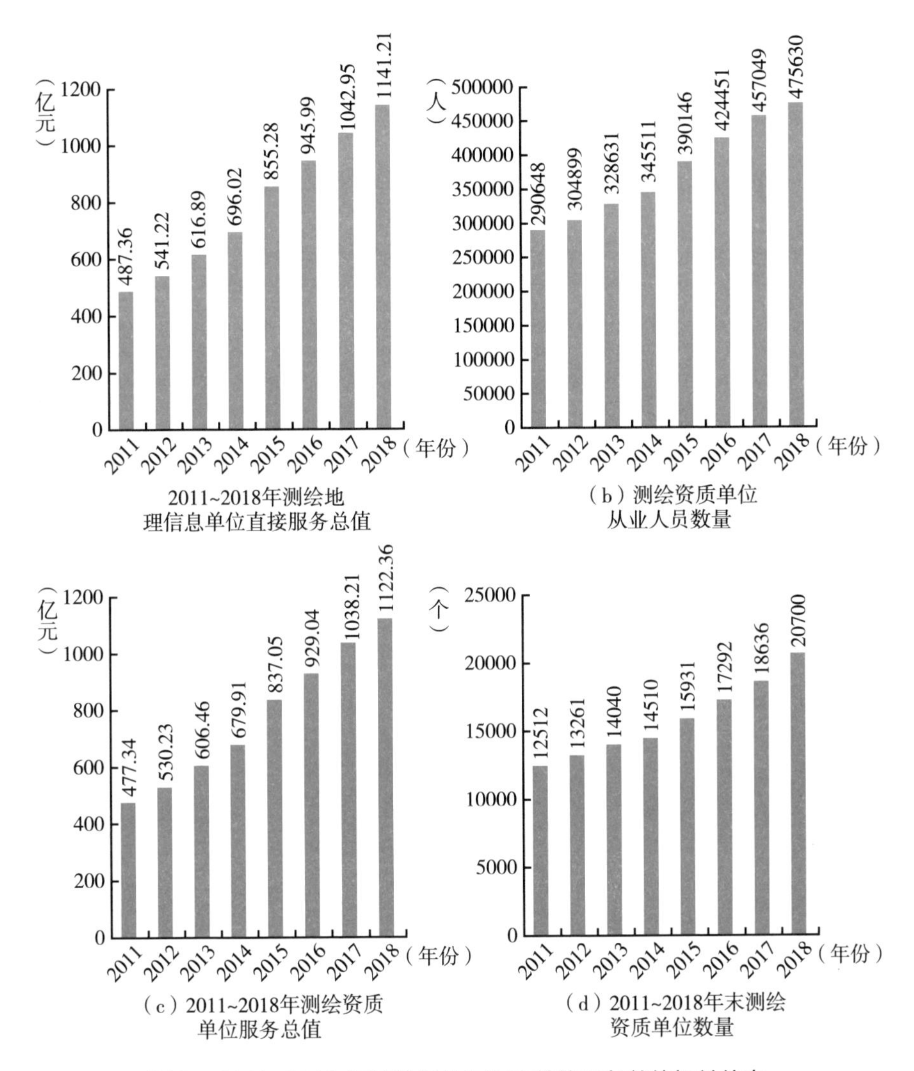

图3　2011~2018 年测绘行业与资质单位服务总值相关信息

注：图中横轴为年份，纵轴（a）（c）为产值，（b）为人员数量，（d）单位数量。

资料来源：中华人民共和国自然资源部编《中国测绘地理信息年鉴 2018》，测绘出版社，2018，第 719~737 页。

年上半年新注册企业数超过 1.12 万家。测绘资质单位 2.07 万余家，2019 年上半年新增 600 余家。主营业务包括地理信息业务的上市企业 38 家。新三板挂牌企业 160 余家。

（三）企业对测绘人才需求情况

2019 年上半年地理信息产业从业人员新增 4.34 万人。测绘行业内甲级与乙级资质单位从业人数呈上升趋势，录用应届毕业生数量逐年增多。具体如图 4 所示。

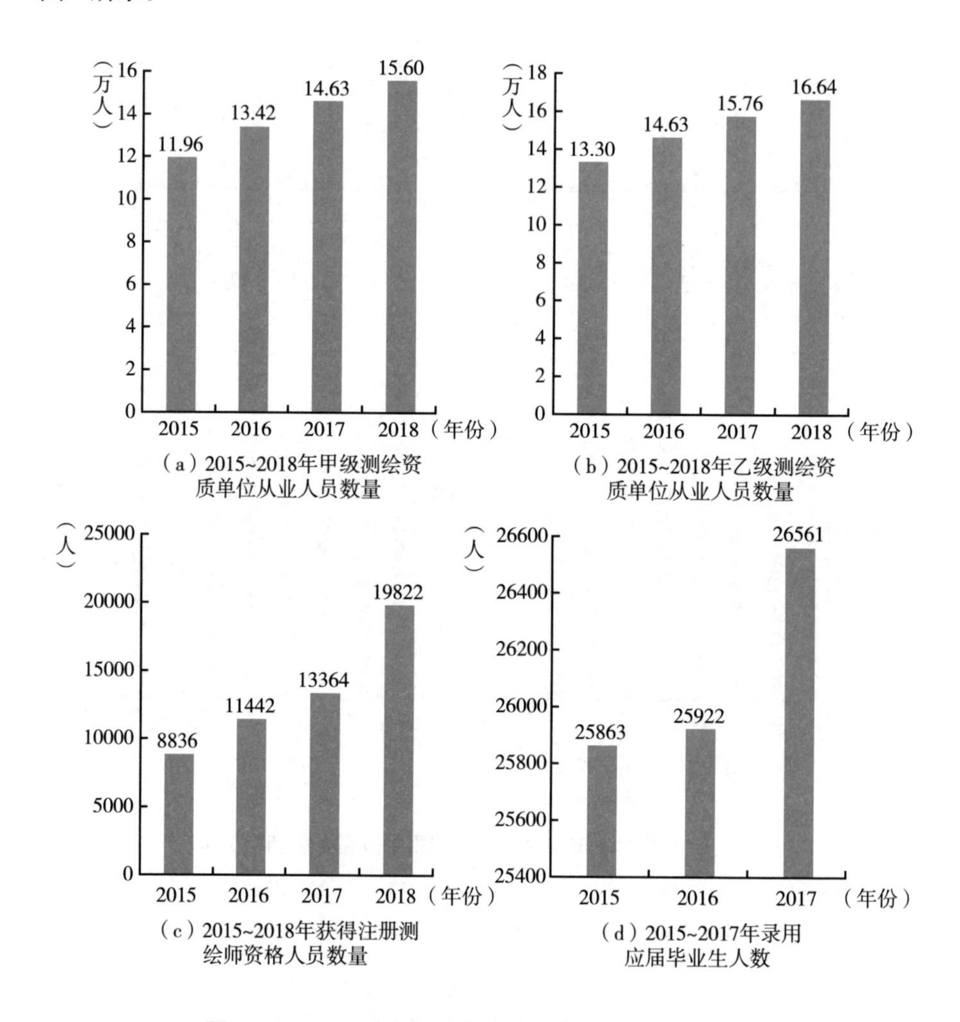

图 4　2015~2018 年测绘单位从业人员数量相关信息

注：图中横轴为年份，纵轴为人数。

资料来源：中华人民共和国自然资源部编《中国测绘地理信息年鉴 2018》，测绘出版社，2018，第 719~737 页。

（四）高校就业情况分析

选取了43个学校测绘类专业就业信息进行统计分析，学生总体就业率都超过95%，考研率20%左右，自然资源管理、土木工程、地质、规划、农业、水利、林业、能源等是就业主渠道。对2所地方高校学生的就业单位进行分析（见表2），测绘行业就业率没有超过50%，1所学校仅在20%左右。对2所985高校进行调研，直接就业的学生中，在高科技企业就业的超过30%。

表2　学生就业情况

单位：%

年份	学校1		学校2	
	总体就业率	测绘行业就业率	总体就业率	测绘行业就业率
2016	93.9	29.3	100	21.8
2017	99.0	39.2	100	21.3
2018	97.3	36.0	97.5	21.0

资料来源：近年专业认证自评报告。

由于学生就业情况的复杂性，全面详尽的数据很难获得，但从部分高校调研数据来看，测绘类大学生的就业领域正逐步拓宽，到传统的测绘企业以及相关行业就业人数逐年下降，到计算机、通信等IT行业就业比例在逐步扩大，特别是985、211这类名校，不乏本科生到华为、百度、阿里、腾讯这类国际知名大公司就业的案例。

四　高校测绘人才培养现状

（一）取得的成绩

1. 制定了明确的专业质量标准，专业建设有章可依

测绘类专业一直非常重视专业建设质量，教育部测绘地理信息教学指导委员会、中国测绘学会教育委员会做了大量工作。2009年制定了《测绘工程

专业规范》，虽然没有正式发布，但是其中提出了9门核心课程的理念，对专业建设发挥了重要的指导作用。2012年教育部颁布的《普通高等学校本科专业目录和专业介绍（2012年）》对测绘类各专业的课程体系分层次举例说明。2018年，教学指导委员会完成了《测绘类专业教学质量国家标准》制定工作，《标准》把握三大原则：学生中心、产出导向和持续改进，明确了测绘类专业的内涵、学科基础、人才培养方向等，标志着测绘类专业质量建设与国际工程教育接轨。

2.工程教育认证有序推进，成果显著

测绘地理信息类专业认证试点工作组自2012年3月成立以来，即开展工程教育认证工作，截至2019年底，已对武汉大学、同济大学、中国矿业大学等34所高校38个专业进行了59次专业认证，通过认证的专业数占比16.96%。测绘工程专业通过认证34个，占测绘工程专业总量的21.12%，遥感科学与技术专业通过认证4个，占遥感科学与技术专业总数的9.09%。工程教育认证的开展，将先进的国际教育理念引入测绘类专业质量建设，专业质量建设进入一个崭新的阶段。

（二）存在的问题

1.人才培养目标特色不明显

选取43个测绘工程专业进行分析，其中38个专业的学校具有行业背景。在培养目标方面，只有4个专业突出了就业领域的行业特色，而职业能力特色均不明显。目标定位中，有29个专业有明确的人才定位，使用高频词“应用型”“应用创新型”，其他14个专业定位不明确，使用高频词“高级工程人才”“高级技术人才”“专门人才”“专业人才”等，不能体现培养人才的特质；8个专业的目标定位有清晰的特色，使用高频词语“复合型”“拔尖”“领军”等。总起来看，各学校的专业培养目标与学校的行业背景相关性差，大多特色不突出。

2.主干学科单一，学科交叉融合不够

在43个测绘工程专业、8个遥感科学与技术专业的培养方案中，11个专业培养方案中没有明确依托学科；31个专业只有一个依托学科——测绘科学与技术；9个专业的依托学科是2个以上，增加地球物理学、地理学、计算机科学与技术。

上述情况说明，测绘类专业建设在进行顶层设计时，对学科交叉融合认识不足，重视不够，直接影响了课程体系的设置，难以满足新工科对学科交叉融合的需要。

3. 专业同质化严重

以测绘工程专业为例，2009 年的《测绘工程专业规范（讨论稿）》中，建议专业核心课程至少设 9 门：测绘学概论、误差理论与测量平差、地图制图基础、数字测图原理与方法（数字地形测量学）、大地测量学基础、摄影测量学基础、卫星导航定位、遥感原理与应用、地理信息系统。《普通高等学校本科专业目录和专业介绍（2012 年）》课程体系延续上述思路。2018 年教育部颁布的《测绘类国家质量标准》提出“10+X”核心课程体系概念，核心课程增加工程测量，X 为 3~5 门专业方向课。上述质量标准规定了专业的核心课程，其本意在于指导新办专业建设、保障专业建设核心知识体系的最低标准。但大多数学校由于人才培养目标定位不明确，专业特色不明显，课程体系设计缺少顶层设计，直接照搬质量标准的核心课程，致使国内测绘工程专业核心课程基本相同，专业特色缺失，专业同质化现象突出。

4. 遥感科学技术专业与测绘工程专业核心课程同质化

遥感科学技术专业 2012 年正式被国家列入专业目录，得到快速发展。《普通高等学校本科专业目录和专业介绍（2012 年）》对遥感科学与技术专业进行了说明，从依托学科与核心课程都与测绘工程专业有明显区别。但 2018 年教育部颁布的《测绘类国家质量标准》中提出“10+X”核心课程体系，与测绘专业课程 10 门核心课程重复 7 门，在质量标准上，测绘工程和遥感科学与技术专业核心课程明显同质化。对 8 个学校的培养方案进行分析，有 1 个专业的课程体系与测绘工程专业的课程体系高度相似，有 4 个专业的 10 门核心课程有 5 门与测绘工程重复，2 个专业间存在严重的同质化现象。测绘类专业新增遥感科学与技术、地理空间信息工程等新专业，其目的是拓展测绘学科新的专业领域，而不应该是对原测绘工程专业领域的切分，把新专业办成测绘工程专业的摄影测量遥感方向、地理信息工程方向。

5. 课程知识体系陈旧，新理论、新技术课程设置少

统计 43 个测绘工程专业，大多数专业课程还是传统测绘方向，比如测量

平差、地籍测量、地下管线测量、变形监测、不动产测量、道路测量等，专业课程设置门数多，学时少。11 个专业设置无人机测绘课程，占比 25.6%；20 个专业设置三维激光方面的课程，占比 46.5%；4 个专业设置 INSAR 方面的课程，占比 9.36%；6 个专业设置人工智能、模式识别方面的课程，占比 13.95%，而测绘新工科建设需要的关于地理大数据分析、人工智能、对地观测技术、移动测绘技术等课程几乎没有涉及，知识体系远远落后于行业发展的需要。

6. 集中实践环节综合程度低、内容陈旧

以测绘工程专业为例，大多数专业的集中实践环节一般设置有数字地形测量实习、大地测量实习、GNSS 实习、摄影测量实习、遥感原理与应用实习、GIS 软件应用实习，实习时间 1~3 周不等，此外还设置有一个生产实习和毕业实习，实习时间 3~4 周。从实习的名字看，采用的是“课程名”+ 关键词“实习”形式，实习的时间也是在学习完相应课程后进行。这种形式的实习存在如下问题：一是实习综合性差，割裂了工程的完整性；二是受实习时间和内容的限制，难以形成方案设计—项目实施—总结验收的闭环；三是实习时间较短、内容分散，难以与企业对接，开展基于工程项目的实习组织困难；四是结合课程体系看，实习内容和技术手段陈旧，没有脱离传统测绘的范畴。

五　改革建议

针对上述专业发展中存在的问题，建议采取如下措施。

（一）依据产业发展与学校特色定位，科学确定专业培养目标

要深入调研行业、企业的人才需求，结合学校定位、学科发展情况及教学保障情况，借鉴应用型、研究型大学分类的思路，将人才培养目标确定为应用型、应用研究型和研究型高级专门人才三类，也可以按照工程技术人才、科研型人才和领军拔尖人才分类描述。各专业结合自己的学校行业背景、学科特色和就

业特色，从就业领域、职业能力和目标定位凝练专业特色。专业特色不同，就业领域和职业能力涉及的学科知识也会不同，要培养具有跨界能力的复合型人才。

（二）拓展测绘类各专业的外延和内涵，科学划定专业界面，促进专业协同发展

地理信息产业发展需要跨界和融合，跨界融合通过两种途径得以实现，一是传统测绘地理信息企业依托高新技术（包括大数据、云计算、物联网等）向相关领域进行业务拓展，二是IT产业依托其技术优势更加深入地应用测绘地理信息成果及技术。[4]因此测绘类专业的依托主干学科必然是多学科。为避免专业间的同质化，应依据主干学科，凝练各专业的核心知识、核心能力、核心素养、核心技能，从知识、能力、素养和技能四个维度界定各专业边界，使测绘类各个专业和而不同、协调发展。

（三）以产出为导向重构专业课程体系

目前专业认证补充标准即将推出，新标准的课程体系要求非常宽泛，自主设置空间非常大。同时国家的专业质量标准也在全面修订，与工程教育认证全面对接。专业培养计划修订，应围绕新工科建设和测绘地理信息事业发展需求，大胆尝试、探索全新的课程体系和校企融合的教学模式。

改变专业核心课程质量标准以课程名字描述的形式，转为描述学生应掌握的专业核心知识、具备的专业核心素养、核心能力。专业核心课程体现学科交叉，核心课程的学时要充足，学生通过核心课程的学习能够掌握专业的核心理论，具备专业的核心能力。随着人工智能、机器学习、人工神经网络、大数据挖掘、模式识别等理论得到广泛应用，仅仅开设高等数学、线性代数、概率论与数理统计等数学课程已经无法满足专业发展的需求，应增加机器学习、人工智能等涉及的基础数学理论课程。专业课和专业方向课应体现新技术、新理论的应用，体现就业领域特色和职业能力特色，专业方向课应至少包含一门测绘技术理论在某个行业方向上的深度应用与服务的课程。

（四）基于产出思维，重构集中实践体系

主要问题包括：高新技术设备的迭代周期变短，大多数高校的专业实验室条件落后于行业发展；以开设课程为主的课程实践体系构建模式下，实践内容的碎片化，导致以测绘产品为导向的工程训练缺失；测绘企业规模偏小导致实习岗位偏少，测绘工程内容和时间的不确定性，导致生产实习衔接困难；高校教师缺少行业企业工作经历，导致工程能力匮乏。上述原因最终导致测绘专业学生普遍技能培养不够，不能满足企业岗位需要。应基于产出思维，以测绘地理信息行业的产品为导向，重构集中实践体系。集中实践可以分为设计、实训和实习。设计和实训要依据测绘地理信息工程或具体产品构建，如DLG、DOM、专题地理数据库构建、专题地图的生产，在时间上要充足。设计要体现综合性和方案的选优。实训在内容上要有方案设计、方案实施、成果报告与质量验收，生产关键环节要完备，生产的技术手段与方案要多样。在坚持传统的企业实习之外，以现代测绘地理信息产品为导向，利用现代互联网技术、虚拟现实技术，基于真实的工程案例来构建案例数据库，模拟真实的现代测绘地理信息生产场景，实现在线学习、在线训练、在线考核。

参考文献

[1] 宁津生：《测绘科学与技术转型升级发展战略研究》，《武汉大学学报（信息科学版）》2019年第1期，第1~9页。

[2] 李德仁：《从测绘学到地球空间信息智能服务科学》，《测绘学报》2017年第10期，第1207~1212页。

[3] 刘经南、高柯夫：《智能时代测绘与位置服务领域的挑战与机遇》，《武汉大学学报（信息科学版）》2017年第11期，第1506~1517页。

[4] 《推动地理信息产业发展中应当高度重视跨界融合》，自然资源部测绘发展研究中心，https://www.drcmnr.com/。

B.5

新时代城市测绘地理信息人才需求和体系建设研究

杨伯钢　邢晓娟　张 丹　董 明　曹泳超

摘　要：新时代为城市测绘地理信息的发展带来了重要的变革，自然资源领域新业务带来的新需求，新技术发展带来的新挑战，都不断推进新时代城市测绘地理信息人才体系的重新构建。本文从新时代测绘地理信息人才发展面临的新形势出发，以北京市为例分析了城市测绘地理信息人才现状及需求方向，提出了建设适应新时代测绘地理信息人才体系的策略和保障措施。

关键词：新时代　测绘地理信息　人才需求　体系建设　北京

一　新时代城市测绘地理信息人才发展面临的形势

（一）新时代对测绘地理信息人才发展提出新要求

党的十九大以来，随着推进政府治理体系和治理能力现代化、提升社会精细化管理水平进程的加快，各方面对于测绘地理信息的发展提出了更高的要求。面对新要求，测绘技术已经逐步实现从传统测绘向信息化、现代化测

* 杨伯钢，北京市测绘设计研究院副院长，城市空间信息工程北京市重点实验室主任，博士，教授级高级工程师，全国工程勘察设计大师，研究方向为城市基础地理信息更新、地下管线及地理国情监测；邢晓娟，北京市测绘设计研究院战略发展处，工程师；张丹，北京市测绘设计研究院人事处；董明，北京市测绘设计研究院战略发展处处长，高级工程师；曹泳超，北京市规划和自然资源委员会。

绘的转变，测绘技术在地理信息的获取、处理和应用方面得到不断发展，为了能够适应新时代经济社会发展对于测绘地理信息的要求，亟需发掘和培养一批高素质测绘地理信息人才，建立适应新时代发展要求的测绘地理信息人才体系。

（二）自然资源领域新业务对测绘地理信息人才发展提出新需求

自然资源部的组建是我国生态文明建设的重要举措，自然资源部统筹山水林田湖草系统治理，统一行使全民所有自然资源资产所有者职责，统一行使所有国土空间用途管制和生态保护修复职责，扩大了测绘地理信息的业务范围。地理国情监测、国土调查、自然资源确权等工作不断促进“测绘”逐渐向“测调”转变，这对测绘技术人员提出了具备自然地理、经济、人文等多方面知识的需求，复合型人才队伍是支撑自然资源“两统一”职责的必要前提。

（三）新技术的应用为测绘地理信息人才发展带来的新机遇

数字城市、区块链、自动驾驶、物联网、云计算、AI 等新技术的应用给测绘地理信息的发展带来了新机遇，这些新技术与高精度定位、高分辨率卫星遥感、无人机遥感、机载激光扫描等测绘前沿技术的融合，拓展了测绘地理信息应用领域，也为人才发展带来了新的发展机遇。

二　北京市城市测绘地理信息人才现状与需求

测绘地理信息在新版《北京城市总体规划》编制和实施、京津冀协同发展重大战略推进、冬奥会及冬残奥会等重大工程建设以及城市规划建设和自然资源管理方面都发挥了重大作用，这与北京市测绘地理信息人才队伍密不可分。通过对北京市测绘地理信息系统统计和北京市 150 家测绘单位的调研，摸清了北京市测绘地理信息人才发展的现状。

（一）北京市测绘单位总体现状

通过对测绘资质主管单位的调研，厘清了北京市测绘单位的基本情况。目前北京市共有测绘资质单位487个（见图1），从业人员约1.8万人（见图2）。测绘单位主要从事控制测量、工程测量、航空摄影、数字化产品生产、数据分析预评估、智慧城市建设、调查监测等工作。综合来看，甲级单位占30%，其中有34家综合甲级勘察资质单位可从事工程测量业务，甲级单位从业人员11777人。事业单位、国有企业、民营企业的占比为1∶2∶7，其中500人以上单位占27%（见图3），2019年北京市测绘服务总值为201.08亿元。甲级单位规模较大，在行业中发挥作用显著，就单位数量来看，小微企业占比较大。

在“十三五”期间，北京市测绘地理信息面向生产服务的网络化、信息化、智能化和社会化测绘，率先形成了公益事业和地理信息产业互为支撑、有机结合、共同发展的新型布局，测绘地理信息整体实力达到了国内领先的水平。

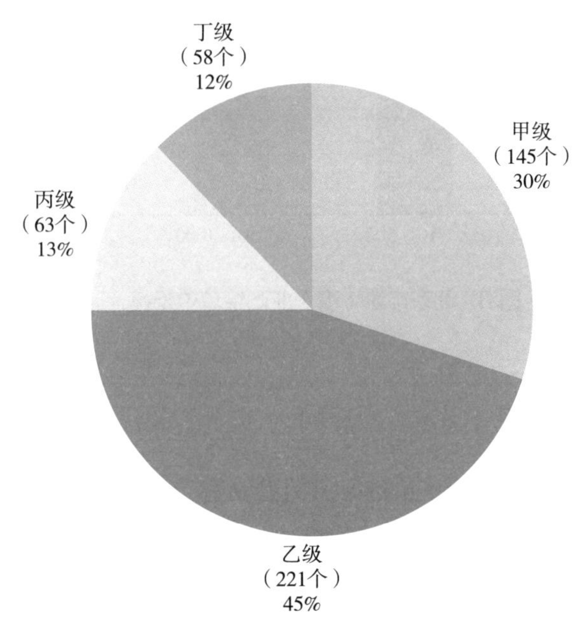

图1　北京市测绘资质单位情况

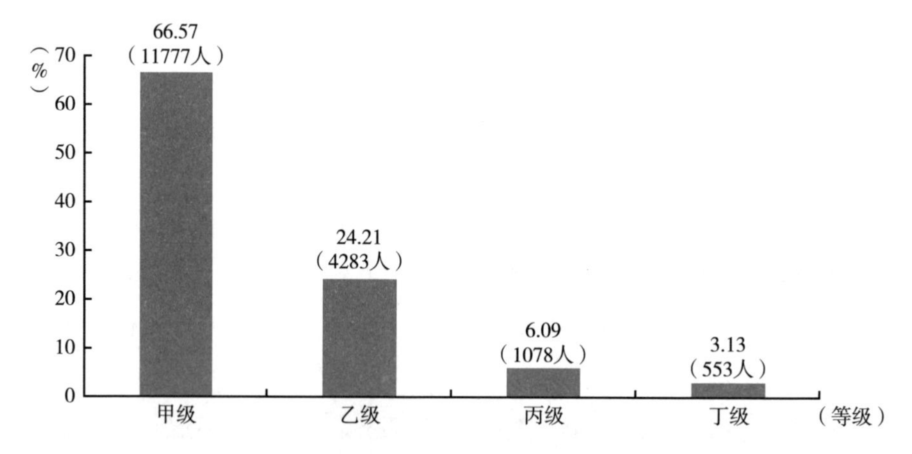

图2　北京市测绘资质单位从业人员情况

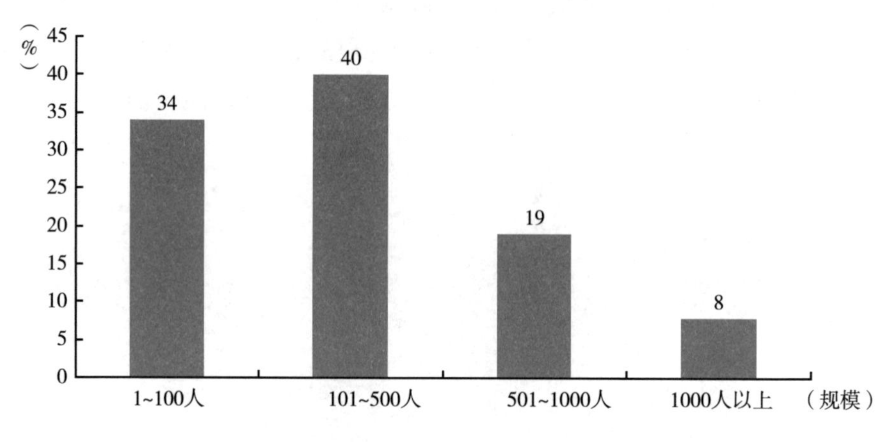

图3　北京市企（事）业测绘单位规模

（二）测绘地理信息人才类型现状

根据对其中150家测绘单位进行的问卷调查，目前北京市测绘单位主要从业人员本科及以上学历占比为58.14%（见图4），40岁及以下从业人员占比为74%，且男女比例为3∶1（见图5），男性依然占据从业人员较大比重。

调查测绘单位人才需求显示，测绘地理信息人才主要类型为管理人员、专业技术人员和技能人员等岗位类型，如图6所示。这一类型分类契合从测

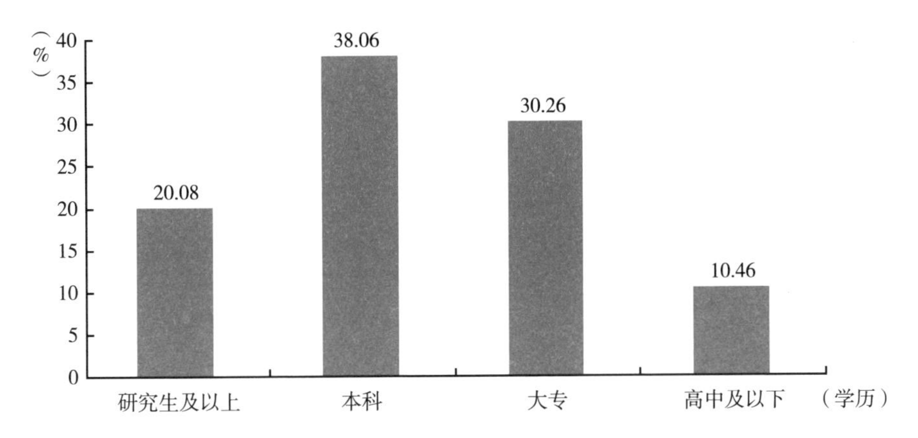

图 4　北京市测绘单位人才学历构成

绘地理信息管理到生产应用的众多环节，管理、技术和技能等多类型的人才协同推进测绘地理信息服务。

（1）管理人员，主要从事测绘地理信息行业管理，企（事）业单位生产、人事、科技、质量、装备、宣传等管理工作。根据对 150 家测绘单位进行的调研，目前北京市测绘单位在人才引进中主要需要的管理人员类型如图 7 所示。对于生产管理、质量管理和科技管理的人员需求仍比较大，这三类人员对于企（事）业主营业务发展起到了主要作用。鉴于测绘地理信息是技术含量较高的业务，对于管理人员的要求较高，既要懂业务、懂科技发展，又要懂技术，生产、质量、科技管理人员一般由专业技术岗经过培养转向管理岗工作，如调查中结果显示，单位负责人的专业一般都为测绘地理信息专业，其中专业方向为工程测量专业的占 60%（见图 8），研究生以上学历的占 57%。因此培养专业技术人员的综合素质，从而有计划地培养企（事）业管理人员十分重要。

（2）专业技术人员，主要从事控制测量、工程测量、地形图测绘、调查监测、数据加工、数据分析评估、地图制图、摄影测量、质量检验、软件研发等专业技术工作。根据调研，专业技术人员中高级工程师、中级工程师和初级工程师比例如图 9 所示。

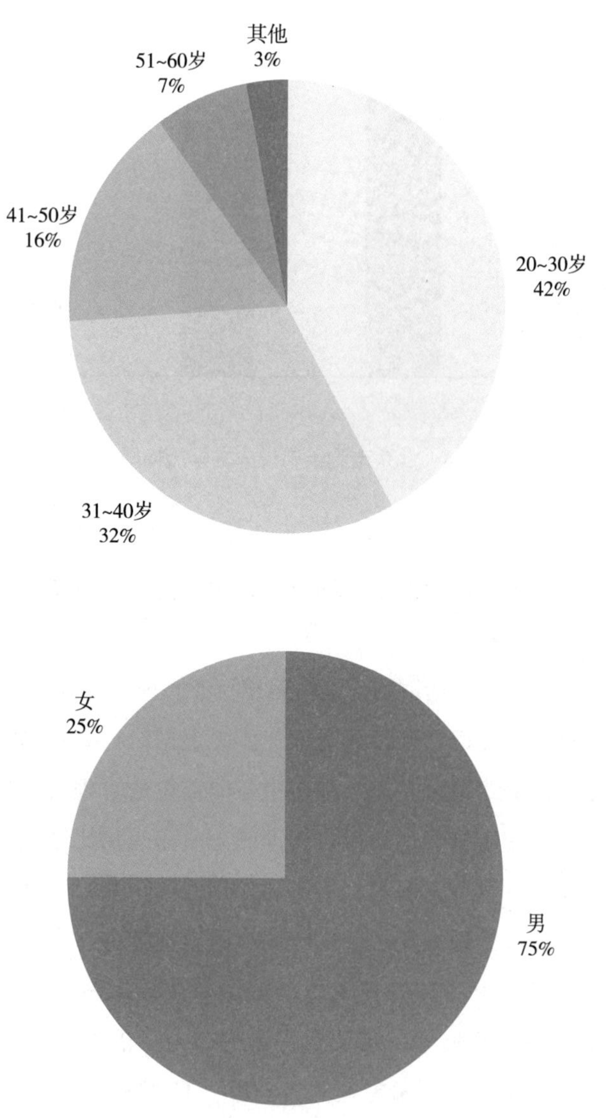

图 5 北京市测绘单位人才年龄构成及性别构成

近年来北京市测绘单位主要引进的专业技术人员的专业为工程测量专业（78%）和地理信息系统专业（62%）（见图 10），可见传统测绘地理信息专业依然是目前测绘单位专业技术人才需求的主要方向。

管理人员	专业技术人员	技能人员
高层管理人员	高级技术人员	高级技师
中层管理人员	中级技术人员	技师
	初级技术人员	高级技工
一般管理人员	其他技术人员	其他技能人员

图 6　北京市测绘地理信息人才类型分类

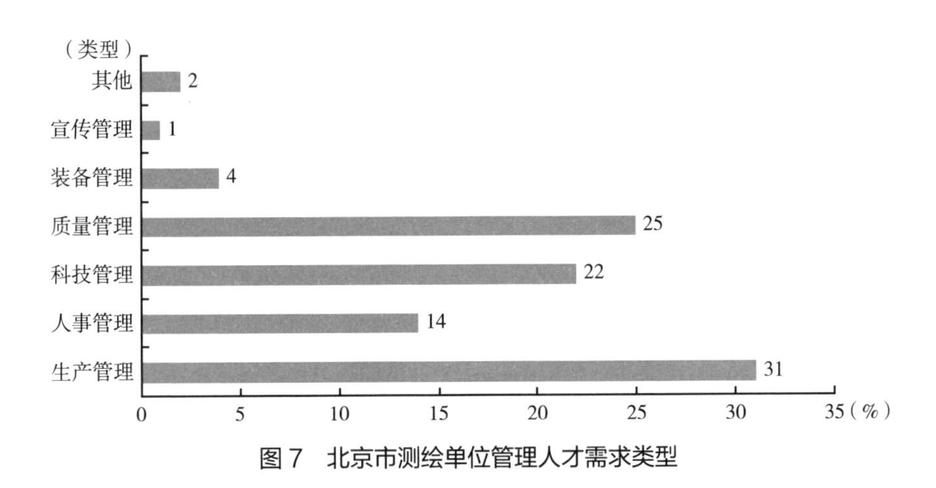

图 7　北京市测绘单位管理人才需求类型

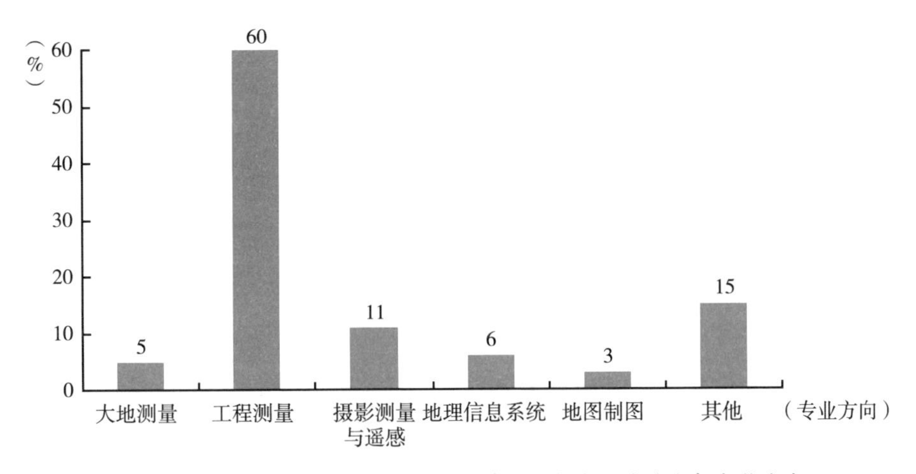

图 8　北京市测绘单位高级管理人员（主要负责人或法人）专业方向

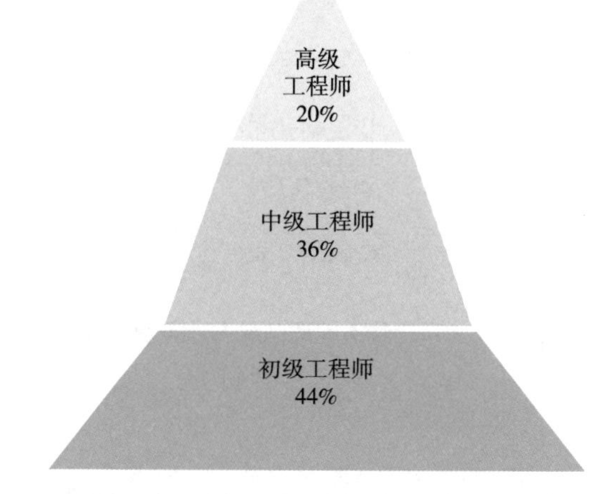

图 9　北京市测绘单位专业技术人员职称金字塔

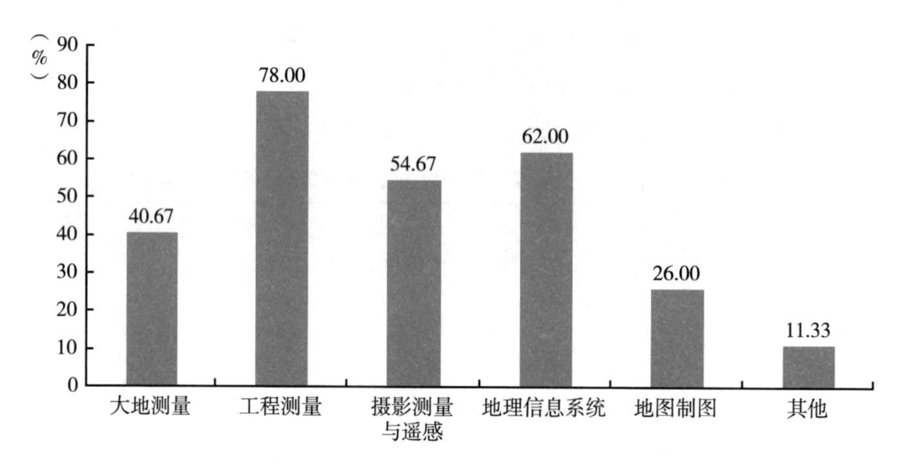

图 10　北京市测绘单位测绘专业人才引进现状

随着测绘地理信息与自然资源业务的深入融合，不动产登记、国土三调、地理国情监测等业务领域不断拓展，测绘单位对于从事软件开发、三维数据生产、数据分析评估等方面业务人才缺口较大，紧缺岗位排名如表 1 所示。随着新技术的不断发展以及智慧城市（数字城市）建设的不断推进，对于大数据、AI、物联网、5G 等新技术领域需求也日趋增加（见图 11）。

表 1　北京市测绘单位紧缺岗位方向

序号	岗位方向
1	软件开发
2	三维数据生产
3	数据分析评估
4	质量检验
5	工程测量
6	调查监测

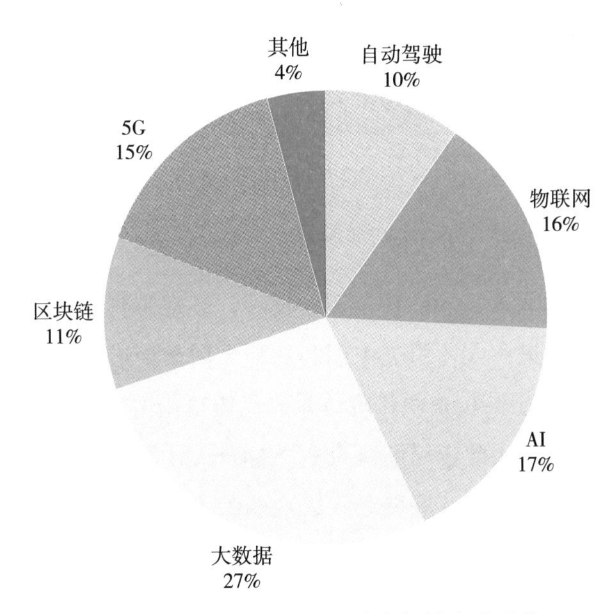

图 11　北京市测绘单位新技术领域人才需求

（3）技能人员，从事工程量、大地测量、摄影测量、地图制图等专业技能工作。根据调研，北京市从事测绘工作的技能人员共有 1564 人，其中高级技师和高级工占 35%(见图 12)。北京市近年来组织工程测量员、大地测量员、

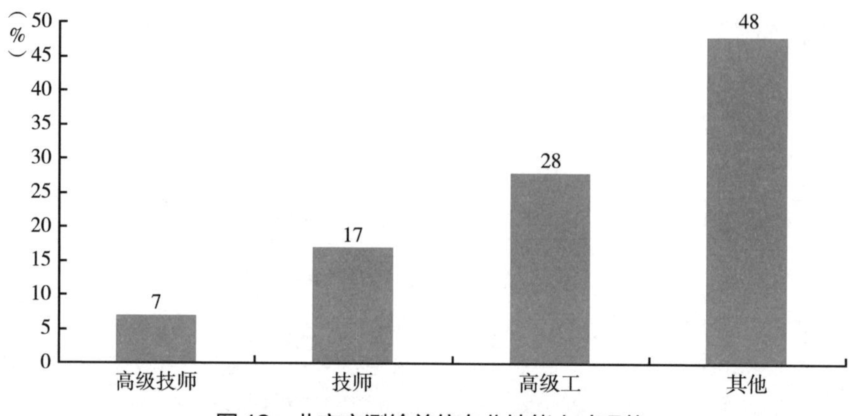

图 12　北京市测绘单位专业技能人才现状

摄影测量员和地图制图员的专业技能培训，并组织北京市各测绘单位积极参与北京市及全国职业技能竞赛，获得了较好的成绩，培养了多名北京市职业技术能手、全国测绘地理信息技术能手、北京大工匠和全国测绘地理信息行业大国工匠等技能人才。

（三）人才引进、培养和激励情况

面对新时代的人才需求，通过调研发现，北京市测绘单位主要面向应届毕业生进行人才引进，人才引进中面临的最大困难为进京指标的限制，直接导致了引入 985、211 高校及中科院体系的优质毕业生较少，优质生源多流向京外或互联网公司，因此亟需解决进京指标及人才发展保障问题。由于测绘地理信息从业人员收入与互联网公司人员的收入有一定的差距，所以地理信息企业社会招聘较互联网公司、高新技术公司更难。

面向业务转型和新技术的发展，北京市测绘单位开展多学科、多专业知识的人才培养，尤其是针对区块链、自动驾驶、深度学习等方面的新技术与测绘地理信息技术结合，在新型智慧城市建设、自然资源确权登记与调查监测等业务融合方面，定期组织技术人员交流和培训。

根据调研，大部分北京市测绘单位均建立了科技创新平台，为人才创新提供条件，同时制定人才激励机制政策，充分利用《北京市科学技术奖励办法》

和高层次人才引进、积分落户、保障用房等政策进行人才激励，但由于未能灵活运用政策，且北京市与国家相关激励政策未能衔接，尤其是由于对于事业单位和国企等受控单位限制性较多，被调研的单位普遍认为人才激励的效果一般。

根据调研情况，对北京市测绘地理信息人才现状进行如下综合评价：北京市测绘单位管理人才队伍力量壮大，且队伍总体年龄构成呈现年轻化，具有较强活力；本科及以上从业人员占比58.14%，整体素质较高；从业人员从事外业生产的人员较多，男女比例依然失调；人才队伍呈现金字塔型，但逐级培养晋升模式暂未建立，高级管理人才、高级工程师、高级技师等高层次人才相对短缺；与自然资源业务相适应的复合型人才极为缺乏，对于新技术融合领域的技术人员的吸引力不强。

（四）北京市测绘地理信息人才需求类型

结合测绘地理信息发展及新时代自然资源业务的需求，面向北京市“四个中心”建设，北京市测绘地理信息人才主要需求类型如下。

1. 新型智慧城市建设人才

测绘地理信息在推进新型“智慧北京”建设、政府治理体系和治理能力现代化、城市精细化等方面发挥了重要作用。测绘地理信息服务应用贯穿城市建设、城市管理、城市治理全过程，需要多方面的人才提供支撑。如大地测量、工程测量等人才服务地形图快速更新，为新型智慧城市建设提供基础地理信息数据；三维模型建设人才为实景三维北京建设提供支撑，向管理系统和平台提供三维数据；地理信息系统研发人才在管理平台建设、海量数据管理、数据共享等方面发挥重要作用。

2. 自然资源调查监测人才

随着自然资源领域深化改革及业务拓展，测绘地理信息应全面融入自然资源业务，逐渐推进“测绘”向“测调”转变，充分利用高分辨率遥感影像、高精度实景三维成果，开展自然资源确权登记、“房地一体”确权登记等工作；发挥测绘成果和技术优势，查清自然资源家底和变化情况，支撑自然资源“两统一”职责，提升“山水林田湖草”监测能力水平。如具有自然地理、城市规划、经济、人文等多学科背景的调查监测类人才为自然资源调查、管理、监测、管控等提供有力支撑，具有大数据分析背景的分析评估类人才推进城市体检、自然资源评估等工作。

3. 跨界融合人才

随着科学技术不断发展，传统测绘地理信息行业应以测绘技术、遥感技术、信息通信技术作为主要支撑，集自动驾驶、人工智能、5G、大数据、区块链等前沿科技，以需求为导向，推动行业的技术创新和广泛应用。如以自动驾驶 + 导航定位人才推动自动驾驶地图的推广和应用，深度学习 + 遥感技术人才为地形图快速更新、建设用地监督查处等工作提供重要技术支撑，区块链技术 + 互联网技术 + 地理信息人才为不动产登记、自然资源确权、智慧城市平台建设提供保障。

4. 综合性管理人才

实现建立测绘地理信息先进技术体系、产品体系和服务体系的目标，亟需一批具有专业技术基础和运营、推广、宣传能力的综合性管理人才，带领北京市测绘地理信息行业不断发展。为此要引进国内外先进技术、带领技术团队攻关，拓展测绘地理信息服务领域、建立有利于测绘地理信息发展的机制体制，有效推动测绘地理信息的宣传，扩大影响范围，牢固数据基础，提升行业社会地位。

三　适应新时代需要的测绘地理信息人才体系建设及保障措施

（一）人才体系建设

1. 纵向发展：建设适应新时代需要的人才梯队

构建北京市测绘地理信息人才金字塔，建立以管理人才、专业技术人才、技能人才为三个主要方向，从初级、中级、高级到突出专业技术技能人才及高层次管理人才层层递进的金字塔型梯队（见图 13）。由不同层面、不同层级人才发挥整体效能、形成合力，有计划地培养领军人才、突出人才、高技

能人才等高水平、高层次人才队伍。下一层级人才作为上一层级人才的资源池，运用人才培养、评价选拔、晋升退出等机制层层选拔，输送到上一层级的队伍中，并且通过优化不同人才政策、发展平台、工作环境等要素，建立人才发展模式，人尽其才，不断壮大各层次人才队伍。

2. 横向发展：面向新时代人才需求，组建跨学科、多专业人才队伍

如图 14 所示，以测绘地理信息业务转型为契机，引进、培养不同专业、类别、岗位的人才，根据人才需求方向组建人才梯队，通过大型项目锻炼综合性管理人才、专业技术人才和技能人才共同组成的人才团队。新形势下，外业测绘已经从工程测量逐渐向测绘调查和综合测绘业务转变，需要具有测绘地理信息、人文地理、地质、城乡规划等多学科背景的人才组建成自然资源调查监测人才团队，完成自然资源调查监测工作。新型智慧城市建设涉及的相关领域，已经由地理信息和遥感影像基础处理向实景三维建设、智慧城市平台建设、大数据分析转变，需要具备测绘地理信息技术、计算机软件开发技术、互联网技术等多专业技术的人才进行组合，实现与人工智能、5G 技术、区块链技术等新技术的有机融合。业务管理人才也从以生产和管理为主的传统业务管理，向面向需求分析、产品设计、宣传推广、生产和质量管理并重转变，需要建立能够全面了解需求、做好产品设计、把握生产流程和质量管理的业务管理团队。

建立“甄选梯队（预备军）-候任梯队（生力军）-人才团队（主力军）”的人才队伍培养模式（见图 15），让“人才团队”冲锋在前，支撑大局，“候任梯队”做好时刻接掌重任的准备，“甄选梯队”作为储备力量，形成人才培养的核心梯队，每一层人才结构的组成在年龄、水平、分工、阅历上各不相同，错落有致。同时，也应做好人才危机预案，保障人才的新陈代谢，确保人才队伍的可持续发展。

在保障测绘地理信息专业人才引进的同时，利用产品研发、课题研究等吸引其他行业人才进入，通过多种项目组建多学科背景组成的人才队伍，让测绘地理信息在更多服务领域发挥更大作用。

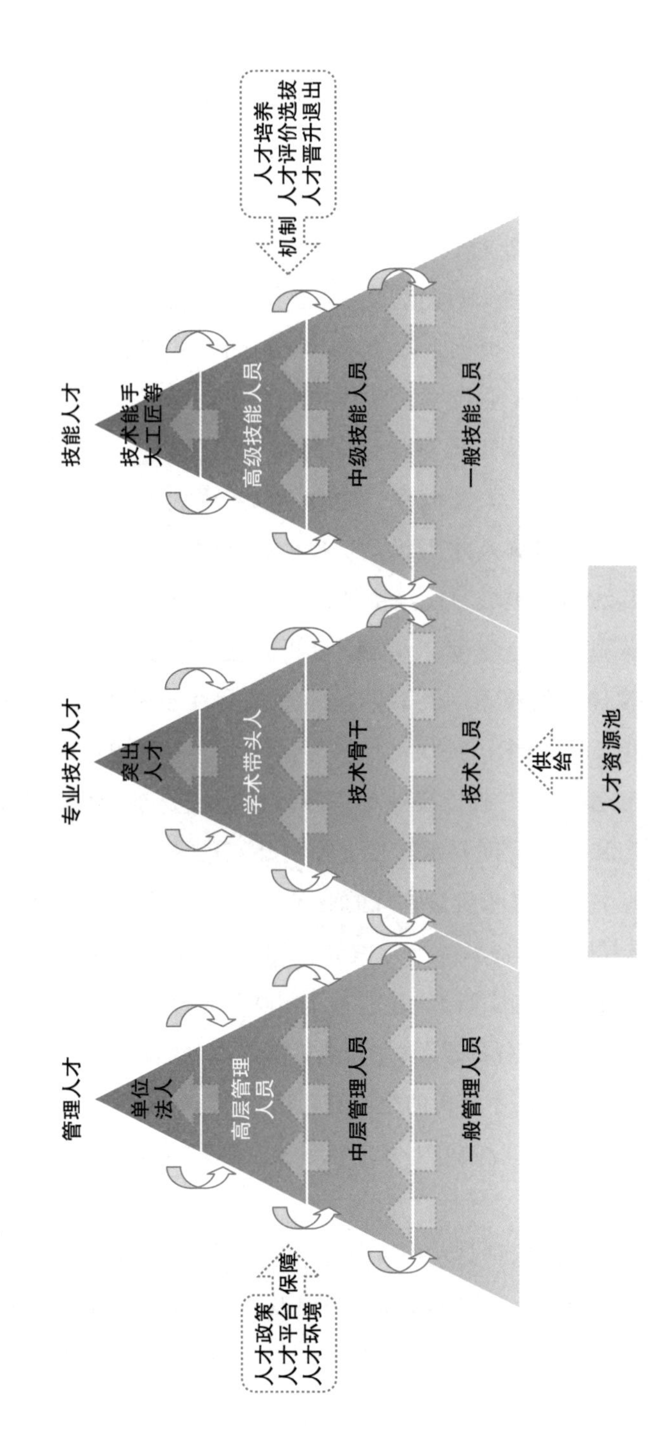

图13 测绘单位金字塔人才梯队

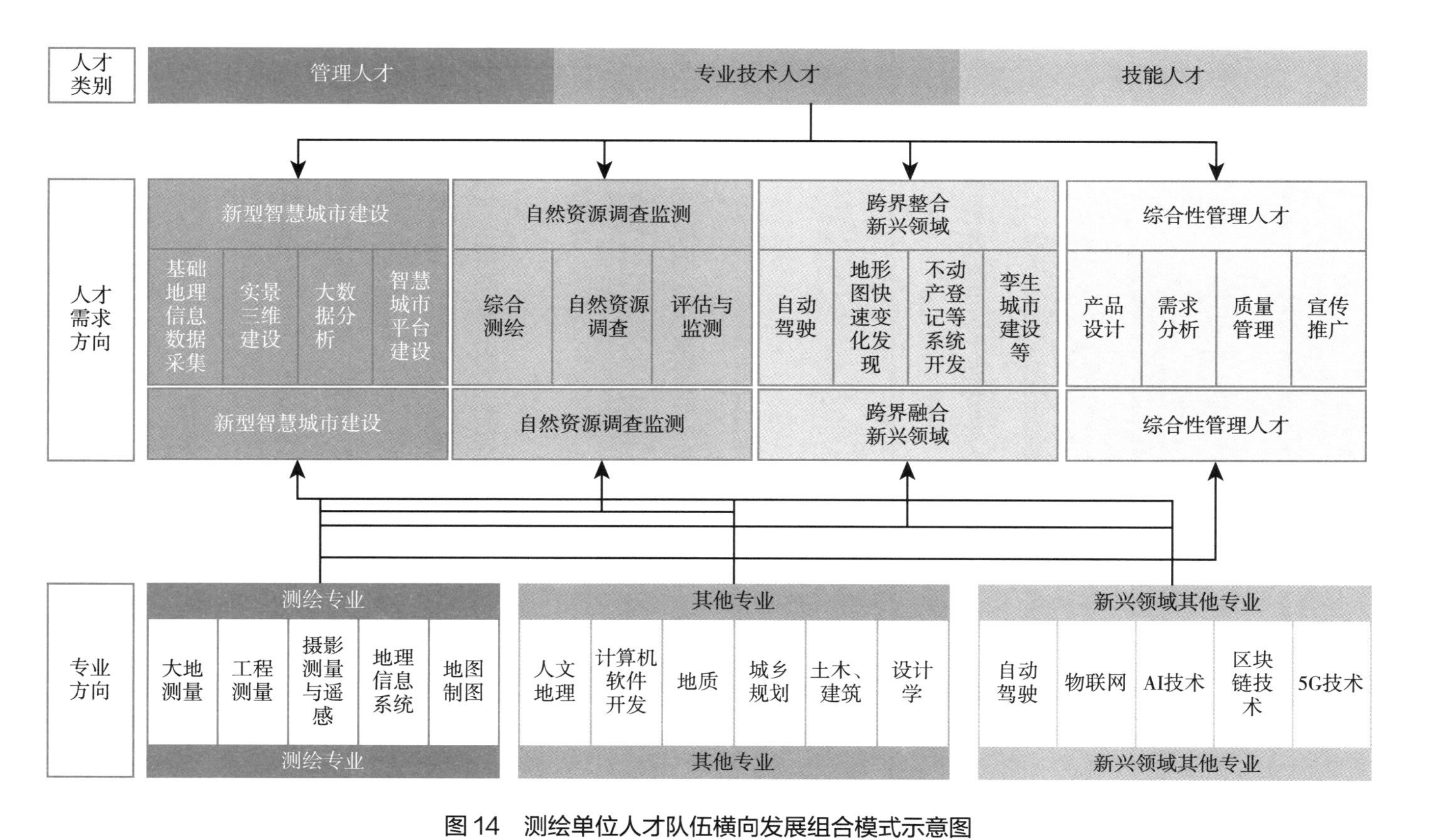

图 14 测绘单位人才队伍横向发展组合模式示意图

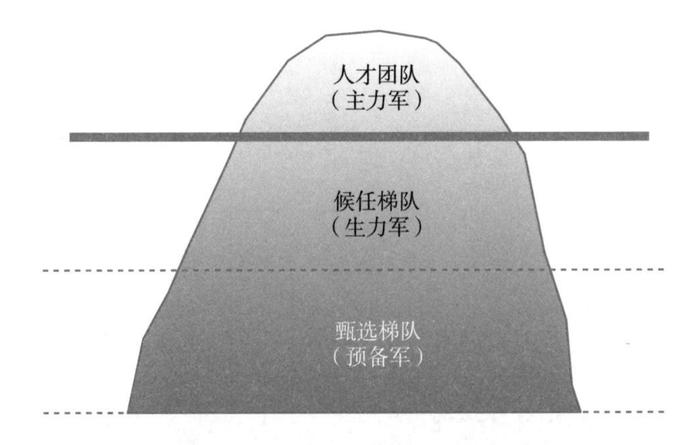

图15　测绘单位人才梯队培养模式（冰山理论模型）

（二）人才体系建设保障

1. 拓宽人才引进渠道

加大人才引进力度，吸引优质生源和高素质社会人才，利用博士后科研工作站、北京市积分落户政策、北京市特殊人才引进等政策拓宽人才引进渠道。

2. 做好人才培养

在新形势下应做好分层次人才的培养，进一步优化人才队伍，注重高层次专业技术人才、技能人才及优秀管理人才的培养，提高核心竞争力。利用好测绘地理信息的大型项目及科技平台，用项目锻炼人，以课题研究培养人，让人才能够快速成长。注重“产学研”结合，搭建科研院校与企（事）业单位之间的联系。实施“育苗计划”，为测绘地理信息行业培养储备人才。

3. 加强人才交流

加强行业内交流，通过组织国内外测绘地理信息行业交流培训、参加测绘地理信息产业大会等方式分享最新技术成果、先进服务理念。

开展跨行业人才交流。继续扩大测绘地理信息服务范围，与新技术领域行业人才开展广泛合作，在自动驾驶、5G 建设、智慧城市建设等方面开展业

务融合，丰富测绘地理信息的内涵和外延，提高测绘地理信息人才的多学科多专业技能。

4. 建立人才评估和激励机制

在人才评估方面，企业建立以 KPI 为导向的考核机制，事业单位按照工作性质、岗位性质制定不同的评估机制，有利于考核工作的推进和人才的脱颖而出。

在激励机制方面，企业可考虑人才年薪制、股权激励、奖励创新等制度。目前事业单位深化改革不断推进，要不断完善激励机制，结合城市测绘单位的实际情况，建立与之相匹配的人才激励机制，充分利用好科技奖励、绩效工资等政策，激励事业单位人员工作、科技创新的积极性。

四　结语

北京作为首善之区，正在瞄准科技前沿领域，建设高水平的科技创新中心，测绘地理信息也正面临着前所未有的机遇和挑战。新的形势要求北京市的城市测绘单位根据测绘地理信息人才现状和规划，以业务转型为契机，面对人才发展的新需求，抓住机遇、迎接挑战，保障人才队伍力量不断壮大，提高从业人员整体素质，着力推进创新型人才队伍的培养。

建立“人才 + 团队”的培养模式，既要注重个人的培养，也要注重人才队伍的建设，建立以领军人才、科技人才、复合型人才构成的多层次人才队伍，勾画人才梯队合理结构蓝图。完善人才引进、培养、激励机制和保障措施，创新人才评价机制，建立健全以创新能力、质量、贡献为导向的科技人才评价体系，营造梯队人才队伍成长的良好氛围，为测绘地理信息可持续发展、测绘强国建设发挥更大的作用。

参考文献

[1] 张东明、吕翠华、杨永平、王敏、马娟:《测绘地理信息技术技能人才培养标准体系构建》,《地理空间信息》2020 年第 8 期，第 116~119 页。

[2] 付小非:《激励制度对国有企业人才开发和培养的作用》,《人力资源》2020 年第 12 期，第 135~136 页。

[3] 李海峰:《复合型测绘类技能人才培养体系构建》,《山西建筑》2020 年第 12 期，第 181~182 页。

[4] 张红娟、朱增锋、张卓彤:《新时期下应用型测绘工程人才培养模式探讨》,《测绘与空间地理信息》2020 年第 3 期，第 221~224 页。

[5] 黄亮:《多学科交叉背景下的测绘工程专业人才培养》,《西部素质教育》2019 年第 23 期，第 145~146 页。

[6] 张静、梁同立、邓超:《基于人工智能发展的测绘人才培养体系改革》,《测绘工程》2019 年第 3 期，第 76~80 页。

[7] 安丽、杨态婧:《测绘类专业人才实践能力培养模式改革与实践》,《文化创新比较研究》2019 年第 7 期，第 100~101 页。

[8] 李猷、刘仁钊:《测绘地理信息专业内涵建设成果应用研究》,《地理空间信息》2018 年第 12 期，第 125~127 页。

[9] 高雅萍、余代俊:《新形势下测绘创新人才培养的探讨与尝试》,《测绘》2018 年第 6 期，第 284~286 页。

[10] 田薇薇、周五八:《建设高素质人才队伍　坚实事业发展根基》,《中国测绘》2016 年第 2 期，第 32~34 页。

[11] 刘敏华:《首都人才梯队培养体系研究》,《北京人才发展报告（2018）》，社会科学文献出版社，第 83~118 页。

[12] 王永志、潘红伟、刘小生、李沛鸿、马大喜:《卓越测绘工程人才培养课程设置改革与优化》,《测绘通报》2015 年第 11 期，第 122~124 页。

[13] 汪志明、花向红:《测绘技能竞赛对测绘创新人才培养的作用》,《科教导刊》2015 年第 9 期，第 39~40 页。

[14] 赵健赟、宋宜容:《测绘工程专业地理国情监测人才培养体系的构建与探索》,《测绘通报》2015 年第 2 期，第 125~128 页。

[15] 刘利:《测绘地理信息技术人才需求分析》,《中国测绘报》2012 年 8 月 24 日。

[16] 贾丹:《新时期测绘地理信息人才战略需求及对策》,《人力资源管理》2012 年第 3 期，第 67~68 页。

[17] 赵继成:《建测绘强国　人才需先行》,《中国测绘报》2011 年 7 月 19 日。

B.6
城市建设高质量发展对测绘地理信息人才需求

王　丹*

摘　要：城市建设领域是测绘地理信息的重要服务领域之一，测绘地理信息人才在城市规划建设管理的各个方面发挥着不可或缺的作用。当前，城市建设进入高质量发展的新阶段，对测绘地理信息服务提出新要求。本文在分析城市建设高质量发展背景下新型城市测绘地理信息业务特征的基础上，探讨城市测绘地理信息人才知识和能力的需求，并提出相关建议。

关键词：测绘地理信息　城市规划　建设管理　高质量发展　人才

测绘地理信息服务于经济建设、国防建设、社会发展和生态保护等国家重大需求，并为自然资源与国土空间规划、工程建设与管理、公共安全与应急响应、数字中国与智慧社会建设等提供支撑和保障。按现行国家标准《国民经济行业分类》（GB/T 4754-2017），“测绘地理信息服务”属于专业技术服务业。城市建设领域无疑是测绘地理信息服务的重要领域之一。

人才是一切事业的发展之基、强业之本，大批测绘地理信息人才工作在城市社会经济的各个方面，为城市规划、建设和管理做出了重要贡献。当前我国进入新时代，城市建设必将有新的高质量发展，测绘地理信息人才也将有更多的用武之地。本文在分析城市建设高质量发展背景下新型测绘地理信

* 王丹，建设综合勘察研究设计院有限公司，研究员，研究方向为城市与工程测绘、智慧城市时空信息应用。

息业务特征的基础上，探讨城市测绘地理信息人才知识和能力的需求，并提出一些建议。本文中城市测绘地理信息人才主要指从事城市建设领域测绘地理信息研发、生产和管理等工作的人员。

一　城市建设领域测绘地理信息服务

城市建设领域测绘地理信息服务范围广泛，贯穿于城市的规划、建设、管理全过程以及建设工程的策划、设计、施工、运维全生命期。城市各类建筑、基础设施、绿地、水系、地下空间和部件等都具有显著的空间特征、专题特征和时间特征，其信息采集、权籍调查、测设放样、状态检测、变化监测、数据管理、空间分析、三维建模、可视化表达以及相关应用等都是典型的测绘地理信息业务。在当前城市建设高质量发展的背景下，一些新型测绘地理信息服务需求也不断出现。

（一）城市测绘地理信息服务特点

城市建设领域测绘地理信息业务具有下列基本特点。

一是多样性。城市测绘地理信息的服务对象众多，且与服务对象之间耦合性强。在城市及工程建设的不同阶段，所开展的测绘地理信息业务类型多样、技术及成果要求各异，需要针对不同的工程项目、不同的地形特征和不同的应用场景，一项一策，通过科学合理的项目设计，实施相应的测绘地理信息服务，精准地满足城市规划、建设和管理的实际要求。

二是技术性。城市建设领域的各类测绘地理信息业务，包括城市基础测绘、不动产测绘、工程测量、地理信息应用等，都具有鲜明的技术特征。为高效率地开展业务活动，获得高质量的项目成果，需要有效地运用大地测量、摄影测量与遥感、地图制图、地理信息系统等测绘地理信息技术以及物联网、大数据、云计算、人工智能等新一代信息技术，必要时还需专门的技术研发作为支撑。

三是专业性。城市建设领域的测绘地理信息服务作为测绘地理信息业务的重要组成部分，具有很强的专业性，按照《中华人民共和国测绘法》等法律法规规定，需由具备相应资质的单位和具有必要专业背景的人员实施。测绘地理信息项目的方案设计、内外业工作以及成果检查验收等都需要遵循相应的专业技术标准和政府主管部门发布的管理政策。

四是综合性。城市及建设工程是复杂的时空系统，要求高安全性和高可靠性，其涉及的相关领域多，需遵循的法律法规、管理政策和标准规范多。城市测绘地理信息服务工作综合性强，从业人员需要深入地理解城市及工程领域的相关基础知识、基本规律，掌握规划建设管理活动的基本特征，并要具备项目、质量、安全、经济及成果等方面的管理知识和能力。

（二）城市建设高质量发展中的新型测绘地理信息业务

当前，我国城市建设领域深入贯彻新发展理念，大力推动绿色发展、智慧发展，积极走内涵集约式的高质量发展新路，政府主管部门正积极推动以下一系列工作：推进城市体检，建立完善城市建设和人居环境质量评价体系，开展“美丽城市”建设试点；推进海绵城市建设、基础设施补短板及更新改造；加强城乡建设与历史文化保护；建设城市综合管理服务平台，整治提升城市环境；打造“完整社区”，完善社区基础设施和公共服务，创造宜居社区空间环境；发展建筑节能和绿色建筑，推进绿色建造；加强施工现场重大风险安全管控，确保建筑施工安全；深化工程建设项目审批制度改革等。

上述工作除需要通常的测绘地理信息服务外，还涉及一些已经或正在开展的新型业务，如智慧城市、智慧园区、智慧社区建设，智能建造与智慧工地建设，网格化城市管理系统建设，建筑信息模型（BIM）应用以及城市信息模型（CIM）构建等。这些方面都涉及城市时空信息的获取、汇聚、处理、分析、表达和深度应用，可以称之为城市建设高质量发展中的新型测绘地理信息业务。除前述城市测绘地理信息服务的基本特点外，这些新型业务更具有创新性、探索性和外延性，涉及的专业技术范围也更广泛。因此，为适应新型业务的开展，城市测绘地理信息人员需要学习和掌握相应的新知识，具备必要的新能力。

二　城市测绘地理信息人才的知识需求

知识是人类认识的成果或结晶。从知识层面讲，从事城市建设领域测绘地理信息服务的人员，特别是从事与智慧城市等有关的新型测绘地理信息业务的人员，除学习和掌握测绘地理信息专业知识外，还需要学习和了解城市及工程建设、项目管理与经济管理以及系统工程等方面的知识。

（一）测绘地理信息专业知识

城市测绘地理信息人才首先需要具备较为宽广且有一定深度的测绘地理信息科学理论和专业知识。随着信息技术和地球观测与导航技术的迅速发展，测绘地理信息理论、技术、方法不断创新，正如李德仁院士所指出的，测绘科学已从当初的几何科学，发展成为多学科交叉的信息科学和服务科学。与此同时，地理信息技术也深度融入了现代信息技术。因此，有必要系统地梳理测绘地理信息科学理论与专业知识，构建现代测绘地理信息基本知识体系。

1. 基础理论

测绘地理信息是一门历史悠久而又朝气蓬勃的学科，理论基础雄厚，知识范围广泛。从事城市测绘地理信息业务的技术人员，需要学习和掌握一定的测绘地理信息基础理论知识，如测量基准、地图投影、空间定位、坐标转换、误差处理、地理认知、数据结构、空间分析、制图表达、信息传输等方面的概念、基本原理及主要方法。

2. 地理信息获取处理

城市地理信息获取处理是测绘地理信息服务的核心业务之一。对从事城市地理信息数据生产和管理的人员，需要学习和掌握地理信息获取、处理、分析及可视化表达等方面知识。这些知识内容十分丰富，涉及不同的技术手段、数据类型、处理方式和成果形式等。其中，技术手段包括卫星导航定位测量、卫星遥感、航空摄影测量、无人机测绘、激光扫描测量、全站仪测量、既有资料数字化和网络信息抓取等；数据类型包括矢量数据、影像数据、格网数据、点云数据、属性数据及多媒体数据等；处理方式包括数据提取、转换、集成、挖掘和融合等；成果形式包括基础地理信息数据、专题时空信息数据、地形图、专题图、实景三维模型和实体三维模型等。为适应新技术在地理信息获取与处理中的应用，建议学习和了解物联网、大数据和人工智能等知识。

3. 地理信息系统建设

建立地理信息系统，特别是建立基于地理信息的城市规划建设管理业务系统及智慧城市有关应用系统是城市建设领域经常开展的活动。对从事地理信息及相关系统建设的人员而言，需要学习和掌握地理信息分类编码、系统设计、系统开发、软件测试、数据建库、系统集成、运行维护、应用服务以及软硬件配置等方面的知识。为适应与智慧城市等有关的新型测绘地理信息业务的开展，建议学习和了解网络、信息安全、云计算和区块链等知识。

4. 工程测量及其他测绘

城市各类工程测量、专题调查、权籍测绘等是城市建设领域的日常性业务，对从事这些业务的人员，需要学习和掌握相应知识，如控制测量、普通测量、工程施工测量、工程变形监测、不动产权籍调查测绘、地下空间及管线测量、水下测量以及室内测量等。

（二）城市及工程建设基础知识

测绘地理信息服务与城市建设领域是一种供需关系，测绘地理信息服务是供给端，城市建设领域是需求端。城市测绘地理信息人才，毫无疑问需要学习和了解必要的城市及工程建设方面的基础知识，以更好地服务于城市建设领域需求。

1. 城市规划建设管理

城市规划、建设和管理有其本质特征和基本规律，为更好地开展面向城市建设领域的测绘地理信息服务，建议学习和了解相关知识，如：城市国土

空间总体规划、详细规划和专项规划的基本原则、编制重点、编制要求及实施监督；城市基础设施建设、历史文化保护与人居环境提升；城市及社区综合管理服务等。

2. 工程建设及管理

对从事工程测量、智慧城市等相关业务的人员，建议结合工作特点学习和了解现代工程建设及管理的相关基础知识，如：土木工程概论；工程勘察设计方法；建筑信息模型（BIM）；绿色建造与智能建造；建设工程策划、设计、施工、运维全生命期管理；工程建设项目审批管理等。

（三）相关管理基础知识

城市测绘地理信息业务通常按项目进行组织实施，建议从事城市测绘地理信息业务的人员学习和了解相关管理基础知识，如：项目管理、经济学基础、企业管理等。特别建议学习和了解系统工程的一些基本知识。这是因为系统工程是一门综合性管理技术，它通过对系统的构成要素、组织结构、信息流动和控制机制等进行分析与设计，以最优地实现系统的目标。系统工程方法具有整体性、关联性和综合性，对于大中型城市测绘地理信息项目，特别是新型测绘地理信息项目的策划、组织实施以及复杂型技术研发等都具有重要的指导意义。

三　城市测绘地理信息人才的能力需求

能力是完成一项目标或者任务所体现出来的综合素质。从能力层面讲，从事城市建设领域测绘地理信息服务的人员，特别是从事新型测绘地理信息业务的人员，需要具备必要的专业技术能力、管理与开拓能力和基本职业素养。

（一）专业技术能力

专业技术能力是所有从事专业技术服务的人员都需具备的基本能力，这种能力应与其所从事的业务特征相耦合。前已述及，城市测绘地理信息服务具有多样性、技术性、专业性和综合性。对从事新型城市测绘地理信息业务的人员，特别是担当项目负责或技术负责的人员而言，建议积极发展和提升项目策划设计、过程质量控制、数据分析表达等方面的专业技术能力。

1. 项目策划设计

能科学合理地进行项目策划设计是城市测绘地理信息人员的重要专业技术能力之一。城市测绘地理信息业务工作一般以项目的形式落地，要实施好项目，首先要做好项目的策划设计。城市测绘地理信息项目包括目标、任务、人员、设备、场地、技术、质量、安全、工期、成本和成果等众多要素；各要素又可能涉及不同方面（如“技术”涉及卫星导航定位测量、摄影测量、激光扫描测量等手段）。一个项目通常分为不同工序或环节（如航空摄影测量项目可包括航空摄影、控制测量、外业调绘、空三加密、数字测图、编辑处理、成果整理等工序），甚至由多个子项目（如地理信息数据生产、数据库建设、系统开发等）组成。与智慧城市等有关的新型测绘地理信息项目可能涉及的面更广，环节更多，也更复杂。因此，要在需求分析的基础上，对项目全过程、全要素进行系统全面的设计，确定关键节点，提出实施路径，优化实施方案，为项目实施提供依据。

2. 过程质量控制

能针对不同类型、不同规模的项目，实施有效的过程控制，特别是技术质量控制，是城市测绘地理信息人员的一项重要专业技术能力。城市测绘地理信息项目实施过程包括多个工序或环节，它们所用的技术设备、所处的作业环境以及具体作业人员经常不同，有些作业受到天气、交通等条件的制约，如航空摄影测量项目实施中，航空摄影就需要良好的气象条件，实地控制测量作业也经常需要长距离往返交通等；系统开发项目中，各模块详细设计及软件编码质量、相关接口实现方式等也将影响整个系统的质量。由于不同工序或环节间紧密关联，前一个过程的输出即为下一个过程的输入，中间过程作业及其成果的质量都将影响项目的最终成果质量及工期。因此，对测绘地理信息项目实施的全过程进行有效的技术质量控制和管理，可以避免产生较大的返工作业，从而保证项目按计划实施。

3. 数据分析表达

能利用多源、多时相、多类型的城市地理时空数据进行处理分析和可视化表达，是城市测绘地理信息技术负责人或骨干人员的专业技术能力之一。许多城市测绘地理信息业务，特别是与智慧城市等有关的新型测绘地理信息业务，都要和时空信息数据打交道。时空信息数据描述地理实体或现象的有关特征，通过有效的数据清洗、处理、建模、分析，可以获取信息、提炼知识。同时，对分析结果按一定规则进行可视化表达，可以获得极具测绘地理信息专业特色的“一图胜千言”的效果。城市建设领域需要进行数据分析表达的应用场景很多，比如：利用多源多时相遥感影像数据，获取城市建筑、基础设施、水系、植被状况及其变化等特征；利用源自手机信令、视频监控、车载导航、业务网站等的时空大数据，挖掘分析不同区域、不同时段的城市交通特征；利用各种变形测量手段获取的监测数据，分析预测建筑物或区域地面的动态变形特征；等等。数据分析表达涉及不同的专业知识和应用场景，可结合所从事的具体业务培养锻炼相应的基本技能。

（二）管理与开拓能力

城市建设领域新型测绘地理信息业务所具有的特点，对测绘地理信息人才，特别是复合型人才提出更高要求，就是除应具备必要的专业技术能力外，还要具备一定的管理与开拓能力。管理与开拓能力涉及范围非常广泛，建议可优先发展和提升团队领导、业务拓展等方面的能力。

1. 团队领导

组织领导一个团队，通过成员的分工协作，有效地完成有关任务并实现预期目标，是城市测绘地理信息复合型人才须具备的重要管理能力。无论是地理信息数据生产、工程测量，还是遥感测绘、智慧城市时空信息平台建设，典型的城市测绘地理信息业务都包含多工序、多环节、多要素，需依赖一定规模的团队组织实施，单打独斗从来都不是测绘地理信息业务的规范化组织

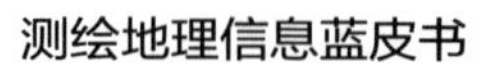

模式。与智慧城市等有关的新型测绘地理信息业务创新性、探索性、系统性强，良好的团队领导能力有助于其高效实施。一个好的团队，关键是要能凝心聚力、协同有序，充分发挥出团队的整体优势。团队人员越多，组织领导的复杂度越高，但成为好团队后的优势也越大。团队领导涉及组织构建、领导方法、评价激励等方面，已有大量教科书和经验典型材料可学习借鉴，并通过实践不断摸索提高。

2. 业务拓展

有一定的业务拓展能力，是成为合格的城市测绘地理信息复合型人才的基本要求。业务拓展就是面向目标用户和市场，通过合规有效的方式，开拓业务渠道，承接各类城市测绘地理信息项目。这不仅需有相应的专业知识，还要有沟通交流等方面的技巧。一些情况下，需要通过对项目目标和背景等的理解，合理引导用户需求，挖掘新的附加业务或增值服务。对与智慧城市等有关的新型测绘地理信息项目而言，业务拓展能力更为重要。这是因为城市建设领域为致力高质量发展而推进的工作，通常规模大、涉及面广、组织实施层次高，测绘地理信息业务一般难以单独立项，只能作为子项目甚至辅助性工作被纳入相关重大建设项目之中。良好的业务拓展能力，无疑有助于获得更多更好的项目机会。

（三）基本职业素养

从事城市测绘地理信息服务的人员，要有基本的职业素养。测绘学科古老而年轻，地理信息无处不在。新型测绘地理信息业务具有空间、专题和时间多重特征聚合、数据、图件和信息系统有机交织以及与现代信息技术高度融合等特点。当前背景下，新技术不断发展，新方法层出不穷，测绘地理信息服务经常面临众多新机遇、新挑战。对城市地理信息人才来说，通过学习和实践，努力训练和发展时空认知、信息思维、控制反馈、图示表达和数字技术等方面能力，深刻理解和认识已知与未知、整体与局部、直接与间接、精准与模糊、过程与结果、需求与供给等关系，不断增强创新、服务和合作意识，将十分有利于职业的发展。

四　结语

城市测绘地理信息人才发展需要高水平高素质教育的支持。高等学校是测绘地理信息人才的培养基地。教育部发布的《普通高等学校本科专业目录（2020年版）》中，工学门类下测绘类专业共设有测绘工程、遥感科学与技术两个基本专业以及导航工程、地理国情监测、地理空间信息工程三个特设专业。理学门类下地理科学类专业中设有地理信息科学专业（为基本专业），它们是目前城市测绘地理信息人才的主要培养专业。一些城市规划、土木工程、信息技术等专业也开设测绘地理信息相关课程或学位。通过系统全面的学习，掌握较为宽泛的专业知识，训练基本的业务能力，可为未来从事相关研发、生产或管理工作实践奠定坚实的基础。

城市测绘地理信息人才的知识和能力发展贯穿于整个职业生涯，学习知识、提高能力永远在路上。在职业实践中不断学习新知识、提高新能力是一项十分重要的营生本领。积极关注和拥抱新技术新方法，积极参加学术和技术交流，积极研习政策法规和标准规范，积极开发新业务新成果，积极思考、善于总结、勇于实践，都是学习知识、提高能力的可用方式。

高质量发展需要一大批高素质的人才。愿城市建设领域测绘地理信息人才队伍不断成长壮大，为城市规划建设管理，也为新型测绘地理信息业务的高质量发展做出新的更大贡献。

参考文献

[1]　王蒙徽:《推动住房和城乡建设事业高质量发展》,《人民日报》2020年3月6日。

[2]　李德仁:《从测绘学到地球空间信息智能服务科学》,《测绘学报》2017年第10期，第1207~1212页。

[3] 刘先林:《为社会进步服务的测绘高新技术》,《测绘科学》2019 年第 6 期,第 1~15 页。

[4] 钟耳顺:《论地理信息系统发展的新机遇》,《前沿科学》2015 年第 4 期,第 19~28 页。

[5] 王丹、耿丹、李丹彤:《从新型智慧城市建设看城市测绘发展》,《北京测绘》2020 年第 1 期,第 1~5 页。

[6] 王丹:《工程测量发展的一些新动向》,《工程勘察》2020 年第 7 期,第 1~5 页。

B.7
智慧物流对地理信息人才的需求

周训飞*

摘　要： 本文论述了智慧物流的历史沿革及发展现况，分析了智慧物流发展中存在的问题和不足，探讨了智慧物流对地理信息人才的需求，指出了智慧物流对地理信息人才需求的发展趋势。

关键词： 智慧物流　地理信息　信息化　人才需求

一　智慧物流的历史沿革及发展现况

（一）智慧物流的历史沿革

只要有商品交换，就必然伴随着物流的需求，古时有丝绸之路，现在有“一带一路”；古时有兵马未动，粮草先行，现在有要想富，先修路。修路干什么？物流！因此，物流的历史也就是商品交换的历史，物流是商业行为的基础支撑。物流概念在不断进化，从古老的实物配送到今天的智慧物流，随着新的物流技术和网络信息化技术的日益普及，智慧物流实现了合理化运输、自动化仓储、标准化包装、机械化装卸、一体化加工配送、网络化信息管理。

2009 年，IBM 提出了“智慧供应链”概念，通过感应器、RFID 标签、制动器、GPS 和其他设备及系统生成实时信息。智慧供应链具有三大特征：先进性、互联性和智能性，可实现管理自动化、处理信息化、系统智能化。随

---

* 周训飞，丰图科技（深圳）有限公司总经理，研究方向为面向人工智能时代的智能位置操作系统。

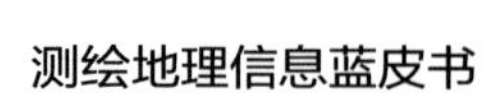

后延伸出“智慧物流”的概念。将其应用于物流行业的运输、仓储、配送等基本环节，实现物流环节智能化模式。[1]

（二）智慧物流发展中存在的问题和不足

1. 缺乏智慧物流复合型专业人才[2]

智慧物流将传统物流与信息流统一，将 GIS/GPS/GPRS 技术与现代物流技术集成，将物联网、传感网与现有的互联网整合起来，通过精细、动态、科学的管理，实现物流的自动化、可视化、可控化、智能化、网络化，并具备先进的物流理论，所有这些都涉及学科交叉和专业复合。而目前的现状是各个专业方向割裂，如物流专业只关注仓储、货运、配送等，地理信息专业着重于地图测绘、卫星遥感定位、地理信息管理等，导致智慧物流所需的复合型人才奇缺。

2. 物流信息化不够深入、标准、广泛

各个企业重复开发应用软件，信息化不够深入，缺乏统一标准。各个企业、各个地区发展不均衡，落后地区的发展短板造成信息孤岛，智慧物流难以延伸到这些信息孤岛，就如同拥有电话的先进地区无法给没有电话的落后地区打电话，这种状况影响了整个物流业智慧物流的发展。

3. 物流企业管理及运营模式创新不足

对智慧物流的发展不够重视，不够敏感，很多环节多采用传统的人工操作，而且理念转变速度较慢。

目前我国智慧物流业整体发展水平还较低，表现在物流费用在 GDP 中的比重相对很高，[3] 有些行业物流费用占商品总成本的比重高达 40%。由于人为和技术因素的影响，物流过程中每年的直接损失惊人，因为运力不足和运力浪费这种矛盾现象造成的直接损失达数百亿元人民币。

4. 理论研究严重滞后

理论研究方面，涉及地理认知、地理信息本体论；地学模拟、情景决策支持分析；时空过程表达、时空数据模型；分布式三维可视化、虚拟环境；数据挖掘与知识发现。

Douaioui[4]研究了智慧物流与工业4.0之间的关系，指出智慧物流应该伴随并支持工业4.0。Qu L和Wang S[5]研究了传统物流升级转型的途径。况漠和况达[6]探讨了中国智慧物流产业发展创新路径。刘阳阳[7]研究了新零售背景下我国智慧物流的特征、问题及发展路径。这些研究多是应用层面的探讨，在智慧物流理论方面深度不足。

二　智慧物流对地理信息人才的需求

（一）智慧物流业对地理信息人才的要求

智慧物流与地理信息的发展趋向于相互渗透、深度融合。所以，智慧物流业对地理信息人才的基本要求是，对物流业特别是智慧物流有相当程度的了解。

物流业的发展方向之一是信息化，包括地理信息化、仓储信息化、包装信息化、装卸信息化、加工配送信息化等，其中地理信息化涉及物流中的最关键环节——运输。这些信息化过程包括信息化硬件，如条码扫描、无线射频识别等。

地理信息产业的发展趋势是信息网络化[8]、软件智能化，商品流动需要物流，有物流就需要位置信息，包括平面位置、空间位置、驿站分布等，这些都属于地理信息。地理信息包括平面位置信息、空间位置信息、环境信息、气象信息、路况信息等。其中路况信息还应包括路面质量、路面状态（是否通畅）、路面车流及其状态（如位置，速度，加速度，方向，目的地）、路面网络状态、水电设施、位置坐标、路况或事故报警之类的信息交互点等。这些信息也是后期运输路径规划、无人驾驶控制所需的基本信息。目前，航空和铁路运输地理信息化相对成熟，比如，航运时，除了位置坐标信息，气象、高度、速度、加速度、方向等广义的地理信息都有监测，以保障空中交通安全。再比如铁路，对路况信息的翔实、实时监测，可以大幅度提高列车运行速度。铁路提速的关键技术是运行规划和实时监测技术，与之相比，公路和水路运输的地理信息化程度要弱得多。

一些导航系统已经包含有粗略的海拔、车辆流畅度等信息，但是仍然不够细化。

现代物流和地理信息业的发展趋势是物联网络化、流通智能化、信息一体化。

（二）智慧物流业对地理信息人才的需求特点及分析

综上所述，智慧物流业对地理信息人才需求具有如下特点：通识性、前瞻性、专业性、紧迫性、高层次性、复合性。

智慧物流涉及的环节较多，其通识性要求较宽泛。通识性要求地理信息人才对智慧物流各个环节都有广泛了解。前瞻性意味着新技术应用，如铲车的5G远程操控、图像识别算法。专业性是对人才的深度要求。紧迫性是指智慧物流发展迅速，人才需求与人才培养脱节，很多专业需求找不到相关人才，需要尽快调整人才培养方向。高层次性要求是基于大量重复性工作逐步被机器取代，对人力的需求升级为对人才的需求，如之前大量需要的人力工作：分拣、装卸、打包、入库出库、吊装、配送等，都被自动化、机械化代替，相应地对人才的要求也从熟练工种上升到技术工种，人力货简单设备操作和维护上升到数控设备操作和维护。复合性是要求人才具有交叉学科背景和较高综合能力，在物流专业最了解地理信息，在地理信息专业最懂得物流。如配送无人机需要远程位置信息；仓储无人车、搬运机器人、智能分拣机需要近程位置信息，这些都需要地理信息人才参与开发、维护、运行。

（三）智慧物流业对地理信息人才的需求数量分析

中国物流与采购联合会的统计数据表明，2010至2017年，物流市场规模迅速增长至3380亿元人民币，累积增长4.225倍，到2023年，物流市场规模预计将超一万亿元以上。巨大的市场容量伴随着巨量的人才需求。根据《物流业发展中长期规划（2014—2020年）》，我国物流（包括智慧物流）从业人员数量以年均6.2%的增长速度增加，相当于每年新增约180万个物流岗位，而目前物流人才供给每年仅约60万，年供需缺口达120万。

智慧物流属于高技术领域，其人才需求专业面较广，且偏向于高技术、复合型专业人才，人才要求更加苛刻，需求缺口更大。

以顺丰公司全资子公司丰图科技为例，其部分业务是为顺丰数字化转型提供数字底盘，为基于位置的精准决策服务，具有高科技属性，2018 至 2020 年，对于测绘及相关专业人员需求增长了 3.55 倍，年均增长 156%，大大超过全国普通物流年均 6.2% 的增长速度。据此推算，具有高科技属性的智慧物流人才的年需求增长率将数十倍于普通物流。

三　智慧物流对地理信息人才需求的发展趋势

智慧物流涉及多个领域，对地理信息人才的需求也相应地涉及多个学科，特别是交叉学科，其人才需求总的趋势如下。

（一）依托高校发展和培养基础理论人才

依托高校进行更新的、更完善的、更深入的理论研究，以便为井喷式的应用领域提供基础，这些研究侧重于科技理论，对人才需求的层次比较高。[9]

（二）学科交叉合作培养复合型人才

地理信息用于物流，特别是智慧物流，必须与物流信息化融为一体，涉及仓储、智能交通等信息化方面的硬件和软件。

在地理信息系统硬件方面，人才需求集中在摄影测量、遥感技术、视频监测及数据处理、计算机数字化硬件及接口、网络硬件等方面。由于这些硬件有对应的支撑软件，复合型人才更受欢迎。例如，在智能交通信息化硬件方面，公路信息网络线路、承载传感器、速度传感器、加速度传感器、路面温度传感器、路面状态（积雪、路障、路损，事故等）监视报警器等的操作，需要各类专业人才。智慧公路的设计、施工、材料供应等，都必须与 GIS 系统统筹设计，从而要求人才培养学科交叉。

（三）企业高校产学研合作培养应用型人才

在地理大数据方面，[10]地理信息是天然的大数据，地图数据、遥感数据、物联网传感器数据、个人网络活动数据，这些数据都是人文环境和自然地理的采样和记录，可以应用于智慧物流仓储选址和配货调度、公路铁路水路网的优化管理调度和导航路径分析、交通疏通或事故处理等。上述领域相关人才培养可为有关决策部门解决燃眉之急。

在地理信息系统软件方面，有操作系统软件、数据库管理软件、系统开发软件、GIS 软件等。国外软件有 ARC/INFO、GeoMedia 等，国内软件有 MapGIS、GeoStar、SuperMap 等。其发展方向是针对上述软件的扩展或开发，如 3D 路径规划、物流成本优化、网络化扩展或并入物联网、5G 应用[11]等。对人才的培养除了注重软件开发能力，更看重软件扩展所需的专业应用能力。

（四）智慧物流、地理信息关联的扩展应用及其人才培养

智慧物流、地理信息关联的扩展应用很广，潜在的人才需求巨大。

在物联网方面，结合 GIS，在制造业原材料物流上，要从物流跟踪过渡到产品跟踪，产品跟踪生命周期更长，甚至可以延伸跟踪到产品报废回收。物联网是互联网基础上的延伸和扩展的网络，将各种信息传感设备与互联网结合起来而形成的一个巨大网络，实现在任何时间、任何地点人、机、物的互联互通。物流要实现人、机、物的互联互通，需要对产品进行标识。

如工业 4.0 制造中，产品生命周期跟踪需要地理位置信息，涵盖从产品诞生开始，到产品制造过程，再到产品使用过程。在制造过程中可以用于产品质量监控、产品生产流水线转移，实现制造业智能化和信息化。

可以开发物品身份证及其信息标记技术，实现物品跟踪。以此为基础可以延伸至携带物品的人流跟踪，利用手机、手表、服装鞋帽、首饰、电子手铐、植入式芯片开发出可穿戴式身份证，可以用于老人、残疾人、病人、犯人、未成年人、宠物等需受控人群，还可以用于消防（火灾现场定位找人）、

疫情传播路径、公共安全（部分取代或升级视频监控和识别，如车流和人流识别）、车流监控（如 ETC 自动收费）等。这些地理信息技术的延伸应用也需要相关人才的支持。

在智能交通信息化软件方面，货运限行限时，载重自动检测和限制，路面宽度及其路况状态，无人机、无人车投送，[12]特别是要避开路途中难以预计的电线杆、不规则人流等，需要在地理信息的基础上，介入人工智能技术。5G 最先的应用领域可能就是无人驾驶。无人驾驶的基本要求是将包括周边状态在内的地理信息及其规划决策结果实时地传输给车辆，并及时控制车辆按照规划调整驾驶。5G 的高速无线传输和超低延时，为无人驾驶提供了可靠保障，如果将其应用于物流，带来的优势是减轻劳力、减少事故、提高通行效率，并且可以全程跟踪。例如，丰图科技公司集合多个专业方向人才开发出的高速公路巡检感知系统，实现了在诸如大雾团雾等恶劣天气、道路拥堵等道路状况的识别以及路面抛撒物、高速占道、高速缓慢驾驶、行人在高速上行走等道路违章事件识别。

在信息化仓储方面，仓储共享及去库存实现仓储信息与 GIS 联网并且共享，[13]可以根据库容量智能化自动优化物流中继，减小库存甚至去库存。开发出模块化物流箱，在中转站点按模块化物流箱直接装卸分流，最大限度地去库存及库存延时。开发出可以反复使用的信息化物流包装体，并可与 GIS 联动。开发出高层快递柜自动入户，扩大物流范围至日常用品（如粮油蔬菜、垃圾）。此时，要求 GIS 补充高度数据信息。这些方面的人才需求比较大，包括研究型和应用型人才。

在农村农业物流方面，[14]要与冷链物流一体化，涉及冷链、路径优化、站点联网、农产品 / 生产资料（含个人物品）双向联运、农村分户 24 小时无人值守物流收发箱。

在危化等特殊产品物流方面，[15]要求整个运输、仓储链人才都按照有关规定具备生化、消防的相关资质，配合 GIS 全程跟踪。

港口、铁路、航空物流在信息化和规模上相对比较先进，需要增补的模块是联运信息规划。

四 结语

综上所述，智慧物流及其 GIS 信息化领域对人才的需求数量大、专业范围广、前沿技术多，很多岗位都有学科交叉和复合型人才要求，需要国家、学校、企业、人才自身统筹规划，协同完善。目前，国家出台了多项政策法规，对物流及其相关行业支持力度很大，学校在培养模式上需要大刀阔斧式地改革，引入跨专业学科交叉、实战项目引导式教学、校企双导师制指导、现代师徒制培训；企业需要建立终生教育理念，持续开展人才引进和脱产职业培训双向流动。只有这样，才能弥补智慧物流及其信息化的人才缺口，满足各类研究型、应用型人才需求，以及人才的专业多样化，学科交叉化、复合化的需求。

参考文献

[1] 李嘉伟:《现代物流信息技术的发展与应用研究》,《企业科技与发展》2018 年第 11 期，第 82~83 页。

[2] Wei Cui, Study on Problems and Countermeasures of Smart Logistics Development in China.Internet and e-Business, Jinan, China,2018, 306-307.

[3] 陈晓暾、熊娟:《“一带一路”倡议背景下我国智慧物流发展路径研究》,《价格月刊》2017 年第 11 期，第 58 页。

[4] K Douaioui, The interaction between industry 4.0 and smart logistics: concepts and perspectives.11th International Colloquium of Logistics and Supply Chain Management LOGISTIQUA 2018, Tangier, Morocco, 2018, 129-130.

[5] Li Qu, Research on the Motive Force and Path of Logistics Transformation in the Background of Internet+.2017 2nd International Conference on Education, Sports, Arts and Management Engineering, Zhengzhou,China,,2017,853-856.

[6] 况漠、况达:《中国智慧物流产业发展创新路径分析》,《甘肃社会科学》2019年第6期，第153~155页。
[7] 刘阳阳:《新零售背景下我国智慧物流的特征、问题及发展路径》,《商业经济研究》2019年第7期，第14~16页。
[8] 颜丽玲、沙晋明等:《信息流、商流、资金流与物流视角下的中国信息地理空间特征》,《中国科技论坛》2018年第9期，第49~57页。
[9] 项寅、杨传明:《数字化人才需求导向下高校物流专业教学改革探索》,《物流技术》2020年第2期，第141~145页。
[10] 肖林林、刘睿等:《大数据时代对地理信息科学专业研究型人才培养的新要求》,《价值工程》2017年第16期，第202~203页。
[11] 白鸿寓、李哲:《分析5G技术对物流与供应链管理的影响》,《全国流通经济》2020年第10期，第18~19页。
[12] 许斌:《无人机物流人才需求研究》,《南方企业家》2018年第2期，第222~223页。
[13] 孙春红、于憬等:《基于信息共享平台的精准化采购物流管理探索》,《交通企业管理》2020年第4期，第86~88页。
[14] 张建奎:《物联网技术在农产品冷链物流平台上的运用分析》,《中国市场》2017年第32期，第137~138页。
[15] 卫星、李自生等:《利用地理信息评估危化品道路运输环境风险》,《化工管理》2018年第8期，第84~86页。

B.8
海洋测绘教育与人才培养

阳凡林 张 凯*

摘 要： 海洋测绘为各类涉海活动提供基础性海洋地理信息数据。目前，建设海洋强国已成为我国长期战略目标，海洋测绘的重要性凸显，各类涉海活动的日益频繁对海洋测绘的人才培养提出了迫切需求。本文主要从学科建设、领域内代表性学术机构、人才培养状况等方面介绍了国内海洋测绘高等教育的现状，剖析了现阶段社会发展对海洋测绘的人才需求情况，并对国内海洋测绘各层次人才培养发展状况与未来方向进行了分析。

关键词： 海洋测绘 学科建设 社会需求 人才培养

海洋测绘主要关注海洋、江河、湖泊等水域及其毗邻陆地区域的空间地理信息。中国是个海洋大国，岛屿岸线长达 1.4 万千米，大陆岸线长达 1.84 万千米，岛屿 6500 个，可管辖的海洋国土面积达 300 多万平方千米。[1] 近年来，随着我国海洋战略规划的实施，海洋测绘在海洋科学研究和海洋工程建设中的重要性日益凸显，各类涉海单位对于海洋测绘人才的需求，无论从数量还是质量上都呈现出旺盛的态势。

---

* 阳凡林，博士，教授，山东科技大学，主要从事海底地形测量和海洋定位导航方面的研究；张凯，博士，副教授，山东科技大学，主要从事海底地形测量和海底底质分类方面的研究。

一　社会需求

在新时代科学技术的背景下，围绕着空间技术、计算机技术、通信技术和信息技术等高新技术的结合与应用所呈现的测量方式，正引领着海洋测绘成长为一个重要的研究领域。伴随着我国海洋战略的逐步实施，海洋测绘在海洋经济、海洋权益、航运保障、地球科学研究等领域发挥着不可替代的基础性地理信息保障服务作用。

（一）国家海洋经济发展的需要

党的十八大以来，我国东南沿海各省份相继建立了海洋经济区、海洋经济综合试验区等重要海洋经济发展示范区域，表明我国对海洋经济建设的重视程度上升到了国家战略目标的高度。[2]区域海洋经济建设迅速发展，在各种海洋经济建设活动中（包括海底矿物勘探与开采、管线铺设与检查、桥梁及码头建设等），海洋测绘都发挥着数据基础支撑作用。

（二）国家海洋权益维护的需要

法理上，我国海洋国土面积辽阔。但由于历史原因，目前还有一部分海洋国土我国并未实际控制，与周边国家存在争议。[3]在此背景下，有效保护我国海洋权益，发展海洋经济，维护国家安全，就必然要求对诸多海洋地理信息充分掌握（包括海岛数量、位置与分布及其周边海域的海底地形地貌图等信息），因此对高素质海洋测绘技术人才有迫切需求。

（三）航运保障和防灾减灾研究的需要

经济全球化的背景下，我国提出了“一带一路”合作倡议，其中航运承担着联结中西的核心任务。作为航运保障工作的重要一环，海洋测绘利用海洋测量、监测技术和海洋遥感技术，提供及时有效的地理信息服务，在保障水运航行安全、处理突发事故等方面发挥着愈加重要的作用。

（四）地球科学研究的需要

正确认识地球的前提之一是正确认识海洋。地球外部形状、海底构造运动、海底演化的依据是海底地形；确定大地水准面形状的必要条件是海洋重力测量数据；通过测量各种海气要素，可以弥补人们对气候变暖认识上的不足；通过发展多种海平面监测技术，研究海平面变化的规律，对于研究新构造运动、探索气候变化规律，以及人类生活和生产都具有重大意义。[3]

二　学科建设

海洋测绘目前已形成了由海洋大地测量、海底地形地貌测量、海洋水文测量、海岸地形测量、海洋重力测量、海洋磁力测量、海洋工程测量、海图制图、海洋地理信息工程等组成的多学科体系。[4]随着相关技术的发展，海洋测绘近年来发生了深刻的变革。

（一）海洋大地测量

在海底平面基准建设方面，先后提出了走航海底绝对基准传递法、绝对测量与相对测量组合的海底控制网测量法、顾及波浪和水深约束的海底点绝对定位法等，构建了区域海底控制网建设的方法体系。在海洋垂直基准模型构建方面，提出了海洋无缝垂直基准转换模型构建、全球潮汐模型和全球平均海平面模型构建、基于最优分潮的全球潮汐模型重组等方法，构建了我国近海的海陆统一垂直基准建设的方法体系。[5]

（二）海底地形地貌测量

形成了多传感器（GNSS、激光扫描仪、多波束、侧扫声呐、合成孔径声呐等）、多平台（气垫船、全地形车、无人机、无人船、深拖系统等）海岸带和海底地形组合观测系统，提出基于 GNSS 的高精度多波束测深、声速场构建、基于面积差的声速剖面简化、基于常梯度声线跟踪模板的高精度高效率声线跟踪等方法，形成了高精度高分辨率海底地形地貌测量理论方法体系。在声学底质探测方面，提出了多波束回波强度的精处理方法、侧扫声呐图像的精处理方法、海底底质分类反向散射强度三维概率密度法等，形成了较为完备的从海面到海底浅表层的水体和底质声学分类理论方法体系。

（三）海洋水文测量

提出了 GNSS 远距离潮位测量方法、基于 GNSS 锚定潮位的远海深度基准面和平均海平面传递方法、基于 GNSS 和罗经等外部传感器的高精度流速测量方法等，形成了较为全面的海洋水文测量和数据处理理论方法体系。

（四）海图制图与海洋地理信息工程

提出了一系列海图关键要素自动综合方法，提高了海图制图综合的质量和效率；建立了海图水深数据质量综合评估模型，形成了较为系统的海底地形地貌资料质量定量评估体系。区分航海与非航海两类典型应用，提出了更具针对性的数字水深模型精细化构建理论与方法，研制了舰船航线自动规划、海岛礁地理空间分析应用和海底地形格网多尺度构建等系统。在国际标准电子海图方面，紧跟国际技术发展前沿，结合我国自身特色，设计符合 IHO 新标准框架的产品样式。[6]

（五）海洋观测装备

已建立起船基、空基、天基、潜基、陆基的多样化、立体化数据获取平台体系，实现了海岸带、海面海洋地理信息的卫星和机载设备获取，海面和水体信息的船基 / 无人艇 / 智能浮标获取，水体和海底信息的 AUV/ROV/ 深拖系统获取，以及多源信息的同化和融合处理。在设备研制方面，研制了国产多型号多波束测深系统、侧扫声呐测量系统、单波束测深仪、合成孔径声呐系统、浅地层剖面仪等，打破了我国海洋测绘设备85%以上依赖进口的现状。在海洋测绘数据处理软件方面，初步形成了体系化、自主知识产权的国产软件系统，打破了国外软件的垄断。

总之，随着科学技术的不断发展，海洋测绘和地球物理学、地质学、天文学、地理学、海洋科学、空间科学、环境科学、计算机科学、信息科学及其他许多工程学科联系日益密切，并不断交叉融合。海洋测绘的发展将在现有基础之上，通过主动引进吸收各领域涌现的新理论与新技术，重点结合大数据、云计算、人工智能等高新技术，实现海洋测绘理论技术方法向多元化发展，测量设备也向国产化、便携化、集成一体化发展，相应数据处理方法进一步向精细化和智能化处理方向发展，可视化成果表达方式将由综合虚拟仿真技术、虚拟现实技术和大数据技术向渐进式表达、立体化、信息化方向发展。人才培养模式要适应国家战略和经济发展需要，强化专业和学科的科学素养，深化工程实践训练，以期为国家和社会培养一大批视野开阔、理论基础扎实、解决工程实践难题能力强的应用创新型海洋测绘人才。

三　学术机构

（一）国际海洋测绘学术机构

在海洋测绘领域，目前国际知名的代表性教学科研机构包括美国新罕布什尔大学、加拿大新布伦瑞克大学、美国加州大学圣地亚哥分校斯克里普斯海洋研究所、美国伍兹霍尔海洋研究所、美国夏威夷大学、英国普利茅斯大学、英国伦敦大学学院、英国南安普顿大学国家海洋中心、英国班戈大学、德国汉堡港口城市大学、德国不来梅大学海洋环境科学中心、日本东京大学海洋研究所等院校，以及法国海洋开发研究院、德国亥姆霍兹基尔海洋研究中心、美国国家海洋和大气管理局等一些知名的研究机构或其下设的研究部门。[6] 这些教育科研机构通过培养本硕博各层次的海洋测绘人才，满足了相关国家的人才需求。

国际上，培养海洋测绘人才的手段不仅仅包括学历教育，海道测量师和海图制图师的培训也至关重要。依照国际惯例，要取得全球范围内从事海洋测绘任务（投标、承包和施工等）的资格，前提条件就是需要获得国际海道测量师和国际海图制图师培训证书。[7]国际海道测量教育始于20世纪70年代后期，由国际海道测量组织（IHO）和国际测量师联合会（FIG）等组织联合组建的国际咨询委员会具体负责海道测量师和海图制图师培训资格认证、教学大纲和各种教育标准的制定。

自1921年成立至今，已经有85个国家先后加入IHO，随着各国深入加强海洋测量方面的相关合作与标准成果形式的统一制定，人才培养与更高层次的教育也纳入了国际组织的考虑范围。随着海洋测量学科的发展与测绘技术的进步，海道测量师和海图制图师资格认证标准国际委员会依据IHO的委托，每隔几年就发布新的教学培训大纲，不断更新其教学内容并完善海道测量师和海图制图师资格标准，而海洋遥感测绘和海洋专题制图方面的内容在新的大纲中得到了重点突出。[7]在该组织的框架下，我国海军大连舰艇学院和香港理工大学先后获得了培养国际海洋测绘专业人才即海图制图师和海道测量师的资格。

（二）我国海洋测绘学术机构

海军研究院海洋环境研究所（原海洋测绘研究所）是目前中国军队唯一的海洋测绘方向的综合性研究所，在海洋测绘理论方法和设备研发方面都取得了较多成果，也培养了一定数量的海洋测绘研究生，并主办了具有影响力的业界专业期刊《海洋测绘》。

进入21世纪，随着我国开发海洋的进程逐步加快，海洋测绘也得到了快速发展，我国民用海洋测绘学科建设和人才培养也进入高速发展的时期。其中，山东科技大学拥有自然资源部海洋测绘重点实验室（与海南测绘地理信息局、自然资源部第一海洋研究所共建）、海陆地理信息集成与应用国家地方联合工程研究中心（国家发改委批准，与青岛市勘察测绘研究院共建）、山东省高校海洋测绘重点实验室（山东省教育厅强化建设）、青岛市海洋测绘工

程实验室（青岛市发改委批准）等科研平台，主要发展海洋与海岛礁测绘技术。自然资源部第一海洋研究所设有海洋测绘研究中心，主要研究海洋工程测量技术。武汉大学拥有海洋研究院，主要研究海洋测绘技术与方法。深圳大学拥有自然资源部大湾区地理环境监测重点实验室，主要研究海岸带环境监测技术。上海海洋大学设有海洋测绘应用研究中心，研究海洋地理国情监测技术。

四　人才培养状况

海洋测量学作为测绘学的一门分支，与陆地测绘专业存在显著区别。根据对国内涉海单位的统计，大多数测绘工程专业毕业生通常需要适应 3 年以上才能独立从事海洋测绘相关工作；而海洋科学或海洋技术专业的毕业生由于没有系统的测绘知识背景，往往只能从事一些海洋测绘外业数据采集和简单的分析工作，难以对海洋测绘地理数据进行精细处理、成果深层次加工与利用。[7] 因此，上述专业的人才并不能很好地适应海洋测量业务，加快海洋测绘专业人才的培养显得愈发重要。

（一）军事海洋测绘专业教育发展

根据《中华人民共和国测绘法》《中国人民解放军测绘条例》和国务院、中央军委有关文件规定，海军负责规划和组织实施我国的海洋基础测绘工作，拥有完备的教学、科研、生产和管理体系。[8]

作为我国海洋测绘高等教育的开端，哈尔滨军事工程学院 1953 年建立海道测量系。1959 年，哈尔滨军事工程学院停办，海道测量系迁移到解放军测绘学院。1966 年，海道测量系划归海军建制，改称“海军海道测量系”，并于 1970 年由浙江江山迁至大连海军学校（现海军大连舰艇学院），该学院作为全军重点建设的高等院校并且是唯一一个海洋测绘学历教育和技术培训的教学单位，主要培养海军舰艇指挥军官、海军政治指挥军官和海洋测绘工程技术军官。[1] 海道测量系（后改为海洋测绘系）自 1978 年恢复至今，先后开设海道测量、海图制图等专业，完善了本科生教育。并于1987年、2004年先后开始招收硕士研究生与博士研究生，为军队培养了大批海洋测绘人才。

（二）民用海洋测绘专业教育发展

近年来，随着国家大力开展海洋经济建设，海洋测绘技术在民用方面加速推动。2014年海洋测绘被列为二级学科。

1. 海洋测绘本科人才培养

在海洋测绘本科教育培养方面，虽然目前不能以海洋测绘专业的名义进行本科招生，但不少高校在测绘工程、海洋技术等专业下设置海洋测绘方向，开展海洋测绘本科教育。其中，山东科技大学自2009年开始在测绘工程专业下设立了海洋测绘方向，并以单独招生的模式探索海洋测绘本科教育，其专业主干课程与传统测绘工程专业课程的差异达到近70%，并设置了独立的专业培养方案。[1]上海海洋大学和江苏海洋大学也在海洋技术专业下设立了海洋测绘方向。武汉大学在测绘工程专业下设置了海洋测绘课程模块。

2. 海洋测绘高层次人才培养

进入21世纪，我国海洋战略的逐步实施使得社会对高层次海洋测绘人才的需求日趋显著。为此，武汉大学、山东科技大学、中国海洋大学、上海海洋大学、江苏海洋大学、中科院海洋研究所、自然资源部所属的海洋研究所等多个单位先后依托相近学科设立了海洋测绘研究生专业或方向。[1]其中山东科技大学于2012年自设了海洋测绘二级学科，以学科专业的形式培养硕士博士研究生层次的海洋测绘人才；武汉大学海洋研究院依托武汉大学测绘学科的传统优势，以硕士和博士研究型人才培养为主导，为社会输出高水平的海洋测绘复合型研究人才。

（三）山东科技大学海洋测绘本科培养要求

山东科技大学以单独招生的模式开展海洋测绘本科教育，并设置了独立的专业培养方案。

1. 培养目标

作为测绘学的一门分支，海洋测绘技术具有其特殊性、综合性，海洋测绘人才需要具有测绘学科以及海洋学科和水声学等交叉学科的专业背景知识。而海洋测绘不同于海洋技术专业的地方主要在于，它不局限于探测海洋本身，更加重视海洋空间信息的获取、处理及表达，因此，海洋测绘的人才培养目标非常关键。

海洋测绘专业培养掌握海洋测绘方面的基本理论和方法，具备扎实的基础理论、宽厚的专业知识和较强的实践操作能力及数据处理与分析能力，能在测绘、海洋、水运、水利、石油等领域从事海洋测绘相关的生产、设计、技术开发、管理、科学研究与教学等方面工作，具有创新意识、继续学习能力和一定国际视野的高级工程技术人才。

2. 课程设置标准

海洋测绘作为一门交叉学科，其主干课程包括：海底地形测量、海洋水文测量、海洋地球物理、海洋遥感、海洋地理信息系统、海图制图、海洋地质、海洋潮汐学原理、海洋工程测量、水声学原理、电工电子技术、数字地形测量、大地测量学基础、误差理论与测量平差基础、GNSS 测量与数据处理等。

（四）现存问题

目前，海洋测绘专业人才培养数量距离市场对海洋测绘人才的需求还相差较远，存在着显著的供需矛盾，存在的问题主要包括以下几点。

①海洋测绘高校数量少。开办海洋测绘专业的院校不多，每年向社会输送的人才数量远远不能满足市场的需求。

②专业背景欠缺。海洋测绘的人才教育涉及测绘学科、海洋学科和水声学等交叉学科的专业背景知识，目前从事海洋测绘的技术人员多是由相近专业转入，海洋技术或测绘工程专业的偏多，普遍缺乏对海洋测绘知识体系的整体把握，以及对测绘学、海洋声学、海洋遥感和海洋信息等海洋基本规律的认识

不足。[1]

③传统模式弊端。目前涉海单位比较强调在实践中凭经验与直觉进行实战式的人才培养，这种师父带徒弟模式培养出来的人才质量参差不齐，所学知识不够系统和专业，向外扩展工作范围有困难。

从目前形势来看，海洋测绘专业人才需求仍有很大缺口。基本没有设置海洋测绘本科专业，仅凭设置相似的专业无法培养出满足海洋测绘需求的专业人才。在民用方面，研究生以上的海洋测绘高层次人才培养数量少，社会需求大，供需矛盾突出，这都是需要解决的迫切问题。在新的形势下，为了适应国家和社会的发展需求，需高度重视培养面向各个层次的海洋测绘专业人才。应大力鼓励更多的高校和科研院所开办海洋测绘专业，设立国家级的海洋测绘学术机构，培养海洋测绘高层次人才，以适应国家重大海洋测绘任务、海洋工程建设和海洋基础科学研究的迫切需要。

五　结论

海洋测绘是所有涉海活动的先导性基础工作，现在正进入加速发展时期。当前，社会对于海洋测绘人才的需求与日俱增，现有的海洋测绘人才培养模式和规模难以弥补日益扩大的人才缺口。对此，应及时调整人才培养策略，对高校开办海洋测绘本科专业进行鼓励和扶持，加快海洋测绘学科建设的步伐，加大力度培养各层次的海洋测绘专门人才，为我国海洋经济建设、海洋科学研究和海洋军事应用等提供海洋测绘保障。

参考文献

[1] 阳凡林、卢秀山、于胜文等:《海洋测绘专业教育的发展现状》,《海洋测绘》2017 年第 2 期，第 78~82 页。

[2] 郭霞、王军:《经略海洋“蓝色增长”》,《商周刊》2013 年第 24 期，第

40~41 页。

[3] 冯翔:《中国近海海域交点潮对海平面变化的影响研究》，中国海洋大学，硕士学位论文，2013。

[4] 翟国君、黄谟涛:《海洋测量技术研究进展与展望》,《测绘学报》2017 年第 10 期，第 1752~1759 页。

[5] 暴景阳、许军、于彩霞:《海洋空间信息基准技术进展与发展方向》,《测绘学报》2017 年第 10 期，第 1778~1785 页。

[6] 申家双、葛忠孝、陈长林:《我国海洋测绘研究进展》,《海洋测绘》2018 年第 4 期，第 1~10、21 页。

[7] 刘利、宁镇亚、孙威等:《我国海洋测绘工作现状、问题与建议》,《测绘与空间地理信息》2015 年第 8 期，第 10~13 页。

[8] 翟国君、黄谟涛:《我国海洋测绘发展历程》,《海洋测绘》2009 年第 4 期，第 74~81 页。

B.9
铁路行业实用型测绘人才需求分析

张冠军*

摘　要： 本文对铁路工程测量技术进行了现状分析和展望，结合铁路勘察设计企业、施工企业及运营管理企业对测绘人才需求情况及铁路行业内测绘专业特点，对铁路行业实用型测绘人才的需求进行了深入分析，针对铁路行业测绘人才需求，提出了院校测绘专业定位、测绘专业课程设置等测绘人才培养方面的建议。

关键词： 铁路　测绘工程　铁路工程测量　人才

一　引言

截至2020年7月底，中国铁路营业里程达到14.14万千米，位居世界第二；高铁营业里程3.6万千米，居世界第一。中国高铁的快速发展举世瞩目，其中离不开包括测绘技术人员在内的广大铁路工程技术人员的不断开拓创新和勇于实践。铁路工程测量是保证施工质量和运营安全的基础技术保障，是铁路工程建设关键技术体系的重要组成部分，尤其是高铁精密工程测量技术，已成为高铁成功建设的关键技术之一。铁路工程测量在勘察设计、施工建设和运营维护管理全生命周期中发挥着越来越重要的作用，对从事铁路工程测量的技术人才需求量越来越大，专业性要求也越来

* 张冠军，硕士，正高级高工，注册测绘师，中国铁路设计集团有限公司测绘地理信息研究院总工程师，主要研究方向为铁路精密控制测量及变形监测等。

越高。一方面，规模宏大的铁路网建设和运营维护管理需要大量的应用型测绘技术人才；另一方面，尽管中国已形成了一套具有自主知识产权的高铁工程测量技术标准，但随着磁悬浮铁路、真空管道铁路、跨海铁路、长隧深遂铁路、重载铁路等铁路新概念、新技术的出现，新型的铁路工程对测量技术提出了更多的挑战，对实用型、创新型测绘专业技术人才的培养和需求显得尤为迫切。

二　现状分析

（一）铁路工程测量技术现状及展望

测绘专业理论性、实践性、操作性都很强，是一个信息技术、地理科学及工程背景等多学科交叉的专业，在铁路行业应用中体现得更为明显。铁路工程测量几乎涉及了测绘工程专业全部专业内容，随着我国高铁的大量建设和开通运营，测绘新技术在铁路中的创新和应用十分广泛。比如，铁路工程与 3S 技术紧密结合应用；铁路三维扫描测量、建模信息化技术得到推广应用；传统的大地测量仪器、方法和多传感器工业测量的混合测量系统得到发展和应用；一些铁路专用测量仪器设备及软件智能化、信息化应用并逐步国产化；监测技术与工程地质、轨道、桥隧等专业相结合为铁路建设、运营期间的安全监测、灾害防治提供服务。

展望未来，铁路工程测量仪器设备向航空器、机器人、移动三维扫描、传感器、特制专用等方向发展，集多种测量技术和方式于一体。数据采集有实时、三维的需求。数据从测量点、线（线路平纵断面）、线路地形图等简单的几何元素向高密度空间三维、点云、三维可视化以及设计模型的构建方向发展。繁重的外业数据采集工作将逐步转由室内利用空间大数据来完成或替代。轨道施工安装、精调等测量要求精度高，传统的工程测量仪器已经不能满足要求，需要开发与铁路建造技术相适应的铁路专用测量仪器设备。变形监测从静态检测向动态检测、从接触式向非接触测量、从定性向定量化发展，从分散的应用系统向综合化、网络化、智能化系统发展。总之，随着各种测绘新技术的发展应用，以及智能铁路建设的需要，构建铁路智慧空间信息服务是未来的发展趋势（见图 1），这不仅为铁路测量技术发展提供了新的舞台，也对测量技术及其在铁路行业中的应用提出了更多新的挑战，对铁路测绘人才综合能力和技术水平提出了更高的要求。

（二）铁路企业测绘专业人才现状

据自然资源部官网资料，截至 2019 年底，国铁集团、中国中铁、中国铁建等直接从事铁路工程测量的甲、乙级测绘资质企业在 110 家以上。主要分布在勘察设计和施工企业。铁路行业对测绘人才有需求的企业主要有勘察设计、施工和运营三大类企业。

1. 铁路勘察设计企业

全国铁路行业工程勘察、工程设计综合甲级企业有 8 家，均为央企勘察设计集团公司，具有甲级测绘资质，分属国铁集团，以及中国中铁、中国铁建。另外，各勘察设计集团公司下属二级子公司独立法人设计院，也具有甲级或乙级测绘资质。铁路勘察设计企业拥有较为优质的测绘人才资源，主要从事铁路航测、勘测、精密控制测量、地理信息以及变形监测等业务，其中注册测绘师数量占铁路行业测绘资质企业总数的一半以上。同时，对测绘人才的学历层次、毕业院校及个人能力方面要求较高，如原铁道部一、二、三、四设计院（现中铁一院、中铁二院、中国铁设、中铁四院）、原铁道部专业设计院（现中铁设计）、原铁道建筑研究设计院（现中铁五院）招聘要求均在硕士及以上学历，有的对毕业学校提出 211 院校或学科水平较高的铁路院校等要求；而新组建的中铁六院、中铁上海院招聘要求本科及以上学历；各设计企业集团公司下属的二级子公司设计院，普遍要求本科及以上学历。而对于直接从事一线生产的，这些企业还招聘测量劳务派遣员工，一般要求测绘类或土木类高职大专毕业生。铁路行业工程勘察、工程设计综合各甲级企业官网上对测绘专业人才招聘信息情况详见表 1。

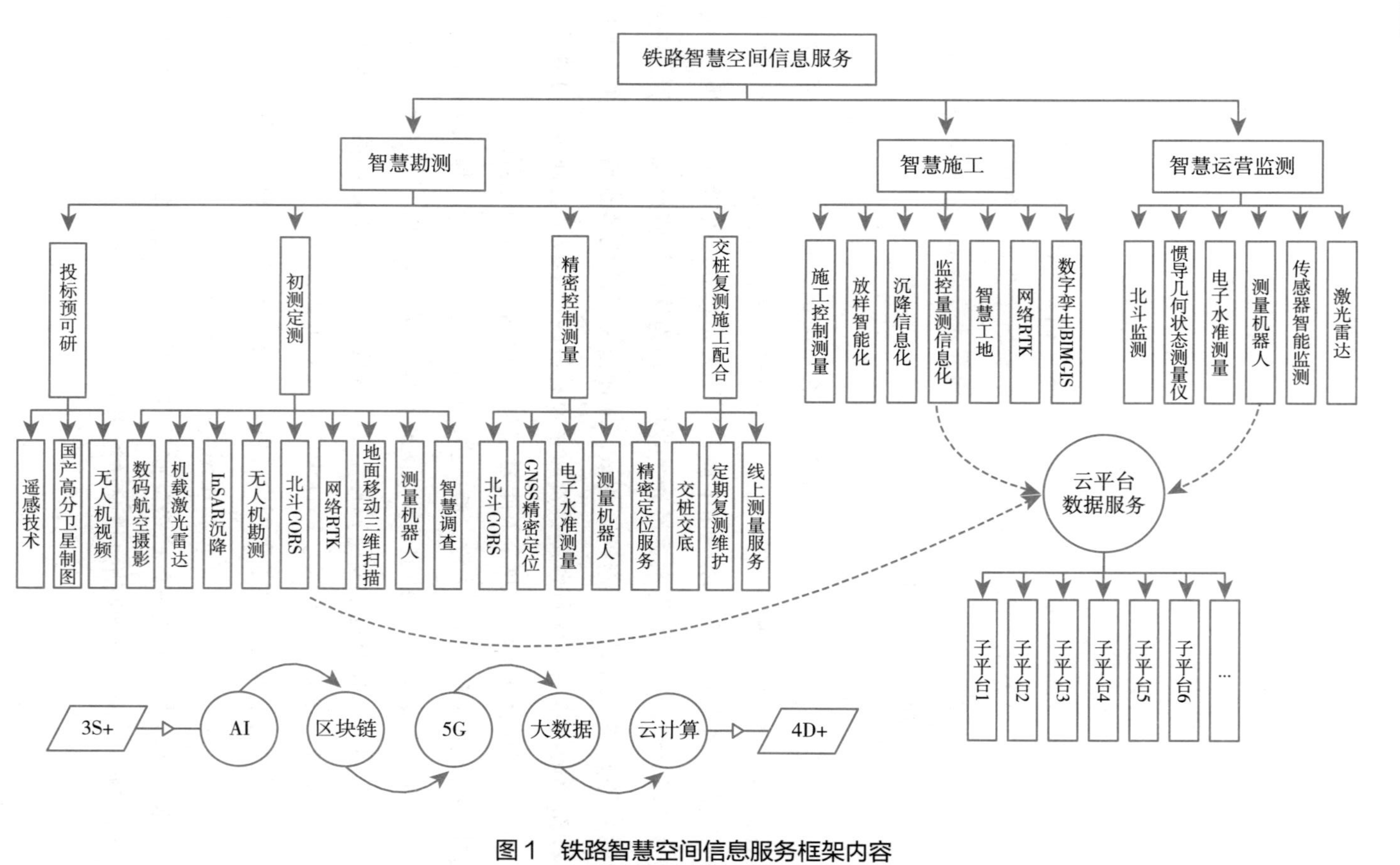

图 1　铁路智慧空间信息服务框架内容

表 1　铁路行业勘察设计综合甲级企业对测绘专业人才招聘情况

序号	单位	学历	英语
1	中铁第一勘察设计院集团有限公司	硕士及以上（博士研究生优先），本、硕所学专业一致或相近	六级
2	中铁二院工程集团有限责任公司	硕士	六级
3	中国铁路设计集团有限公司	全日制硕士研究生及以上，211 院校或铁路、测绘学科水平较高院校	六级
4	中铁第四勘察设计院集团有限公司	全日制硕士研究生及以上	
5	中铁工程设计咨询集团有限公司	全日制硕士研究生及以上	六级
6	中铁第五勘察设计院集团有限公司	211 院校或学科水平较高的铁路院校硕士研究生及以上	
7	中铁第六勘察设计院集团有限公司	本科及以上	
8	中铁上海设计院集团有限公司	本科及以上	

2. 铁路施工企业

铁路施工企业主要有中国中铁、中国铁建两大集团，以及其下属的各工程局集团公司及子公司，中交、中水等其他系统施工单位也从事铁路施工业务。各大施工企业均建有测量队或成立了测绘公司，铁路施工企业中具备测绘资质的单位占铁路行业中的绝大部分，其规模及测绘技术实力随高铁的建设逐步增大、增强，如中国中铁一、二、三、四、五、六、七、八、十局，大桥、隧道局等，中国铁建十一、十二、十四、十六、十七局等均拥有甲级测绘资质，有的施工企业下属的子公司也取得了甲级测绘资质。尽管施工测量在施工建设中十分关键，但现实中往往作为施工的辅助和服务专业。一方面，由于施工环境及施工测量工作较为艰苦，另一方面，在施工企业中从事测量工作的技术人员相比从事施工的技术人员，在职业发展和晋升上又受到一定的局限，所以从事施工测量的人才流失较为严重。施工企业缺乏专业的测量人才是较为普遍的现象，既缺乏对重大工程、重点难点工程施工测量深入研究的人才，也缺乏熟悉施工现场测量的成熟人才。

3. 铁路运营企业

国铁集团是国家铁路的运营主体，目前其下属共有 18 个铁路局（集团公司），铁路运营企业还有国家能源企业神华集团下属的一部分煤运铁路专线企业、部分地方铁路运营企业。铁路运营测量业务主要由运输企业的工务部门进行线路、轨道维护、维修测量，全国有 100 多个工务段，各工务段均设有检测所或测量队、测量班组，测量工作主要由工务人员进行，专业测绘技术人员配置较少，运输企业一般也未申办测绘资质。对于铁路控制网测量及全线的沉降监测、复测，一般委托有测绘资质的第三方企业来完成。近年来，由于高铁运营监测业务量的增长，上海铁路局、南昌铁路局、济南铁路局、广铁集团等铁路运输企业也陆续组建成立了测量公司，培养高铁测量专门技术人员进行专业的测量工作。随着新建高铁的陆续开通运营，对从事一线铁路运营测量工作的测绘专业人才的需求有较大增长。目前，一线工务测量人员招聘以铁道类和测绘类高职大专毕业生为主。

三　铁路测绘人才需求分析

通过以上现状分析可知，铁路工程不同阶段、不同性质的企业，其测绘工作的内容和侧重点也各不相同，所以对测绘技术人才的需求也会有差异。对铁路企业生产应用来说，测绘人才概括起来大致包括两类，一是技术创新型人才，二是技能应用型人才。在铁路行业，测绘的目的都是为铁路勘察设计、施工建设、运营管理服务，既需要专、精、尖，具有“一招鲜”的创新型人才，更需要一专多能的应用复合型人才。

（一）测绘技术综合应用型

传统测绘类专业方向分为摄影测量与遥感、大地测量与工程测量、地理信息系统等类，在具体工作过程中，很多单位在专业分工上并没有这么细，需要测绘技术人员对测绘专业知识及技术具备航测、遥感、大地测量与工程测量、地理信息专业等方面的综合应用能力，要求技术与技能并重，既具备测绘工程技术设计、工程应用能力，又具备现场实际操作应用能力。

（二）测绘与铁道工程类融合型

仅仅掌握测绘专业知识还不能完全胜任铁路行业的测量工作，需要了解掌握铁路勘察设计、施工建设或铁路运营管理方面的工作内容，需要掌握一定的铁路专业知识，才能有的放矢地做好测量工作。所以，除掌握测绘专业技术之外，还应掌握铁道工程类相关专业知识，多种专业有机融合，成为测绘与铁道工程类融合型人才。

（三）技术、生产经营、管理复合型

在测绘企业生产经营过程中，测绘技术人员通过生产实践会逐步成长为项目负责人、班组长或测量队负责人，许多管理岗位要求综合管技术、管生产、做经营，这就要求测绘技术人才应具备复合型基本素质，通过岗位历练可达到技术、生产经营、管理复合型要求，才能更好适应岗位工作需要。

（四）生产、科研创新型

企业只有在管理和技术上不断创新，才能适应市场和客户的需要。对于铁路测绘企业而言，只有不断进行创新，才能跟上高铁迅猛发展的国家需要、时代需要，通过技术创新和生产实践去解决发展中的问题，用测绘新技术更好地服务于高铁建设和运营。中国铁路提出“三个世界领先”的发展蓝图，需要包括测绘专业在内大量生产、科研创新型人才的支撑，以推动铁路行业整体技术进步。

（五）铁路“走出去”国际型

中国高铁不仅在国内取得世界瞩目的成就，同时中国铁路“走出去”，在非洲、东南亚、中东欧等地的项目取得重大进展，有的项目已建成通车。

共建“一带一路”的优先方向就是设施联通，铁路“走出去”及国外铁路工程建设离不开测量工作。近年来，铁路行业参与境外工程建设的人员逐年增加，对于服务“一带一路”及铁路“走出去”的国际型测绘技术人才也有很大的需求。

四　测绘人才培养方案建议

测绘人才培养方案包含的内容较多，这里仅从铁路企业需求的角度，从院校测绘专业定位和课程设置两个方面提出如下建议。

（一）院校测绘专业定位

培养测绘人才的院校可分三个梯次，第一为综合性高校，以学术研究型为主，培养本科以上学历高层次测绘人才；第二为铁路行业高校，培养专门从事铁路行业测绘技术工作的高级专门人才；第三为铁道职业类院校，培养从事生产一线测量的应用技能型人才。

1. 综合性高校

综合研究性高校应注重测绘基础理论、实践以及测绘最新前沿技术、测绘与其他学科交叉应用，加强国际交流，培养基础理论型、学术研究型、创新型高层次测绘人才。研究机构、铁路勘察设计企业可选择综合性高校测绘类专业毕业生。

2. 铁路行业高校

有铁路行业特色背景的高校应加强测绘学科与铁道工程类学科的融合、交叉研究和发展，测绘工程专业的培养方案和专业教材均应区别于综合性大学或测绘行业类院校，突出铁路行业专业应用特色，注重培养学生铁道工程背景、创新意识、实践操作能力、解决问题能力，培养铁路工程测量高级专门人才。铁路勘察设计和施工企业可选择铁路行业高校测绘类专业毕业生。

3. 铁道职业类院校

铁道职业类院校应注重培养学生应用操作技能、现场作业、解决问题能力，培养从事生产一线测量的高级应用技能型人才。如天津铁道职业技术学院在工程测量技术专业培养方案中，就提出立足高铁和城轨，为施工和运营企业培养高端技能型专门人才的明确目标。铁路施工、运营管理企业可选择铁道职业类院校测绘类专业毕业生。

（二）测绘专业课程设置

可设置基础课、主干专业课、行业应用特色课、实践课等必修课程，以及相关专业课、学科交叉应用课、人文艺术体育类等选修课程。

1. 基础课

包括人文政治社科、计算机应用及编程、外语等公共基础课，以及工程制图、测绘相关法律法规、测绘史等课程。

2. 主干专业课

包括大地测量、工程控制测量、GNSS 测量、测量平差及测量数据处理、工程测量、数字测图、摄影测量、地理信息系统、地图制图、遥感科学、变形监测等主干测绘专业课程。

3. 行业应用特色课

增设土木、铁道工程类相关课程，在基础测绘专业教材中应有针对性地编入测绘技术在铁路工程领域的应用和创新成果，开发铁路行业特色测绘课程，编制特色教材，如轨道测量、铁路控制测量、隧道和桥梁测量、铁路变形监测等方面的教材。

4. 实践课

包括测绘仪器操作、测绘技术方案设计，测绘相关数据处理软件应用，测量软件开发，各类测绘生产实习。

5. 相关专业课

包括海洋测绘、矿山测量、地球物理、地籍与土地测量、房产测量、测绘仪器、国外测量、测绘前沿新技术等相关课程。

6. 学科交叉应用课

包括人工智能、信息技术、虚拟现实、图像识别、数据挖掘、光电仪器等。

五　结语

到 2035 年，全国铁路网将达到 20 万千米左右，其中高铁达到 7 万千米左右。在未来的 15 年，还需要新建铁路近 6 万千米，其中高铁近 3.5 万千米，对测绘专业人才的需求仍然处在旺盛期，尤其铁路运营期测量对测绘人才的需求会越来越多。本文对铁路工程测量技术进行了现状分析和展望，结合铁路勘察设计企业、施工企业及运营维护管理企业中的测绘工作内容、特点，以及对测绘人才需求情况，对铁路行业实用型测绘人才的需求进行了深入分析，有针对性地提出了铁路行业测绘人才需求条件下院校测绘专业定位、测绘专业课程设置等测绘人才培养方面的建议，对铁路行业企业测绘人才的引进及测绘相关院校测绘人才培养有一定的借鉴意义。

参考文献

[1] 陆娅楠:《中国铁路营业里程超 14 万公里》,《人民日报》2020 年 8 月 10 日第 1 版。

[2] 安国栋:《高铁精密工程测量技术标准的研究与应用》,《铁道学报》2010 年第 2 期，第 98~104 页。

[3] 卢建康:《论我国高铁精密工程测量技术体系及特点》,《高铁技术》2010 年第 1 期，第 31~35 页。

[4] 汪志明、许才军、张朝龙、张小红:《信息化测绘下测绘工程专业人才培养的探讨》,《测绘工程》2014 年第 6 期，第 75~76 页。

[5] 中国铁路设计集团有限公司:《铁路工程测量手册》，人民交通出版社股份有限公司，2018。

[6] 商务部:《2018 年度中国对外直接投资统计公报》，2019 年 9 月。

[7] 中国国家铁路集团有限公司:《新时代交通强国铁路先行规划纲要》，2020 年 8 月。

高校学科篇

University and Subjects

B.10

关于摄影测量学科人才培养*

张祖勋　张永军**

摘　要：随着传感器和计算机技术的发展，摄影测量进入了时空大数据时代，对传统摄影测量行业的发展以及专业人才的培养，带来了新的机遇和挑战。本文首先介绍摄影测量学科的发展概况和趋势，从模拟摄影测量、解析摄影测量、数字摄影测量到智能摄影测量，然后讨论摄影测量在时空大数据时代的最新应用领域，并分析和

* 资助项目：地理信息强国人才战略研究，中国工程院咨询研究项目，编号 2019-ZD-16-04。

** 张祖勋，中国工程院院士，国际欧亚科学院院士，摄影测量与遥感学家，武汉大学教授，博士生导师，长期从事摄影测量与遥感的教学和研究工作；张永军，教授，博士，博士生导师，武汉大学遥感信息工程学院院长，研究方向为航空航天多源遥感数据多特征一体化摄影测量处理。

比较国内外摄影测量学科的人才培养模式，最后阐述人工智能新形势下摄影测量学科的人才培养新需求。

关键词：摄影测量　时空大数据　人工智能　人才培养

一　摄影测量发展概况及趋势

摄影测量是测绘学科的一个分支，通过传感器（相机、激光扫描仪等）对目标物体进行无接触测量，并获取物体在三维空间的位置、形状、属性以及运动等信息。地球空间信息技术与纳米技术、生物技术并称当今国际三大科技前沿领域，而摄影测量是地球空间信息学的核心之一。目前，摄影测量已经实现全球、全天时、空天地海一体化对地观测，广泛应用于国防军事、测绘制图、导航定位、抢险救灾、工程安全、农业、林业、环境保护等众多领域。

摄影测量学科的发展与传感器技术、计算机技术的发展紧密相连。伴随着新的空间信息需求、新的传感器 / 计算机技术的出现，摄影测量技术总是不断焕发新的活力和生命力。摄影测量在 100 多年的发展中，经历了模拟摄影测量、解析摄影测量和数字摄影测量三个阶段。模拟摄影测量依赖高精密的光学机械仪器，通过两根金属导杆代替同名像点的投影光线，并交会得到三维空间的物方点，如图 1（a）所示。在解析摄影测量时代，计算机应用于摄影测量的空中三角测量、区域网平差等环节，并控制像片盘的运动，交会得到物方点坐标，如图 1（b）所示。从 20 世纪 90 年代至今，随着新的计算机技术、传感器技术的发展，摄影测量迈入数字化时代，完全取代光学、机械部件，通过计算机 + 网络 + 各种摄影测量软件配置，自动实现空三匹配、区域网平差、三维点云生产等各个环节，能够在极大地解放生产力的同时，提高摄影测量产品精度，如图 1（c）所示。数字摄影测量系统的广泛普及，也大大降低了摄影测量的教学和人才培养成本。

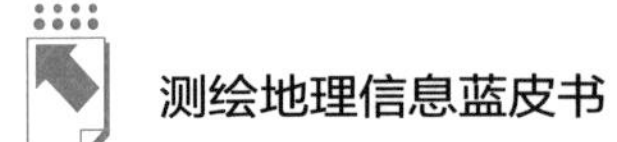

（a）模拟测图仪A8

（b）解析测图仪

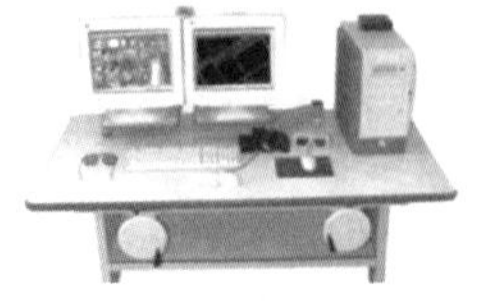
（c）数字摄影测量系统

图1 摄影测量三个发展阶段的典型仪器

近年来，随着计算机网络/通信技术、物联网、传感器等技术的发展，摄影测量学科所涉及的观测对象、观测平台、观测手段等均发生了巨大变化。观测对象从地表观测发展到行星、地下、水下目标的观测，从室外观测发展到室内观测；观测平台从航空航天、近景平台发展到卫星星座、无人机、汽车、监控摄像、手机等；观测方式也从可见光针孔摄影测量发展到全景、高光谱、激光、微波等技术。我们已经能够构建全球化、全天候、全天时、全角度和全分辨率的对地观测体系，并可以通过计算机网络来存储和共享数据，从而形成时空大数据。同时，随着人民生活水平的提高，无人自动驾驶、无人机快递、天基互联网、数字旅游、智慧城市、3D打印等，对空间信息的应用也提出了更高的需求。时空大数据和新的空间信息需求，对摄影测量现有理论和方法提出了巨大挑战，一方面为摄影测量学科的发展注入了强大的生命力，另一方面也促进摄影测量与其他相关学科进一步交叉和交流，促进摄影测量学科发展进入智能化、信息化时代。

二 摄影测量主要应用领域

摄影测量通过相机、激光等传感器，高精度地获取地物目标的三维信息，包括形状、大小、位置、属性等信息，因此在很多需要三维信息的应用领域均有着广泛的应用。传统摄影测量重点应用于测绘、军事国防、抢险救灾、智慧城市等领域，为政府决策和管理提供数据支持。随着时空大数据时代的来临，空间信息日趋大众化、民用化，从而大大拓展了摄影测量技术的应用范围。总的来说，可以将摄影测量的应用领域划分为政府、行业、企业、民用等四个方面。

（一）政府方面应用领域

摄影测量能够为智慧城市、智慧交通、智慧大楼、智慧机场等场景提供高精度的空间信息框架，为自然资源监测、生态环境变化、工程施工监督、目标轨迹分析等应用提供时空信息，为自然灾害的预警、分析和抢救提供有力的数据支持，为高精尖武器的无 GNSS 导航定位、虚拟战场等国防应用提供高精度三维地理信息，从而在政府管理决策、国防军事、抢险救灾等方面发挥巨大的作用。

（二）行业方面应用领域

摄影测量能够为一些行业的科学分析和发展提供必要的三维信息数据，例如在地球科学行业，可以提供地质沉降、冰川运动等三维地质数据；在分子化学行业，可以根据分子立体影像，重建分子的真实三维模型；在教育行业，可以为虚拟现实多媒体教学提供三维环境；在工程安全行业，能够为桥梁、滑坡的形变监测提供多时相三维数据；在农业林业，可以用于评估农产品、林木的长势和产量；在保险行业，可以为灾情分析、态势分析和决策提供数据支持；在天文学行业，可以测绘月球、火星等天体的三维地表，从而为空间站选址、陨石坑断层分析等问题的分析提供数据支持。

（三）企业方面应用领域

摄影测量学能够为一些高科技企业提供完整的三维空间框架，例如，能够为无人机巡航提供高精度导航地图，使得无人机能够提前躲避前方障碍物；能为无人驾驶汽车提供一双“眼睛”，实时感知行驶过程中的动态三维环境，为自主驾驶决策提供精准数据；为工厂机器人的安全巡检提供真实三维环境，提供最佳巡检路线；为智能制造企业提供零部件高精度实时在线视觉检测技术等。

（四）民用方面应用领域

摄影测量还能服务于日常生活领域，例如能够为游戏动画或者 3D 打印提供逼真的三维模型；能够为 3D 电影提供立体视差信息，特别是最近新发展起来的单像三维恢复技术，能够将已有的 2D 电影自动恢复成 3D 电影；能够为手机影像或视频数据三维重建提供技术支撑；同时，也能为一些虚拟现实应用，如数字商场、数字旅游、虚拟购物等提供真实的三维场景。

三　国内外人才培养模式

（一）国内人才培养模式

国内摄影测量学科的人才培养，注重培养学生的全面性和综合素质，使其成为社会主义现代化建设所需要的创新人才和领军人才。培养模式的核心在于培养学生正确的价值观、道德观以及社会责任感；培养学生正确的科学思维，学会发现问题、分析问题、解决问题，熟练运用摄影测量与遥感方面的知识和工具，解决工作中遇到的科学问题和工程问题；培养学生团队协作能力、较强的领导意识、国际视野以及沟通能力。为了培养综合素质全面的人才，同时兼顾学生个人的感兴趣方向，国内人才培养模式在设计课程时，通常会安排公共基础课程、通识教育课程、专业必修课程、专业选修课程、专业实践课程等。主要课程设置如下。

（1）公共基础课程，主要培养学生正确的人生观、价值观、道德观、国际交流能力以及专业课程所需的基础理论和知识，主要包括思想道德修养与法律基础、马克思主义基本原理概论、大学英语、高等数学、线性代数、概率论与数理统计等课程。

（2）通识教育课程，主要培养学生自然科学和人文社会科学基础，使其在工作中具有质量意识、环境意识和安全意识，具有良好的科学素养和人文素养，具有良好的美学设计基础。因此，通常会开设人文社科经典导引、自然科学经典导引、中华文化与世界文明、艺术体验与审美鉴赏等课程。

（3）专业必修课程，主要指为了培养学生的专业素养所必须学习的专业课程。在实际的摄影测量科学研究以及工程实践中，摄影测量学科与地理信息系统、遥感、图像处理等学科密切相关。因此为了增强学生的竞争力，除摄影测量相关学科作为专业必修课程以外，还将一些紧密联系的学科作为专业必修课程，如数据结构、遥感原理与方法、地理信息系统基础、计算机视觉与模式识别等课程。

（4）专业选修课程，主要根据摄影测量学科的不同方向，设置不同的专业选修课程，供学生结合个人兴趣进行选择，如航空与航天摄影、解析摄影测量、卫星摄影测量、数字摄影测量、近景摄影测量等，这些课程将使学生更聚焦且成体系地学习摄影测量的专门知识。

（5）专业实践课程，通过实际动手编程、专业仪器操作、专业软件操作等方式，加深学生对理论知识的理解，并锻炼解决复杂工程问题的能力。为了培养学生的综合实践能力，国内院校往往在摄影测量专业实践的基础上，开设计算机、测绘测图、遥感、地理信息系统等方向的专业实践课程。在专业实践方面，一般会为每个摄影测量专业选修课安排单独的专业实践课程，进一步强化学生在摄影测量细分领域的动手实践能力，同时会安排摄影测量综合实习，模拟测绘生产单位的摄影测量处理流程，进一步增强学生的工作能力和专业技能。

此外，国内摄影测量学科根据国家和社会发展需求，结合学生个人的职业规划，在研究生培养阶段设立了科学硕士和工程硕士两类培养方案，分别培养创新型和应用型人才。科学硕士培养方案的目标是培养具有坚实宽广的基础理论和系统深入的专业知识，能够在政府相关部门、科研院校、企事业单位从事摄影测量与遥感生产设计、规划、管理、科研和教学的高级专门人才。因此，在课程设置方面偏向于专业理论课程，如航空航天摄影测量、地理信息理论与技术、机器视觉测量、月球与行星测绘等。工程硕士培养方案的目标是解决测绘行业及相关工程部门高层次应用型、复合型人才紧缺的矛盾，培养面向生产第一线的高层次工程技术和工程管理人才。因此，工程硕士培养方案所设置的课程，重点安排专业应用、相关法律法规、工程管理等课程，如空间数据库理论与应用、摄影测量原理与应用、测绘管理与法律法规、GIS 软件工程等。为了进一步培养学生的科学思维、工程实践能力以及团队协作能力，国内培养模式会鼓励学生申报各类科研项目，以团队为单位，申请创新型或者应用型的课题，从项目申请、系统构建、测试加工、成果展示等各个方面，全面锻炼学生的综合能力。

综上所述，国内摄影测量学科的人才培养模式，注重学生的全面发展，培养学生在人生观、价值观、职业道德规范、工程知识、科学素养、设计 / 开发解决方案、环境意识、安全意识、团队合作、沟通交流、终身学习等方面的能力。并且，会结合学生个人的兴趣和职业规划，安排不同的培养方案。

（二）国外人才培养模式

以美国俄亥俄州立大学为例，介绍国外摄影测量学科的人才培养模式。随着摄影测量与其他领域的跨学科交叉日趋明显，国外摄影测量的学科建设也逐步融入其他学科的教学之中，如土木、交通、环境工程等。国外摄影测量学科的人才培养同样重视学生个人修养、价值观的培养，同时在专业领域课程安排上，给学生更大的自由选择权。其培养模式的核心在于：培养具有正确价值观、社会责任感，具有解决实际工程问题的能力以及科学的思维方式，学会做领导者，并善于团队协调沟通的创新性和应用型人才。国外培养模式采用渐进的方式，逐步培养相关专业的人才，因此呈现如图 2 所示的金字塔型人才培养模式，包括通识教育、工程核心教育、预备课教育及专业教课育四个层次。

国外的教育模式尽管也旨在培养综合素质全面发展的人才，但是由于具体国情、行业发展等区别，其具体的培养要求和培养模式仍然与我国存在明显的不同。国外培养模式在课程设置方面，更加侧重于应用实践，专业理论课程的多样性相对较少，而且，随着计算机科学、深度学习领域在国外的火热发展，摄影测量学科在课程设置方面往往与这些学科紧密相连，导致摄影测量学科在一定程度上缺少独立性。主要课程设置如下。

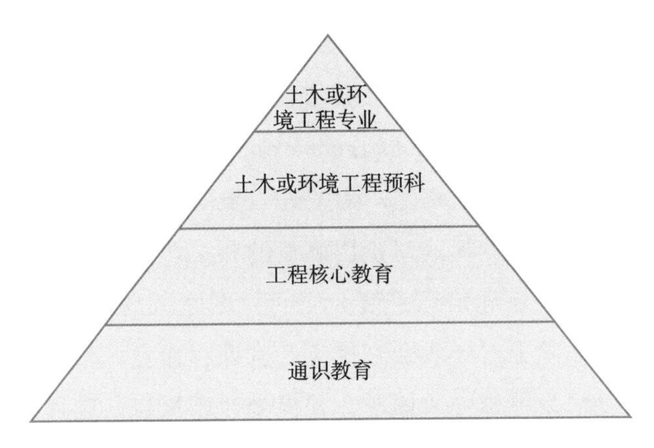

图2　国外人才培养的课程设置架构

（1）通识教育，指为了培养学生的综合素质，对所有专业的学生所共同开设的课程，全面培养学生的综合素质，包括英文写作、经济学、文学、美学、历史、体育，社会多样性，等等。

（2）工程核心教育，指培养工学人才所需要开设的一些公共基础课程，包括高等数学、工程学导论、物理、化学、自然科学选修、程序设计语言、机械工程学，等等。国外人才培养模式在工程核心教育方面，重视学生个体的灵活选择。例如，高等数学教育课程，学生们可以选择复杂的微积分，训练科学思维，为今后的科研工作打下坚实的理论基础；也可以选择相对简单的工程数学，作为工程项目中的有力工具。

（3）预备课教育，主要作为学习相关专业的入门课程。由于国外摄影测量学科的建设已经与其他学科逐步交叉，因此国外模式的预备课教育往往涉及比较广的范围，包括土木环境工程中的数值分析方法、测绘学导论、建筑工程及管理、水文工程、环境工程、交通工程和分析，等等。

（4）专业课教育，是指具体的专业课程，只有通过预备课教育的学生，才能允许选择相关的专业教育课程。由于摄影测量与其他学科的跨学科交叉日趋成熟，国外培养模式更多是将摄影测量作为一门技术来安排课程，往往比较概括地介绍摄影测量原理，一定程度上使得摄影测量学科的建设丧失了多样性。同时，随着计算机视觉和深度学习技术的火热，在安排摄影测量课程时，往往会结合计算机视觉和深度学习技术，例如摄影测量计算机视觉（Photogrammetric computer vision）、视频测量（Videogrammetry），等等。此外，为了进一步培养学生的专业素质，增强其专业竞争力，国外培养模式对摄影测量的相关学科也有课程安排，如环境遥感、GPS 原理、地理信息系统、空间数据库、高等测绘制图，等等。在这些专业课的教学上，一般会安排 4~5 次课程作业，教师安排课题，学生以个人或者以组为单位完成课题，并提交课题报告。这种方式一方面加深了学生对专业理论的理解，另一方面锻炼了学生动手能力和团队协作能力。此外，国外培养模式也会安排学生做测绘生产实习，来锻炼学生在实际工程项目中的解决问题能力。

为了进一步培养创新型和应用型的领军人才，国外培养模式成立了跨级学习、小组学习以及项目申报 / 参与制度，这些内容完成后，均可用于满足本科毕业的学分要求。其中，跨级学习制度允许本科学生申请研究生课程，并且所完成的研究生课程可以用于补充本科毕业所要求的学分；小组学习制度主要是通过学院专家在课堂上设置课题，学生以小组为单位进行讨论，学生团队完成课题后提交报告，可以获得相应的学分；项目申报 / 参与制度鼓励学生参与学院已有的项目，或者申报新的项目，并根据项目完成程度，获取相应的学分。

综上所述，随着摄影测量学科与其他学科之间的跨学科交叉日趋紧密，国外摄影测量学科的培养模式更加倾向于将摄影测量作为一门技术来安排课程，并在计算机视觉、深度学习的背景下讲述摄影测量原理，在增强摄影测量应用价值和技术更新的同时，也丧失了摄影测量作为一门学科的多样性和独立性。

（三）国内外人才培养模式的区别

国内外人才培养模式均强调学生的全面发展，包括：树立正确的价值观和人生观、培养良好的人文修养、塑造扎实的数学和专业基础，并根据学生的个人兴趣，安排科学类和工程类的课程。但是，由于具体国情和行业发展的需求不同，国内外人才培养模式仍然存在较为明显的区别。

（1）价值观导向差异。由于我国长期处于社会主义初级阶段，国内人才培养模式在价值观的培养方面，倾向于树立正确的世界观、人生观，坚定政治立场，拥护党的路线、方针和政策，为社会主义现代化建设做出卓越的贡献。而发达国家（如美国）的社会发展已经比较成熟，且学生往往来自世界各地，其人才培养模式更加偏重于社会多样性的包容和理解等方面的教育，从而维持国家和社会发展的稳定性。

（2）摄影测量多样性差异。国内摄影测量学科多样性高、内容丰富，可以根据摄影测量的发展阶段，开展解析摄影测量、数字摄影测量等课程；根据传感器平台，开设航空航天摄影测量、卫星摄影测量、近景摄影测量等课程；并根据测绘空间不同，开展月球测绘、行星测绘等。丰富的摄影测量课程，可以极大地充实学生的理论知识库，掌握摄影测量的应用领域，并可以在毕业后，直接投入到相关的行业领域。不过，这些课程间存在部分重复内容，从而影响学生的学习效率。另一方面，国外（如美国）人才培养模式更多地将摄影测量作为一门技术和工具来安排课程，因此仅仅概括地介绍摄影测量的基本原理，而不会分门别类地介绍不同方向的摄影测量体系。因此，在该模式下培养的摄影测量人才，毕业后踏上相关工作岗位，尚需要进一步结合岗位需求，进行摄影测量理论知识的补充和培训。

（3）课堂教学模式差异。国内摄影测量学科教学，大多数课堂容易出现教师“唱独角戏”的问题，学生参与度较低。教学考核一般采用“考勤 + 平时成绩 + 考试成绩”的模式，其中平时成绩多采用课后答题或者程序设计等形式，从而加深学生对课堂知识点的理解。但是，通过上述两种形式，教师很难掌握学生对知识点的具体理解程度。国外摄影测量学科教学，老师通过提问、课堂讨论等形式，激发学生的参与度，课堂气氛较为活跃。此外，在摄影测量授课中，会安排 4~5 次课题，学生以个人或者组队的形式完成这些课题，提交课题报告并在课堂上展示个人或者团队的成果，一方面加深学生对知识点的理解和掌握，另一方面加强对学生的科学训练，包括科学思维训练、写作能力训练以及团队沟通能力训练等。

（4）跨学科融合差异。随着时空大数据时代的来临，摄影测量学科与其他学科的跨学科交叉融合日趋明显。国内摄影测量培养模式在安排相关跨学科课程的同时，仍然保持摄影测量学科的特点和独立性。但是，随着国外计算机科学就业市场的火爆，国外很多学校在安排摄影测量课程时，会与摄影测量计算机视觉、视频测量等计算机视觉领域的课程结合，使得这些学校摄影测量学科的发展丧失了独立性。

（5）个人培养方案差异。国内、国外的摄影测量人才培养模式均重视学生的个人兴趣和未来职业规划，提供了创新型科研道路和应用型工程道路的路径。国内摄影测量学科根据创新型和应用型两种职业规划，分别制定两套不同的培养方案，学生根据自己的未来职业规划，自愿选择不同的培养方案。而方案一旦选定，就必须按照方案所设定的课程进行专业学习和训练。国外摄影测量模式则会给学生更大的自由选择权，该模式不会制定两套不同的培养方案，而是在课程安排上灵活变化。以数学为例，学生可以选择复杂的微积分，也可以选择相对简单的工程数学，完全满足日后的工程项目需要。但是，很多学生并不清楚自己真正需要的课程，因此往往需要聘请专业人士对课程进行统筹规划。此外，在硕士生培养方面，国外人才培养模式提供了课程硕士和学术硕士两个方案，课程硕士无需撰写毕业论文和答辩，只需要提交一份课题报告；而学术硕士需要撰写毕业论文，参与答辩，为攻读博士学位奠定基础。

四 人工智能新形势下人才培养探讨

目前，人类已经实现对空、天、地上、地下、水上、水下的目标进行全方位、全分辨率的对地观测。传感器平台也从传统的卫星、有人飞机，发展到手机、无人机、汽车等。目前，全世界每秒大约产生 25000 张照片，均可通过计算机网络进行共享和存储，这些数据呈现数据量大、共享方便、多时相、多分辨率、影像质量参差不齐等特征，因而，摄影测量进入了时空大数

据时代。此外，随着生活水平的日益提高，人们对三维智能时空数据的需求也与日俱增，例如智慧机场、无人机快递、无人机外卖、机器人巡检、无人驾驶、无人农业、无人超市，等等。为了适应时空大数据背景下新的智能化需求，摄影测量学科逐步进入智能摄影测量阶段。在人工智能新形势下，摄影测量学科的人才培养模式也需要与时俱进。在教学内容、专业实习以及课程安排上，要引入新技术、新方法以及新学科，从而培养既能够解决传统摄影测量领域的问题，又能够发展摄影测量的新技术、新方向，最终推动整个行业进步和社会发展的创新型和应用型人才。

（1）新的课程设置。为了发展智能摄影测量，首先需要了解和掌握深度学习的基础原理。因此，在公共基础课程中，可考虑安排《凸优化》等数学基础课，作为深度学习的预备课程。在专业课中，可以将计算机视觉、深度学习等人工智能相关课程设为专业选修课，供学生自由选择。

（2）新的教学内容。目前部分摄影测量的教材内容，仍然沿用数十年前的技术，有些已经无法应用于当前的工程实践和科学研究。为了更好地培养智能摄影测量新形势下的专业人才，需要更新摄影测量的教学内容。例如，在特征点的检测和匹配方面，在传统的相关系数方法基础上，可以介绍新颖的特征点检测和匹配方法的基本原理，如 KAZE 算法、基于深度学习的算法等；在区域网平差的解算方法方面，可以在传统的循环分块解法基础上，介绍共轭梯度法、最速下降法等计算机视觉领域的常用优化方法；在密集匹配方面，在半全局密集匹配等方法基础上，介绍最新的基于端到端网络的密集匹配方法；等等。

（3）新的实习实践。目前国内摄影测量培养方案中，学生的专业实习主要是学习如何进行摄影测量生产处理，包括相片内定向、相对定向、数字表面模型生成等。但是，随着传感器的日益增多，影像数据量的日益增加，传统处理技术已经无法适应现代化的摄影测量生产。因此，需要根据现在社会发展需求，设计新的实习实践课程，例如让学生亲自进行无人机数据采集，通过主流商业软件自动处理无人机数据，生产三维模型；学习如何对模型进行纹理映射、如何编辑三维模型；学习如何将模型导入 VR 眼镜，进行虚拟现实浏览；有条件的高校还可以让学生自主设计并制造各类新型成像传感器，用于实验数据获取；等等。

总之，随着时空大数据时代的来临，三维智能时空数据需求与日俱增，对现有摄影测量理论和方法带来了严峻的挑战。为了培养人工智能新形势下的摄影测量创新型高端人才，需要更多地与计算机视觉及深度学习领域进行跨学科交叉，进而激发摄影测量学科新的活力，为地理信息强国战略的实现贡献力量。

五　结束语

本文在介绍摄影测量发展历程和应用领域的基础上，分析比较了国内外摄影测量学科人才培养模式之间的差异。国内摄影测量学科门类丰富、种类齐全，但是部分学科之间的学习内容有部分重复，且部分课程没有结合摄影测量的最新发展趋势；国外摄影测量学科较为单一，且往往结合计算机视觉学科进入教学，但是国外摄影测量人才培养模式更加灵活，有多种渠道培养创新型和应用型人才。因此，可以为国内摄影测量学科的创新性人才培养模式提供一定的借鉴。最后，讨论了人工智能新形势下可能的人才培养举措，从课程设置、教学内容和实习实践三个方面，探讨了新的创新型人才培养机制。

参考文献

[1] 曹泊、王杰、张忱等:《遥感技术在现代冰川变化研究中的应用》,《遥感技术与应用》2011 年第 1 期，第 52~59 页。

[2] 李德仁:《摄影测量与遥感学的发展展望》,《武汉大学学报（信息科学版）》2008 年第 12 期，第 5~9 页。

[3] 李德仁:《展望大数据时代的地球空间信息学》,《测绘学报》2016 年第 4 期，

第 379~384 页。

[4] 宁津生、王正涛:《2012~2013 年测绘学科发展综合报告》,《测绘科学》2014 年第 2 期，第 3~10 页。

[5] 祁鑫:《遥感技术应用于农业保险业务模式创新》,《农技服务》2017 年第 14 期，第 177 页。

[6] 王解先、梅骁:《摄影测量在桥梁室内模型形变中的应用》,《工程勘察》2017 年第 2 期，第 57~60 页。

[7] 张祖勋:《数字摄影测量与计算机视觉》,《武汉大学学报（信息科学版）》2004 年第 12 期，第 1035~1039 页。

[8] 张祖勋:《从数字摄影测量工作站（DPW）到数字摄影测量网格（DPGrid）》,《武汉大学学报（信息科学版）》2007 年第 7 期，第 565~571 页。

[9] 张祖勋、吴媛:《摄影测量的信息化与智能化》,《测绘地理信息》2015 年第 4 期，第 1~5 页。

[10] 张祖勋、陶鹏杰:《谈大数据时代的“云控制”摄影测量》,《测绘学报》2017 年第 10 期，第 1238~1248 页。

[11] Amzallag, A., Vaillant, C., Jacob, M., et al., 2006. 3D reconstruction and comparison of shapes of DNA minicircles observed by cryo-electron microscopy. *Nucleic Acids Research*,18, e125.

[12] Candiago, S., Remondino, F., De Giglio, M., et al., 2015. Evaluating Multispectral Images and Vegetation Indices for Precision Farming Applications from UAV Images . *Remote Sensing*, 4, 4026-4047.

[13] Chang, J., Chen, Y., 2018. Pyramid Stereo Matching Network. Computer vision and pattern recognition, 5410-5418.

[14] Garg, R., Kumar, B.G., Carneiro, G., et al., 2016. Unsupervised CNN for Single View Depth Estimation: Geometry to the Rescue. European conference on computer vision, 740-756.

[15] Sons, M., Kinzig, C., Zanker, D., et al., 2019. An Approach for CNN-Based Feature Matching Towards Real-Time SLAM. International conference on intelligent

transportation systems, 1305-1310.

[16] Tareen, S.A.K., Saleem, Z., 2018. A comparative analysis of Sift, Surf, Kaze, Akaze, Orb, and Brisk. 2018 International Conference on Computing, Mathematics and Engineering Technologies (iCoMET) .

[17] The Ohio State University, 2019. The Ohio State University Civil, Environmental & Geodetic Engineering - Graduate Tracks . https://ceg.osu.edu/sites/default/files/uploads/cege_grad_track_geo_2019-20.pdf

[18] Xin X., Liu B., Di K., et al., 2020. Geometric Quality Assessment of Chang'E-2 Global DEM Product . *Remote Sensing*, 3.

B.11

遥感科学与技术的人才培养需求与培养模式探索*

龚健雅　秦　昆　龚　龑**

摘　要：遥感学科近年来得到蓬勃发展，遥感科学与技术新型交叉学科于2019年正式获批。遥感已经无处不在，各行各业对遥感科学与技术的人才需求旺盛。本文首先对遥感科学与技术的学科与专业发展沿革进行了分析，其次对遥感科学与技术的人才培养需求进行了分析，再次对遥感科学与技术的人才培养现状及培养模式进行探索，最后对遥感科学与技术的人才培养需求和培养模式进行了展望。

关键词：遥感学科　遥感科学与技术　人才需求　培养模式　交叉学科

2001年，武汉大学成功申请并获批了我国第一个遥感科学与技术本科专业，2002年首届招生182人。2019年，遥感科学与技术新型交叉学科正式获批。遥感科学与技术已经形成了从本科到硕士到博士的完整的人才培养体系。遥感学科得到了蓬勃发展，遥感已经无处不在。遥感科学与技术已经在遥感、

* 项目支持：地理信息强国人才战略研究，中国工程院咨询研究项目，编号2019-ZD-16-04。

** 龚健雅，中国科学院院士，武汉大学遥感信息工程学院，教授，长期从事地理信息理论和几何遥感的教学与研究工作；秦昆，武汉大学遥感信息工程学院，教授，研究方向为时空大数据分析与挖掘、遥感图像智能处理、空间人文与社会地理计算；龚龑，武汉大学遥感信息工程学院副院长，教授，研究方向为定量遥感与农业遥感。

测绘、电力、国土、城市规划、水利、交通、信息化，以及军事和国防等各行各业和领域得到了广泛应用，具有巨大的人才需求，同时也对遥感科学与技术的人才培养模式提出了一些新的更高的要求。本文对遥感科学与技术的人才培养需求和培养模式进行分析和探讨，旨在为促进遥感科学与技术的学科发展、社会应用以及人才培养提供参考。

一　学科和专业发展沿革

遥感科学与技术学科由摄影测量与遥感学科演化而来。1904 年，清朝政府在北京建立京师陆军测绘学堂，开始了中国近代测绘教育。1932 年，同济大学在工学院内增设测量系科，开始大地测量与摄影测量高级技术人才培养。1956 年，武汉测量制图学院正式成立，合并了清华大学、同济大学、天津大学、华南工学院、南京工学院和青岛工学院的相关测量专业。1956 年开设航空摄影测量专业，招收首届学生 296 人。在我国摄影测量与遥感学科奠基人王之卓院士的带领下，摄影测量学科和专业建设开始发展。20 世纪 70 年代末，王之卓教授在世界上率先提出了全数字自动化测图的构想，开始领导实施航空摄影测量专业系列课程改造工程，将航空摄影测量专业改造为摄影测量与遥感专业，并于 1984 年正式更名。我国摄影测量教育开始由单一的摄影测量技术向摄影测量与遥感学科方向发展。20 世纪 80 年代初期，地理信息系统在中国得到了快速发展。1988 年，武汉测绘科技大学航测与遥感系增设信息工程专业地理信息系统方向（Geographic Information System，简称 GIS），是全国第一个设置本科专业培养 GIS 本科人才的高校。20 世纪 90 年代，地理信息系统开始与遥感以及全球定位技术相结合。摄影测量与遥感专业教育实现了由航空摄影测量技术向 3S（RS: Remote Sensing, GIS: Geographic Information System, GNSS: Global Navigation Satellite System）集成理论与技术的科研和教育方向发展。21 世纪以来，摄影测量与遥感学科同空间科学、宇航科学、电子科学、地球科学、计算机科学以及其他学科交叉渗透、相互融合，已逐渐发展为一门新型的地球空间信息学科。2001

年武汉大学成功申请并获批了我国第一个遥感科学与技术专业。2002 年首届招生 182 人。武汉大学的遥感科学与技术专业 2007 年入选国家特色专业，2008 年入选湖北省品牌专业，2008 年入选国家级教学团队，2011 年入选教育部“卓越工程师教育培养计划”，2016 年获批国家级实验教学示范中心，2017 年获批教育部首批新工科建设项目，2018 年开始按照遥感科学与技术类培养方案进行大类招生和培养，2019 年获批首批国家级一流本科专业。2019 年，遥感科学与技术一级学科正式获批，同时在武汉大学增设了遥感科学与技术的硕士点和博士点，并于 2020 年招收了遥感科学与技术专业的首届博士生 13 名。

长安大学于 2002 年与武汉大学一起招收了遥感科学与技术专业的首届本科生 31 人，并于 2019 年获批国家级一流本科专业。至今，全国招收遥感科学与技术专业本科生的高校已经达到了 49 所，并且每年都有所增加，分布在全国 19 个省（直辖市、自治区）。遥感科学与技术本科专业具体信息如表 1 所示。

表 1　遥感科学与技术本科专业的普通高校分布

地区	学校数（所）	省（直辖市、自治区）	学校数（所）	学校名称
华北地区	8	北京市	4	中国矿业大学（北京）、北京航空航天大学、北京建筑大学、首都师范大学
		河北省	3	北华航天工业学院、河北工程大学、河北地质大学
		山西省	1	山西工程技术学院
华东地区	13	山东省	6	山东科技大学、山东交通学院、山东师范大学、山东农业大学、山东农业工程学院、山东建筑大学
		江苏省	5	南京信息工程大学、江苏师范大学、南京信息工程大学滨江学院、南京工业大学、河海大学
		安徽省	2	安徽理工大学、宿州学院
东北地区	7	辽宁省	2	辽宁工程技术大学、辽宁科技学院
		吉林省	2	吉林建筑大学、吉林建筑科技学院
		黑龙江省	3	哈尔滨工业大学、黑龙江工程学院、黑龙江工业学院

续表

地区	学校数（所）	省（直辖市、自治区）	学校数（所）	学校名称
华中地区	10	湖北省	4	武汉大学、中国地质大学（武汉）、湖北理工学院、武昌理工学院
		河南省	4	河南理工大学、河南城建学院、河南工程学院、郑州大学
		湖南省	1	中南大学
		江西省	1	东华理工大学
华南地区	2	广东省	1	中山大学
		广西壮族自治区	1	桂林理工大学
西南地区	4	四川省	4	西南交通大学、成都理工大学、成都信息工程大学、绵阳师范学院
西北地区	5	陕西省	3	西安电子科技大学、长安大学、西安科技大学
		甘肃省	1	兰州交通大学
		新疆维吾尔自治区	1	新疆大学

资料来源：微信公众号“慧天地”,《全国具有测绘工程、地理信息科学、遥感科学与技术、导航工程、地理空间信息工程本科专业的普通高校名单》，2020年3月6日。

开设遥感科学与技术本科专业的49所高校，分别基于各校的专业背景，以及前期的专业建设积累，从不同的角度、不同的层面建设遥感科学与技术专业。大致可以划分为以下几种类型。

1）以摄影测量与遥感为背景，如武汉大学的遥感科学与技术专业。

2）以测绘为背景，如河南理工大学、中南大学、长安大学、西安科技大学、东华理工大学等。

3）以电子信息为背景，如西安电子科技大学。

4）以航天工程为背景，如北京航空航天大学、北华航天工业学院等。

5）以师范为背景，如首都师范大学、山东师范大学、江苏师范大学、绵阳师范学院等。

6）以领域应用为背景，如以气象为背景的南京信息工程大学；以交通为背景的山东交通学院、西南交通大学、兰州交通大学等；以地质和矿产为背景的中国矿业大学（北京）、河北地质大学、中国地质大学（武汉）等；以建筑和城建为背景的北京建筑大学、吉林建筑科技学院、河南城建学院等；以农业为背景的山东农业大学、山东农业工程学院等。

7）其他。

二　遥感科学与技术的人才培养需求分析

本文根据遥感学科的发展方向，从8个方面对遥感科学与技术的人才培养需求进行分析。传统的遥感主要集中于测绘领域，主要是从事几何遥感以及遥感数据处理方面的研究和应用。随着遥感学科的发展，定量遥感、遥感传感器的研制与应用、遥感大数据分析，以及遥感应用建模等遥感科学与技术的学科分支得到了蓬勃发展，在这些方面的人才需求也越来越旺盛。

（一）遥感数据处理人才的需求分析

遥感数据处理是传统遥感的主要业务领域，主要是对遥感数据进行几何处理，包括纠正校准、拼接镶嵌、色彩调整、匹配融合、坐标变换、分类提取等。特别是遥感影像的变化检测、基于遥感影像的数据库更新成为基础地理信息数据更新的主要途径。传统的遥感数据几何处理、基于遥感影像的数据更新急需大量的遥感数据处理人才。

（二）遥感数据分析与挖掘人才的需求分析

随着遥感数据越来越丰富，我们积累了海量的遥感数据，如何对这些遥感数据进行分析和挖掘，从海量的遥感数据中提取信息、挖掘知识并进行辅助决策成为迫切的业务需求，急需大量的遥感数据分析与挖掘人才。

（三）遥感传感器及卫星研制人才的需求分析

遥感传感器的研制是遥感数据获取的瓶颈，我国在这方面相对世界先进国家还有很大差距，急需培养研制遥感仪器和传感器的人才。遥感传感器包括可见光传感器、紫外传感器、红外传感器、激光传感器、微波传感器。遥感传感器可分为成像传感器和非成像传感器两类。还有更多检测环境信息的传感器，如声纳传感器、微波辐射计、雷达传感器等。急需培养能够研制这些遥感仪器和传感器的人才。武汉大学成立了宇航科学与技术研究院，重点发展遥感卫星平台和遥感传感器，致力于搭建这两个领域的研究和人才培养基地。

（四）定量遥感的人才需求分析

定量遥感是指从遥感观测数据中定量估算地球环境要素，通常所说的定量遥感指陆表定量遥感，包括定量遥感的数据处理方法（云与阴影识别、大气校正、地形校正）、辐射传输建模、陆表特征变量估算验证与应用等。定量遥感是遥感科学与技术发展的基础和前提，急需培养能够开展定量遥感研究与应用的人才。

（五）计算机视觉与人工智能人才的需求分析

随着计算机视觉、深度学习、人工智能等研究方向的深入发展，摄影测量、遥感、时空分析与人工智能的联系越来越紧密，计算机视觉、人工智能等在遥感科学与技术学科各分支得到了深入应用和蓬勃发展。遥感科学与技术学科的发展与机器学习和计算机视觉的关系越来越紧密，摄影测量未来发展的必由之路，是与计算机视觉、人工智能等学科的进一步交叉融合。因此，迫切需要培养既懂摄影测量与遥感，又掌握计算机视觉与人工智能的人才。面向智能时代的教育已经成为我国跻身创新型国家前列和经济强国的重要抓手，本科生的智能课程体系设置和新形态教材的制定与开发是一项刻不容缓的巨大工程。

（六）遥感应用人才的需求分析

遥感的应用无所不在，在农业、林业、国土、城规、电力、水利等各相关领域得到了广泛应用，迫切需要培养各类遥感应用人才。遥感应用人才既需要掌握遥感科学与技术领域的知识和技能，也应熟悉相关应用领域的业务需求和应用模型。

（七）遥感平台及地理信息工程开发人才的需求分析

国产遥感软件、国产 GIS 软件的研发已经成为迫切需求。研制遥感数据处理、分析、挖掘与应用的遥感软件平台，并结合地理信息工程开发，急需大量既掌握遥感科学知识，又具有丰富软件设计与开发经验的工程技术人才。

（八）跨学科人才需求分析

遥感学科与其他相关学科关系密切，通过学科交叉融合产生了诸多新的学科方向。例如，武汉大学遥感信息工程学院同经济与管理学院合作，正培养遥感经济方向的跨学科人才；与电子信息学院合作培养遥感仪器方向的跨学科人才；与计算机学院、电子信息学院合作，开展人工智能、机器人、无人驾驶方向的研究与人才培养；与社会学院、经济与管理学院、数学与统计学院等合作开展社会经济信息感知与时空大数据分析的研究和人才培养等。遥感学科的大学教育作为人才培养的基础和摇篮，孕育产生了大量跨学科就业的优秀毕业生，他们除了具备扎实专业知识，还具备良好的通识教育知识水平、宽广的知识视野和综合素质。

三　遥感科学与技术人才的培养模式探索

遥感科学与技术已经形成了本科、硕士、博士的完整人才培养体系。遥感科学与技术本科专业已有近 20 年的人才培养历史，遥感科学与技术的硕士点、博士点于 2019 年在武汉大学首次设立。武汉大学于 2020 年招收了首届

13名遥感科学与技术专业的博士生。针对遥感科学与技术的多学科交叉特色，以武汉大学的遥感科学与技术类本科人才培养方案为例，对遥感科学与技术的人才培养模式进行讨论。

（一）宽口径、厚基础的本科人才培养方案和引领示范作用的课程体系

培养方案是人才培养的重要基础和总体设计，具有十分重要的作用。武汉大学遥感信息工程学院的遥感科学与技术类培养方案从2016年开始，耗时两年多，经过多方征求意见、多次研讨制定而成，形成具有宽口径、厚基础特色的遥感科学与技术大类培养方案，并构建了具有引领示范作用的课程体系。

1. 培养目标

遥感科学与技术类专业培养适应社会主义现代化建设需要，德、智、体、美、劳全面发展，具备坚实的自然科学和人文社会科学基础，具有较强的领导意识、创新能力、持续学习能力和国际化视野，受到严格科学思维训练，掌握遥感科学的基本理论、方法和技术，具有空间信息获取、处理、分析和应用的专业知识，能够在测绘、遥感、电力、国土、城市规划、水利、交通、环保、应急等领域，从事遥感、摄影测量、地理信息工程、自然资源监测等方面的生产、设计、规划及有关教学、科研和管理工作，具备研究与解决遥感科学与技术类复杂工程问题能力的拔尖创新人才和领军人才。

本专业学生毕业5年左右应达到的具体培养目标如下。

培养目标1：具备良好的敬业精神、社会责任感和工程职业道德，并且具有较强的领导意识、创新能力、持续学习能力和国际化视野。

培养目标2：具备坚实的自然科学和人文社会科学基础，在工作中具有质量意识、环境意识和安全意识，能积极服务国家与社会。

培养目标3：具有严格的科学思维，具备较强的计算机等现代工具应用能力，能够综合运用数学、自然科学、工程基础和专业知识，分析并解决遥感科学与技术相关领域的科学与工程问题。

培养目标 4：能在遥感技术及应用、摄影测量与应用、地理信息工程开发与应用、卫星定位导航、资源与环境调查与应用等领域从事生产、设计、开发、研究、教学及管理等工作，具有较强的社会竞争力。

培养目标 5：具备工程项目管理、良好的沟通表达、团队组织与协作等方面的能力，能够做到自主学习和终身学习。

2. 培养要求

围绕培养目标，并根据工程教育专业认证的要求，武汉大学遥感科学与技术类专业要求毕业生应具备以下各方面的知识、能力和素质。

（1）掌握扎实的数学、物理、地理、计算机等方面的基础理论及知识，具有系统而扎实的遥感科学与技术类专业领域所要求的基础理论知识和基本技能，并能应用于遥感领域的复杂工程问题。

（2）具有发现问题、分析问题和解决问题的能力；能够综合运用遥感科学的基础理论知识研究遥感领域的复杂工程问题，并得到有效结论。

（3）受到遥感领域系统的专业技能训练，能够根据所学遥感科学与技术类知识和技术实践经验，创新性地设计针对遥感领域复杂工程问题的解决方案；熟悉国家及有关部委颁布的各项专业规范和技术指标体系，设计过程中能够综合考虑经济、环境、法律、安全、健康、伦理等因素。

（4）掌握扎实的遥感科学基础理论和研究方法，能够针对遥感领域的复杂工程问题进行研究，能够产生独特、新颖和有社会价值的创新意识、创新思维和创新技能，具备解决空间信息分析、表达与应用问题的能力。

（5）能够充分运用现代通信传输设备进行信息交流和处理，具备利用计算机、各种数字设备进行现代信息交流的能力；在传统文献资源基础上，能够充分利用图书馆资源、互联网资源、移动终端信息资源获取遥感学科领域知识和了解最新研究进展；具有较强的计算机操作能力。

（6）能够基于遥感、摄影测量、地理信息工程、地理国情监测、数字技术的相关知识分析、评价专业工程实践和复杂工程问题解决方案对社会、健康、安全、法律以及文化的影响，并理解应承担的责任。

（7）能够综合利用遥感基础知识和技术，研究全球地理信息资源、全球变化、环境污染、社会可持续发展等问题，并能够理解这些工程活动与环境和可持续发展的关系。

（8）具有正确的政治立场、政治观念、政治态度及政治信仰；具备较高的思想道德素质，具有较强的社会责任感；懂得基本的法律知识，具有法制观念和法律思维能力；掌握一定的人文社科基础知识，具有较好的人文修养；了解遥感行业领域的政策、法规、行业标准，受到严格的科学思维训练。

（9）遵守社会公德，诚信为人；思想活跃、有进取心，有健全的人格，具有美学欣赏能力；具备良好的身体素质、心理素质；具有团队协作精神，具备领导他人以及被他人领导的能力。

（10）能较熟练地运用外语阅读专业期刊和进行文献检索，有较好的外语交流和科技写作能力；具有撰写分析报告和设计文稿的能力；具有一定的演讲、陈述发言、讨论的能力；善于与他人进行沟通交流；具有国际化视野、现代意识和健康的人际交往意识。

（11）理解并掌握遥感信息工程管理的原理和经济决策方法，并能够在多学科环境中应用；具备一定的项目组织和参与项目管理的能力。

（12）具有良好的自学习惯和能力，具有终身学习意识；具有较强的计算机及信息技术应用能力；具有独立分析、探索、实践、质疑遥感学科相关内容的学习能力。

3. 课程体系

武汉大学遥感科学与技术类本科人才培养方案包括6个方向模块，分别为：遥感科学与技术专业遥感信息方向（A模块）；遥感科学与技术专业摄影测量方向（B模块）；遥感科学与技术专业地理信息工程方向（C模块）；遥感科学与技术专业遥感仪器方向（D模块）；地理国情监测专业（E模块）；空间信息与数字技术专业（F模块）。其中，A、B、C、D四个模块都属于遥感科学与技术专业。E模块对应地理国情监测专业，是2012年在武汉大学首次招生的全国第一个地理国情监测专业。遥感科学与技术专业、地理国情监测专业均属于工学测绘类专业。F模块对应空间信息与数字技术专业，是

2004年在武汉大学首次招生的全国第一个空间信息与数字技术专业，属于工学计算机类专业。

武汉大学遥感科学与技术类本科人才培养方案的课程体系由以下10个部分组成:（1）公共基础课程（必修）;（2）通识教育课程（必修/选修）;（3）专业大类平台课程（必修）;（4）专业大类平台实践课程（必修）;（5）毕业论文/设计（必修）;（6）各模块的专业课程（指定选修）;（7）各模块的专业实践课程（指定选修）;（8）专业选修课程（平台型，任意选修）;（9）专业选修课程（专业型，任意选修）;（10）专业实践选修课程（任意选修）。

课程体系的具体解释说明如下。

（1）公共基础课程（必修）：公共基础课要求必修学分53学分，包括：毛泽东思想和中国特色社会主义理论体系概论、马克思主义基本原理概论、思想道德修养与法律基础、中国近现代史纲要、形势与政策、体育、军事理论与训练、大学英语、高等数学A、线性代数B、概率论与数理统计B、大学物理B。

（2）通识教育课程（必修/选修）：通识教育课程要求至少12学分，包括两门必修的基础通识课程（人文社科经典导引、自然科学经典导引），以及4个模块（中华文化与世界文明、艺术体验与审美鉴赏、社会科学与现代社会、科学精神与生命关怀）的核心通识课程或一般通识课程。

（3）专业大类平台课程（必修）：根据宽口径、厚基础的人才培养原则，专业平台课程是所有6个模块必修的课程，共8门20学分，含课间实习1.5学分。包括：普通测量学、数据结构与算法、遥感物理基础、数字图像处理、空间数据误差处理、遥感原理与方法、地理信息系统基础、计算机视觉与模式识别。

（4）专业大类平台实践课程（必修）：专业大类平台实践课程是所有6个模块必修的实践课程，共8门12学分，包括：计算机原理及编程基础、面向对象的程序设计、数据结构与算法课程实习、数字测图与GNSS测量综合实习、数字图像处理课程设计、遥感原理与方法课程设计、地理信息系统基础课程实习、摄影测量学课程实习。

（5）毕业论文/设计（必修）：毕业论文/设计6学分，一般安排在第7

学期和第 8 学期完成。

（6）各模块的专业课程（指定选修）：根据各模块的专业方向特点，设置具有专业方向特色的各模块的专业方向核心课程，均由 6 门课程 15 学分组成。

A 模块（遥感科学与技术专业遥感信息方向）包括：信号处理与分析、遥感传感器原理、摄影测量学、遥感图像解译、定量遥感、微波遥感。

B 模块（遥感科学与技术专业摄影测量方向）包括：航空与航天遥感、解析摄影测量、遥感图像解译、数字摄影测量、卫星摄影测量、近景摄影测量。

C 模块（遥感科学与技术专业地理信息工程方向）包括：计算机图形学、摄影测量学、空间数据库、空间数据分析、网络 GIS、GIS 工程设计与开发。

D 模块（遥感科学与技术专业遥感仪器方向）包括：信号处理与分析、工程光学、微机接口、电子线路基础（上）、电子线路基础（下）、精密机械设计基础。

E 模块（地理国情监测专业）包括：地理监测原理与方法、时空数据库、地理调查方法与编码、地理变化检测与分析、地理国情分析与建模、地理国情专题制图与可视化。

F 模块（空间信息与数字技术专业）包括：数字工程软件架构、时空数据处理与组织、信息系统集成与管理、空间信息感知与应用、空间智能计算与服务、时空数据分析与挖掘。

（7）各模块的专业实践课程（指定选修）：根据各模块的专业方向特点，设置具有专业方向特色的各模块的专业方向核心实践课，均由 8 学分组成。

A 模块包括：遥感图像解译课程实习、定量遥感课程设计、微波遥感课程实习、遥感综合实习。

B 模块包括：解析摄影测量课程设计、数字摄影测量课程设计、近景摄影测量课程设计、摄影测量综合实习。

C 模块包括：计算机图形学课程设计、空间数据库课程设计、网络 GIS 课程设计、GIS 工程设计与开发课程实习、空间数据分析课程实习、GIS 综合实习。

D 模块包括：工程光学课程实习、电子线路基础课程实习、精密机械设计基础课程、遥感仪器设计综合实习、生产实践 D（服务学习）。

E 模块包括：时空数据库课程设计、地理调查方法与编码课程实习、地理国情分析与建模课程实习、地理国情监测综合实习、生产实践 E（服务学习）。

F 模块包括：时空数据处理与组织课程实习、信息系统集成与管理课程实习、空间信息感知与应用课程实习、空间智能计算与服务课程实习、时空数据分析与挖掘课程实习、空间信息数字工程综合实习。

（8）专业选修课程（平台型，任意选修）：平台型专业选修课程要求选修 6 学分以上。具体课程包括：测绘学概论、专业导论（新生研讨课）、地图学、自然地理、经济与人文地理、数据库原理及应用、GNSS 原理及应用、大地测量学基础、计算机网络与应用、测绘地理信息法律法规、科技写作（双语）、Practices and Applications of Geoinformatics、Intelligent Processing and Analysis for Geospatial Imagery、Selected Topics in Remote Sensing and Information Engineering、Smart City and 3D City Modelling、Spatial Statistics and Spatial Data Science、Comprehensive Applications of National Geo-information、Location-Based Services: Fundamentals and Applications。

（9）专业选修课程（专业型，任意选修），包括：摄影测量学、遥感图像解译、高光谱遥感、激光与红外遥感、地理信息网络服务、虚拟现实技术、地表覆盖与土地利用、软件工程、人工智能与机器学习、空间信息工程技术、数学物理方法、社会学概论、光电测量仪器、微处理器设计、光电器件及系统、遥感应用模型、大气与海洋遥感、环境保护与规划、土地管理与地籍测量、传感器网络、高性能地理计算、地理建模方法、智慧城市、地理监测与应用、光学测试技术、微光与红外成像技术、空间信息移动编程、数据挖掘与大数据分析、前沿知识讲座、计算社会学与社会地理计算（双语）、当代摄影测量、GIS 可视化技术（双语）。

（10）专业实践选修课程（任意选修）：提供了丰富的专业实践任意选修课程，要求最低选修 2 学分以上。包括：数据库原理及应用课程实习、Java 网络程序设计、Matlab 编程、物理实验 B、Python 与 R 语言编程、遥感图像解译课程实习、传感器网络课程设计、3D 技术与应用、多传感器集成与移动测量、无人机遥感、生产实践（服务学习）。

总体要求：

必要取得的总学分为 140 学分。其中，通识教育课程学分≥ 12，占总学分≥ 8%；大类平台课程 20 学分，占总学分的 14%；实践教学 37 学分，占总学分的 26%（实践教学学时：888，占总学时的：35%）；选修课 45 学分，占总学分的 32%。

（二）一流的师资队伍建设

师资队伍建设是专业建设和人才培养的重要基础。面对国内外遥感科学与技术的迅猛发展，在学科交叉、知识更迭加速、遥感产业格局深层次变革的形势下，针对一流人才培养体系对国际视野的人才培养要求，采取国际高水平大学人才引进、本校教师培养与派遣到国际高水平大学留学访问相结合的策略，构建具有国际视野的一流师资队伍与获批国家级教学团队。

（三）具有引领示范作用的教材体系

面对遥感科学与技术与相关学科的交叉渗透，特别是国家和学校层面相继开展的一系列教学改革举措，面向大遥感人才培养的课程体系和教材体系建设迫在眉睫。迫切需要依托遥感科学与技术的世界一流学科优势，既要考虑学科发展和学术前沿，也要考虑新工科建设和工程教育认证所提出的人才培养要求，从而构建具有引领示范作用的课程体系。围绕课程体系建设，规划出版两套系列教材：高等学校遥感科学与技术系列教材、高等学校遥感信息工程实践与创新系列教材。

（四）面向新工科的遥感信息工程实验教学

以遥感科学与技术世界一流学科、一流专业为基础，以遥感科学与技术专业实施“卓越工程师计划”专业综合改革为契机，通过整合学科和专业的优势资源、教学科研协同，建设了全国第一个遥感信息工程国家级实验教学示范中心，构建了包括理论与方法基础实验、专业技能综合实验、科研探索设计实验、自主创新应用实验的分阶段、多层次、广关联、全方位的实验教学体系。建立了面向新工科的实践教育体系和创新实践平台，深化实验教学改革与创新，培养了一批创新能力强、适应经济社会发展和产业结构调整需要的遥感科学与技术一流人才。

（五）学科建设与专业建设双向驱动

建设一流大学、培养一流人才的前提是建设一流的学科、一流的本科和一流的专业。其中，一流学科是条件、一流本科是根本、一流专业是基础。通过探讨科研与教学的相互支撑问题、学科建设与本科建设的相辅相成问题，提出了科研反哺教学、学科建设支撑专业建设、专业建设促进学科发展的一流学科建设与一流本科建设相互融合与协同发展的理念。

（六）学术前沿的教学引领机制

作为新兴的交叉学科，遥感科学与技术从产生之初就深深植根于国内外相关学科前沿技术的沃土，该学科的显著特点之一，是学术前沿的动态会以较短的迭代周期影响相关产业和国家经济社会发展。高分专项、新型传感器、北斗系统和新型互联网等技术已广泛影响人才需求，在人才培养实践中已逐步形成对教学的引领机制。着眼学术前沿、注重重大科研成果的教学效应，并及时调整人才培养的具体措施是遥感科学与技术学科需要继续坚持的传统。

四　总结与讨论

遥感科学与技术一级学科已经正式获批，遥感学科得到了蓬勃发展，遥感已经无所不在。本文对遥感科学与技术的人才需求进行了分析，并进一步探索了遥感科学与技术人才的培养模式。我们在保持传统的几何遥感、遥感数据处理优势的同时，必须大力发展定量遥感、物理遥感、遥感传感器等方向，大力推进遥感科学与技术在各相关领域的应用。遥感人才的培养要与时俱进，及时调整遥感科学与技术人才的培养方案，并放眼全球，培养具有国际视野的拔尖创新人才和领军人才。

参考文献

[1] 龚健雅:《建设新时代世界一流学科》,《中国测绘报》2018 年 7 月 13 日第 3 版。

[2] 宫鹏:《对遥感科学应用的一点看法》,《遥感学报》2019 年第 4 期，第 567~569 页。

[3] 梁顺林、白瑞等:《2019 年中国陆表定量遥感发展综述》,《遥感学报》2020 年第 6 期，第 618~671 页。

[4] 龚健雅、季顺平:《从摄影测量到计算机视觉》,《武汉大学学报（信息科学版）》2017 年第 11 期，第 1518~1522、1615 页。

[5] 龚健雅、季顺平:《摄影测量与深度学习》,《测绘学报》2018 年第 6 期，第 693~704 页。

[6] 李德毅、马楠、秦昆:《智能时代的教育》,《高等工程教育研究》2018 年第 5 期，第 5~10 页。

[7] 李刚、秦昆、万幼川、石文轩:《面向新工科的遥感实验教学改革》,《高等工程教育研究》2019 年第 3 期，第 40~46 页。

B.12
高校测绘地理信息创新型人才培养思考

李清泉　黄正东*

摘　要：物联网、大数据、人工智能等技术革新，以及动态监测、自动建模、出行服务等应用需求催生了测绘地理信息学科的转型升级，从而对从业人员知识体系和能力提出了新的需求。本文梳理了近年来测量学与位置服务、遥感技术及其应用、地图学与地理信息技术等学科领域的发展状况及趋势，指出在学科自身发展和外部要素综合作用下，测绘地理信息学科的改革创新是必由之路。结合未来人才素质需求，对高校测绘地理信息教育提出四点建议，即测绘地理信息基础理论方法教育的创新、多学科交叉的新工科培养模式、面向国家需求的应用导向，以及培养体系的综合创新。

关键词：测绘科学与技术　信息通信　大数据　人工智能　新工科

一　概述

测绘科学与技术正面临全面的转型升级，即从传统测绘学向地理（地球）空间信息学演变，形成利用航天、航空、近地、地面和海洋等多种空间数据获取平台，以及空间数据处理、分析及服务等综合应用体系。[1]在大数据时代，面向多尺度、个性化、智能化、全天候的测绘服务型需求，通过集成通

* 李清泉，博士，教授，博士生导师，深圳大学党委书记、校长，主要从事精密工程测量及高端装备、城市空间信息工程等方面的研究；黄正东，博士，教授，博士生导师，深圳大学智慧城市研究院常务副院长，主要从事地理信息系统、城市交通等方面的研究。

信、导航、遥感、人工智能、虚拟现实等多学科优势，测绘学科将发展成为地球空间信息工程和智能服务科学。[2, 3]以信息化、智能化、泛在化为新特征的测绘与地理信息人才培养，是高校测绘地理信息教育面临的重要课题。为此，需要把握测绘、遥感、地理信息及相关学科的发展状况和趋势，探讨与之相适应的学科未来内涵与外延，以明确创新型人才培养的知识结构需求，从而有针对性地提出高校测绘地理信息教育的关键要点。

二 测绘地理信息学科发展状态与趋势

（一）测量学与位置服务

大地测量技术不仅可为人类提供精确和全方位的地球信息，同时能够监测地壳运动及形变、监测自然灾害等，也是经济、社会、国防建设的重要保障。过去半个世纪以来，传统大地测量学已发展为利用全球定位系统、空间探测技术、重力测量技术以及卫星遥感等多种空天地测量方法结合的学科，朝着高精度、高动态性与综合性方向发展。近年来，重点开展高精度似大地水准面模型、高精度高分辨率地球重力场模型及全球平均海面高模型、北斗坐标系等理论研究。[1, 4]国家 CGCS2000 大地坐标系已投入使用，需要研究其高精度框架实现及框架点的非线性运动维持。[5]全球大地测量坐标系及其参考框架已形成统一标准，而高程系统的前沿核心问题是全球高程基准的统一，包括其与区域高程基准的转换问题。[6]

工程测量的重要作用日益突出，在国家城建工程、八纵八横高速铁路网、港珠澳大桥等国家经济建设活动中服务范围越来越广。与传感器、物联网技术持续集成，工程测量仪器不断革新，测量方法更先进，呈现数据获取集成化与动态化、数据处理自动化与智能化、测量成果数字化与可视化、数据管理海量化与多源化、数据共享网络化与社会化的特点。传统工程测量逐渐向高动态、高精度、高效率的动态工程测量方向发展，研制新型工程测量信息获取装备，施工测量拓展到基础设施运营检测，如道路、轨道、隧道、桥梁的动态精密测量。[7, 8]

2020 年 7 月，我国第三代北斗卫星导航系统全球组网正式建成并对外提供服务，以北斗为核心的综合定位、导航、授时体系显著提升了国家时空信息服务能力，为全球用户提供更为优质的服务。室内空间定位技术也快速发展，集成光、电、声、磁等无缝定位技术能够实现米级室内定位。基于 GIS 辅助室内定位呈现新趋势，如从基于语义感知到基于空间认知，从基于机器采集到人机交互式数据采集等。[9] 室外与室内定位技术的结合，可为行人、机器人、运动车辆提供室内外一体化的导航位置服务。集成了定位与导航功能的测量机器人将不断升级，在各种场景的测绘任务中发挥越来越重要的作用，特别是在突发事件的应急测绘中大显身手。借助卫星定位和遥感技术，测绘与位置服务的准确性、实时性、可靠性、泛在性、可持续性能力不断提升，加之融合云计算、大数据和人工智能技术，正进行智能时代测绘地理信息的新一轮转型。[10]

（二）遥感技术及其应用

随着高分专项计划、海洋观测系统投入使用，我国的对地、对海观测基础设施不断完善，我国已构建了完整的卫星、中低空和地面遥感观测系统，实现了基础遥感数据的自给自足，正推进在各行业的应用。高分系列遥感影像广泛应用于基本农田保护、矿山监测、冰川变化监测、生态修复等。[11] 海洋观测卫星应用于中国近海叶绿素、悬浮泥沙、风浪场等观测。

在通信与计算机网络环境下，制约摄影测量效率的外业控制点，有望通过基于影像、矢量和 LiDAR 点云等“云控制”摄影测量技术提升作业效率。[12] 摄影测量与计算机视觉、深度学习、人工智能等学科的进一步交叉融合将推动摄影测量技术的自动化和智能化升级。[13] 中低空倾斜摄影测量技术快速发展，实景三维建模技术也广泛应用于自然资源监测、智慧城市等领域，实景三维中国的建设条件日臻成熟。

近年来，随着传感器和硬件平台的发展，以合成孔径雷达干涉（InSAR）和激光雷达（LiDAR）技术为代表的现代高新测绘技术发展迅猛。硬件系统和平台的发展，增强了 InSAR 和 LiDAR 的数据质量，同时也促进了理论、方

法和技术的发展。随着数据数量和质量的增加和提高，这两种技术都面临着类似的问题和发展趋势。第一，数据数量增加和数据质量提高促进了理论和方法本身的革新，例如面向海量数据的序贯 InSAR 处理技术，面向点云大数据的点云智能和深度学习的衍生方法；[14~16]第二，海量的数据丰富了技术的应用场景，如包括智慧城市、无人驾驶、地下空间开发、基础设施健康监测、环境保护、文物修复、灾害预警等典型应用在内的地球科学和环境科学以及工程技术的各个领域。[17~20]

海量多源遥感数据的处理应用对相应理论、方法提出了更高的需求，大量异源、多分辨率、多维度的遥感观测数据为测绘和自然资源监测提供了更多的可能，智能融合数据、自动化分析遥感数据一直是研究热点。近年来，包括深度学习在内的众多智能化技术不断在各领域拓展，打破了传统测量、遥感信息提取的固有模式，其可靠性和智能化程度也不断提高。[21]此外，针对海量数据处理，分布式、高性能和云计算等计算技术也在遥感数据分析中发挥越来越重要的作用。

（三）地图学与地理信息技术

信息通信及 GIS 技术数字化地图的广泛应用，在线共享、众包更新、众智绘图等众源共享的使用模式对传统地图学理论形成挑战。虚拟现实、多源数据集成等技术正在开启众多独特的可视化表达方式，有利于相应的空间认知。在测绘技术创新与物联网革命的背景下，涌现了无人机、GPS、社交媒体、手机信令等多维海量数据，为地理信息科学的理论方法与应用研究带来了重要的机遇与挑战。[22]大数据改变了传统地理学以小样本推测整体状态的研究范式，使得人们可以采用接近全样本的数据进行格局、过程与机制的研究。[23]研究维度扩展到三维空间与时间维度及三元空间的表达。[24]研究对象由单纯的地理空间转向社会空间与信息空间，研究内容也涌现出可移动性、历史演化、认知地图等新兴问题。[25, 26]复杂网络、人工智能等方法被引入土地扩张、交通及城市系统的仿真模拟与可视化，[27, 28]研究重点由个体转向群体，由封闭系统转向开放系统，并聚焦于群体或系统间的交互与耦合作用，

如城市群中城市之间的竞合关系与协同发展模式。[29]

地理信息科学表现出显著的交叉学科特性，技术方面需要与云计算、区块链等技术相结合，以应对计算效率、安全性方面的挑战。[30, 31]在当前特殊的时代背景下，与新基建、国土空间规划、流行病学调查等方面相结合的研究也具有重要的应用潜力与研究价值。[32, 33]但需要关注的是，全球范围内地理信息的大规模应用面临各种形式的数据利益与保密性问题，在一定程度上可能不利于理论方法创新及其实践应用。区块链技术的发展或有助于破解这一难题。

三　高校测绘地理信息教育改革使命

（一）本学科领域发展的需求

随着时代进步，测绘地理信息领域的科学问题逐步深入并不断延伸，呼唤理论与方法创新。在新一代信息通信时代背景下，地球空间信息技术向更广阔的方向推进，包括构建真三维实景实体模型、智能化和自动化处理地球空间信息、服务于社会和大众等。[34]地球空间信息涉及一系列新的关键技术问题，如全球空天地一体化的非线性地球参考框架构建、星基导航增强、多源成像数据在轨处理、天基信息智能终端服务，以及定位导航技术与遥感技术的协同、集成和融合等。[30, 35]空间智能计算将为社会提供巨大的价值，也将对基于海量数据的虚拟现实、用户空间预测、室内外一体化空间建模等细分应用领域带来更多的机遇。测绘与位置服务行业需要综合应用系统性思维、时空观思维和创意性思维，面向智能时代构筑学科发展新框架。[36]

面对天空地海的大规模多源（元）异构和多维动态的流数据可获取能力的提升，地图学的理论、技术及应用方式必将做出相应的革新，如实时动态性表达、复合内容呈现、多样化的载体、个性化的表现、泛在的应用模式等。[37]借助三维、实时、动态、虚实、多视角、新兴元素等的合理表达，地图语言将有望演进为人类普适语言，为此也需要深入研究泛地图可视化表达的各种维度及其组合模型。[38, 39]

国土空间、海洋空间和城市空间是实现国家现代化的重要战略领域，测绘地理信息学科理应对此发挥重要作用。如测绘地理信息在城市场景的融合，可形成城市信息学的专门应用领域。由于城市是一个复杂的巨系统，城市信息学具有动态演变、数据驱动、众源学习、协同决策、学科交叉等典型特征。其中涉及一系列关键科学问题，如复杂城市系统的时空建模与表达、现实物理空间与虚拟网络空间的相互作用机理、现实物理空间与虚拟网络空间的相互作用机理、城市时空决策理论与方法等。[40] 对这些问题的全面回应，需要借鉴相关学科技术方法，适当拓展测绘地理信息学科的研究领域。

（二）社会经济发展出现的新需求

综观相关技术的发展趋势，需要以更广泛的视野来规划测绘地理信息学科教育体系。从世界范围来看，传统测绘教育稳定在一个较小的规模上，呈现精英型发展的模式。相比而言，我国的测绘教育生源规模相对较大，体现出行业的旺盛生命力，但面临提升人才培养质量的挑战。在教育中需把握测绘行业发展和变革趋势，如服务于国家和全球战略、全球导航与遥感、全球空间信息基础设施、相关新兴产业、多学科交叉、信息化智能化测绘、地理空间信息学等。[1]

与此同时，地理信息产业借助互联网、大数据、云计算、人工智能等新兴信息技术正呈现较大的增长趋势。截至 2019 年末，地理信息产业从业单位数量超过 11.7 万家，产业从业人员超过 285 万人，2019 年新登记市场主体约 2.3 万户。[41] 随着感知技术的泛在化，时空大数据已然出现爆炸式增长的态势。因此，必须充分重视人工智能的算法、大数据、计算能力等要素，为时空大数据产业化提供充足的技术支撑。[31]

（三）改革创新是必由之路

相关行业技术进步也可能给测绘学科带来冲击，传统测绘行业门槛变低，发展空间有被挤压的潜在风险。如智能手机正集成越来越多的功能，常规精度的室内外定位与导航已得到广泛使用，而三维环境感知建模、视觉定位、物体尺寸量算等功能正处于快速研发及应用阶段。随着大数据和云计算的普及，机器学习和深度神经网络增强了影像认知水平，使基于遥感影像的地表对象识别能力得以大幅提升。从游戏软件中脱颖而出的虚拟场景和虚拟现实技术具有更理想的可视化表达潜力，也正被用于真实地理场景的虚拟表达。

测绘学科本身的发展是一个不断革新的过程，其内涵和外延不断延伸和拓展。从模拟到数字、图纸到数据库、静态到动态、二维到多维，都是借助于测绘及相关技术的进步不断推陈出新。在新的信息化和智能化的形势下，测绘地理信息学科仍然必须坚持改革创新，才能与时俱进，以保持旺盛的生命力，更好服务于社会经济发展。

四　创新型人才培养的四点思考

人才培养是一个系统工程，教育体系的设计需要紧密结合测绘地理信息基础理论、方法创新、相关学科前沿技术植入、经济社会发展重大需求等方面，形成顶天立地的人才培养模式。

（一）测绘地理信息基础理论与方法教育创新

测绘科学与技术学科的基础理论与方法是学科的立足之本，在人才培养过程中应持之以恒地将基础性知识抓紧抓牢。如涉及误差理论、地球参考框架、地图投影、空间定位与导航、摄影测量、影像处理、空间数据库、地理空间建模与分析等方面的基本原理，都是测绘领域重要的学科基础。

同时，相关领域科学技术不断进步，推动了大地测量与工程测量、摄影测量与遥感、导航与位置服务、地理信息等理论方法的不断深化和拓展，因此也必须将新的科技进展不断补充进培养体系之中，形成开放型持续演进的培养模式。在测绘地理信息基础理论与方法的基础上，根据学科方向深化细分培养，如大地测量、室内外导航、工程测量、摄影测量与遥感、地理空间信息工程、各类行业领域应用等。

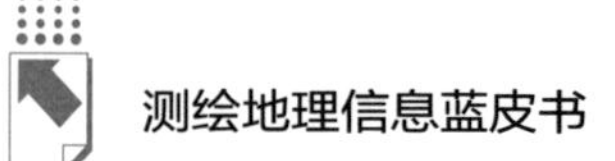

空间及地理相关信息的采集呈现从静态到动态、从单要素到全要素、从地表到地下的发展趋势，因此，动态可视表达对于更好地理解时空演变及其关系具有重要价值。教学手段也需要与时俱进，充分利用互联网、虚拟现实、知识图谱库等新型教学工具，优化提升教学效果。计算机及相关技术的发展推动了多种形式的可视化模式，为更清晰地展示地球和地理空间三维、动态、多源的可视呈现奠定基础。

（二）多学科交叉的新工科培养模式

计算机、通信、互联网等技术自20世纪起开始改变科学研究、工业生产和生活方式，并通过广泛的研发创新继续主导着20世纪生产力的发展。与此同时，以大数据、物联网、人工智能为代表的新兴技术强势崛起，必将带来人类社会的加速变革。测绘地理信息学科所关联的时空动态信息采集、处理与建模对上述技术均有较强的依赖，因此必须紧跟这些技术的发展，及时纳入相关技术要素，形成新工科的培养模式。未来经济社会发展需要实践能力强、创新能力强、具备国际视野和人文情怀的高素质复合型新工科人才。测绘地理信息学科与大数据、云计算、人工智能、区块链、虚拟现实等相关新兴学科交叉融合，是大势所趋。美国MIT于2017年推出“新工科培养计划”（NEET），打破各系界别，开展跨专业联合培养，设置了五个融合课程，其中包括城市规划与计算机联合构成的数字城市课程，地理信息技术是该课程的重要组成部分。

测绘地理信息学科发展借助新工科的系统思维、空间思维、计算思维、创造思维、人本思维等思维培养范式，有望在多个领域拓展发展方向。如教育部在测绘科学目录下设立的地理空间信息工程，是综合测绘科学、信息科学、计算机科学、地理科学等交叉发展起来的一门专业，旨在利用测绘技术、计算机技术、网络技术、传感器技术和移动通讯技术，解决地理空间数据采集、处理、分析、可视化和服务等完整链条的工程技术问题。地理空间信息工程与城市的紧密结合，可以实现测绘地理信息技术在城市的场景化应用，催生智慧城市领域以空间信息为载体的专门学科方向。[42]结合

新工科对传统测绘地理信息专业进行转型升级，可更好地服务于国家创新驱动发展战略。

（三）面向国家需求的问题导向培养

在测绘地理信息人才培养过程中坚持理论方法创新的同时，也应着眼于国家经济社会发展的现实与未来需求。改革创新一直体现在各个行业不断探索进步之中。深空、深海、深地探测均为前沿性的重大工程，自然资源的有效管理与优化利用是新时期国家可持续发展的重要课题，城市群一体化综合决策和协同服务是推动地区增长引擎和提升竞争力的关键需求，自然灾害防控和社会治理是构建人与自然和谐共生的重要保障。智慧城市需要高度融合的物理感知与社会感知、高度智能化的城市管理分析，以及高置信度的城市信物融合系统决策。[43]测绘地理信息学科与这些前沿需求具有紧密的联系，可以提供空间定位、空间格局优化、时空动态分析、监测预警、可视决策等方面的服务。国家教育部先后部署了地理国情监测和地理空间信息工程两个新本科特设专业，对拓展行业的服务能力将起到积极的推动作用。国家重点研发计划“物联网与智慧城市”专项布局了自然资源监测管理、空间规划等与测绘地理信息密切相关的研究与示范项目，体现了国家重大需求。这些项目均需要紧密结合实践中的问题展开探索，研发过程一般由高校和企事业单位共同参与完成，其中包含了众多测绘地理信息专业的学生，研究成果也可及时反馈至课程体系，是开展创新教育的一种重要模式。

为更好地服务于国家战略和地方发展需求，在测绘地理信息学科教育体系中，应该纳入相关业务领域的基础知识，以促进对这些领域的理解，有助于提升测绘地理信息技术方法解决实际问题的能力。如面向城市的应用，可以开设城市概论、国土空间规划、城市经济、城市交通、城市管网、城市环境、应急管理、社会治理等专题课程，以促进学生对城市大系统的认知及相关问题的理解。面向应用需求的人才培养，也要求学生走进应用领域的实际场景，通过切身实践领会实际问题，利用本学科的优势破解应用技术难题。同时，教育机构与地方政府及企事业单位建立长期稳定的产学研合作关系，对于提高解决实际问题的能力乃至促进就业均具有十分重要的意义。

（四）培养体系创新

以上三个方面需要落实到测绘地理信息高等教育培养体系之中，从而形成与时俱进的创新人才培养机制。需要合理制定可行、普适性的测绘类专业教学国家质量标准。[1] 实现此目标涉及四条路径。一是适度拓展测绘地理信息学科的内涵和外延，构建“测绘 +”的课程体系，以测绘地理信息科学的基本理论方法为根本，融合新工科的多学科专业，如与计算机、物联网、信息通信、人工智能的融合。二是发挥地方和地域特色，形成面向特定应用领域的培养导向，更好地服务于地方经济社会发展，如面向山地、矿山、海洋、以及高密度城市等地域的特色应用服务。三是坚持“产学研”的综合性发展方向，以人才培养服务应用实践和科学研究，以应用实践反馈科学问题，以科学研究破解关键难题，构成循环协同提升的服务链。四是创新学历学位教育体系，强化学士、硕士和博士三个教育阶段或其中两个阶段的一贯制动态融合培养，如“4+2”、“4+2+3”或“3+3+3”。充分发挥重点高校的优势资源，鼓励优势高校与其他高校联合培养研究生，鼓励国内国际高校联合培养研究生。近年来深圳大学充分利用地缘优势，与香港、澳门的高校开展了联合培养博士生的尝试，取得了较为理想的效果。

五　结语

测绘地理信息学科发展的生命力既根植于学科本身的历史使命定位，又得益于相关学科的技术进步及经济社会发展需求。学科的内涵与外延将不断拓展，数字化、网络化、动态化、智能化的趋势不可逆转。着眼未来，高校教育的使命是为测绘地理信息领域培养合格的创新型人才，从而维持学科旺盛的生命力，更好服务于人类的进步需求。因此，强化学科基础理论方法、融合新工科教育思维、拓展学科应用服务领域、优化培养体系结构等，都是高校测绘地理信息人才培养过程中需要认真面对的问题。

参考文献

[1] 宁津生:《测绘科学与技术转型升级发展战略研究》,《武汉大学学报（信息科学版）》2019 年第 1 期，第 1~9 页。

[2] 宁津生、王正涛:《从测绘学向地理空间信息学演变历程》,《测绘学报》2017 年第 10 期，第 1213~1218 页。

[3] 李德仁:《从测绘学到地球空间信息智能服务科学》,《测绘学报》2017 年第 10 期，第 1207~1212 页。

[4] 魏子卿、吴富梅、刘光明:《北斗坐标系》,《测绘学报》2019 年第 7 期，第 805~809 页。

[5] 程鹏飞、成英燕:《我国毫米级框架实现与维持发展现状和趋势》,《测绘学报》2017 年第 10 期，第 1327~1335 页。

[6] 胡敏章、张胜军等:《新一代全球海底地形模型 BAT_WHU2020》,《测绘学报》2020 年第 8 期，第 939~954 页。

[7] 李清泉、毛庆洲:《道路 / 轨道动态精密测量进展》,《测绘学报》2017 年第 10 期，第 1734~1741 页。

[8] Zhang, D., et al., Automatic Pavement Defect Detection Using 3D Laser Profiling Technology. Automation in Construction, 2018. 96:350-365.

[9] 李清泉、周宝定等:《GIS 辅助的室内定位技术研究进展》,《测绘学报》2019 年第 12 期，第 1498~1506 页。

[10] 刘经南、郭文飞等:《智能时代泛在测绘的再思考》,《测绘学报》2020 年第 4 期，第 403~414 页。

[11] 陈玲、贾佳、王海庆:《高分遥感在自然资源调查中的应用综述》,《国土资源遥感》2019 年第 1 期，第 1~7 页。

[12] 张祖勋、陶鹏杰:《谈大数据时代的“云控制”摄影测量》,《测绘学报》2017年第10期,第1238~1248页。

[13] 龚健雅、季顺平:《从摄影测量到计算机视觉》,《武汉大学学报(信息科学版)》2017年第11期,第1518~1522、1615页。

[14] Ansari, H., F. De Zan, and R. Bamler. Sequential Estimator: Toward Efficient InSAR Time Series Analysis. IEEE Transactions on Geoscience and Remote Sensing, 2017. 10: 5637-5652.

[15] 杨必胜、董震:《点云智能研究进展与趋势》,《测绘学报》2019年第12期,第1575~1585页。

[16] Zhu, X.X., et al., Deep Learning in Remote Sensing: A Comprehensive Review and List of Resources. IEEE Geoscience and Remote Sensing Magazine, 2017. 4: 8-36.

[17] Moreira, A., et al., A Tutorial on Synthetic Aperture Radar. IEEE Geoscience and Remote Sensing Magazine, 2013. 1:6-43.

[18] Ouchi, K., Recent Trend and Advance of Synthetic Aperture Radar with Selected Topics. Remote Sensing, 2013. 2:716-807.

[19] 张勤、黄观文、杨成生:《地质灾害监测预警中的精密空间对地观测技术》,《测绘学报》2017年第10期,第1300~1307页。

[20] 朱庆、曾浩炜等:《重大滑坡隐患分析方法综述》,《测绘学报》2019年第12期,第1551~1561页。

[21] Ma, L., et al., Deep Learning in Remote Sensing Applications: A Meta-analysis and Review. ISPRS Journal of Photogrammetry and Remote Sensing, 2019. 152: 166-177.

[22] 裴韬、刘亚溪等:《地理大数据挖掘的本质》,《地理学报》2019年第3期,第586~598页。

[23] Kwan, M.-P., Algorithmic Geographies Big Data Algorithmic Uncertainty and the Production of Geographic Knowledge. Annals of the American Association of Geographers, 2016. 106: 274-282.

[24] 郭仁忠、罗平、罗婷文:《土地管理三维思维与土地空间资源认知》,《地理研

究》2018 年第 4 期，第 649~658 页。

[25] Barbosa, H., et al., Human Mobility: Models and Applications. Physics Reports, 2018. 734: 1-74.

[26] Zhang, F., et al., Measuring Human Perceptions of A Large-scale Urban Region Using Machine Learning. Landscape and Urban Planning, 2018. 180:148-160.

[27] 程昌秀、史培军等:《地理大数据为地理复杂性研究提供新机遇》,《地理学报》2018 年第 8 期，第 1397~1406 页。

[28] Michael, B., Visualizing Aggregate Movement in Cities. Philosophical Transactions of the Royal Society of London. Series B, Biological sciences, 2018. 373（1753）.

[29] 方创琳:《京津冀城市群协同发展的理论基础与规律性分析》,《地理科学进展》2017 年第 1 期，第 15~24 页。

[30] 李德仁:《展望大数据时代的地球空间信息学》,《测绘学报》2016 年第 4 期，第 379~384 页。

[31] 王家耀、武芳:《地理信息产业转型升级的驱动力》,《武汉大学学报（信息科学版）》2019 年第 1 期，第 10~16 页。

[32] Zhou, C., et al., COVID-19: Challenges to GIS with Big Data. Geography and Sustainability, 2020. 1: 77-87.

[33] 夏吉喆、周颖等:《城市时空大数据驱动的新型冠状病毒传播风险评估——以粤港澳大湾区为例》,《测绘学报》2020 年第 6 期，第 671~680 页。

[34] 李德仁:《展望 5G/6G 时代的地球空间信息技术》,《测绘学报》2019 年第 12 期，第 1475~1481 页。

[35] 陈锐志、王磊等:《导航与遥感技术融合综述》,《测绘学报》2019 年第 12 期，第 1507~1522 页。

[36] 刘经南、高柯夫:《智能时代测绘与位置服务领域的挑战与机遇》,《武汉大学学报（信息科学版）》2017 年第 11 期，第 1506~1517 页。

[37] 王家耀:《时空大数据时代的地图学》,《测绘学报》2017 年第 10 期，第 1226~1237 页。

[38] 郭仁忠、应申:《论 ICT 时代的地图学复兴》,《测绘学报》2017 年第 10 期，

第 1274~1283 页。

[39] 郭仁忠、陈业滨等:《三元空间下的泛地图可视化维度》,《武汉大学学报(信息科学版)》2018 年第 11 期，第 1603~1610 页。

[40] 李清泉:《从 Geomatics 到 Urban Informatics》,《武汉大学学报(信息科学版)》2017 年第 1 期，第 1~6 页。

[41] 中国地理信息产业协会:《2019 中国地理信息产业发展状况报告》，http://www.cagis.org.cn/Lists/content/id/3147.html, 2020。

[42] 乐阳、李清泉、郭仁忠:《融合式研究趋势下的地理信息教学体系探索》,《地理学报》2020 年第 8 期，第 1790~1796 页。

[43] 龚健雅、张翔等:《智慧城市综合感知与智能决策的进展及应用》,《测绘学报》2019 年第 12 期，第 1482~1497 页。

B.13
智能时代的地理信息教育

杜清运*

摘　要：随着传感器网络、大数据和机器学习等新技术的蓬勃发展，以地理科学、测绘手段、信息技术和应用领域教育为基本知识框架的传统地理信息科学教育正面临一个全新的转折点。一方面，经典的知识结构有其稳定和持续特征，另一方面，新的理论架构和技术体系汹涌而来，迫切需要纳入现代地理信息科学与工程教育中。本文就处在变革点的地理信息教育如何面对智能时代的到来阐述若干思考。

关键词：地理信息　智能时代　人才培养　国际化

一　学科基本情况

目前在我国的学科和专业目录中，地理信息相关人才的培养主要在测绘学、地理学两个领域，分别包括测绘学相关本科（地理空间信息工程专业、测绘工程专业的地理信息方向、遥感科学与技术的地理信息工程、遥感信息工程方向）和研究生（测绘科学与技术的二级学科：地图制图学与地理信息工程），以及地理学相关本科（地理信息科学专业）和研究生（地图学与地理信息系统）。

* 杜清运，武汉大学资源与环境科学学院院长，教授，博士，博士生导师，研究方向为数字地图学、地理信息科学。

虽然为地理信息科学与技术提供支持的学科还包括计算机科学、信息科学、数学等，但由于地理信息学科的发展主线是计算机技术在地理学和测绘科学领域、特别是在地图学和遥感科学领域的应用，从高等教育的专业和学科目录分布来看，仅体现为测绘学和地理学相关。

二 历史回顾

我国的地理信息相关人才培养最早起源于1956年成立的武汉测量制图学院，地图制图是该校三大系之一。作为我国以民用测绘为主的地图制图专业，与解放军测绘学院、中国科学院地理所等成为新中国地图事业的重要力量，其他包括南京地质学校、南京大学、北京师范大学、南京师范大学、东北师范大学等均有地图学相关力量。初期的地图制图专业重点配合我国地形测绘和地形图生产，在普通地图编制、专题地图编制、地图投影、地图整饰、地图设计、地图制印和地图分析等方面形成稳定的地图学知识框架，奠定了我国地形制图的理论基础，保障国家测绘系统长期的地形制图技术与人才需求。

1980年前后我国开始计算机制图研究，特别是在国内首次开创地图数据库的引进和研究，在“七五”至“八五”期间获得重要进展，在1984年和1996年先后两次获得国家科技进步奖，1989~1996年建设完成我国第一个省级地图数据库——海南省1:5万数字地图数据库。20世纪90年代中期开始全数字制图技术的开发和推广应用，实现地图行业与数字化测绘体系建设的同步推进。国内开始开办地图学与地理信息系统专业的建设，从1994年开始陆续培养了大量活跃在测绘、规划和国土战线的地理信息人才，先后有地图综合、电子地图、GIS平台软件等各类地理信息软件产品及服务方面的人才，成为从测绘发展出来与地理学合流的一支地图学与地理信息科学人才培养力量。

总的看来，以国家测绘局直属身份存在与发展的地理信息人才培养体系极大地受到政府建设需求的拉动和支持，也成为测绘类地理信息学科独特的发展轨迹，有别于其他综合性大学和师范类大学地理信息人才的培养模式，行业牵引、技术推动、数据视角和理工结合是其主要特点。

三　行业特征

国家测绘主管部门所主导的发展历程可以归纳为早期的地形测绘、数字测绘体系建立、信息化测绘体系到今天以各类专题测绘为主的测绘活动，包括新型基础测绘、遥感、地理国情监测和自然资源综合调查等，整体呈现位置测绘向综合测绘（语义、属性、专题）过渡，地理学属性在增加，特别是地理国情监测和自然资源调查等引发的人才需求凸显。以数据的快速精准获取、建库、成图和在政府管理中的应用为主要诉求，数据分析和行业应用到目前为止还不是主流。有政府依托和行业支撑是测绘地理信息发展的长远动力，同时也反映出强烈的工程和技术化特征，在所有的政府部门中定位独特、角色独特，技术属性明显。

数字城市等与空间位置相关的领域最终实施者往往是测绘地理信息队伍，包括城市勘测队伍。智慧城市、空间规划等可能会走一条相同的路径。在经济建设快速发展的社会，工程和技术学科的发展潜力巨大，对测绘地理信息事业的发展有很大牵引作用，进而带动对新型人才的需求和教育的发展方向，掌握新兴技术的人才进一步支撑现代地理信息事业的发展。

测绘地理信息事业正处在一个重要的转型期，随着基础测绘任务的阶段性任务基本完成，新兴的测绘和传感器技术能够支撑更高空间、时间和专题分辨率数据的获取和管理，但是需要一个更大的分析和应用需求来支撑非传统测绘的发展。随着全球测绘、智慧城市、自然资源综合调查等工程的开展，时空大数据、实时 GIS、传感器网络和机器学习等不可避免地会逐渐融合到新型技术体系中，动态时空基准、遥感图像序列、网络地理信息等大数据形态已经初见端倪。

四　智能时代

测绘地理信息新型业态的出现与信息通信技术（ICT）时代的到来密切相

关。IBM、谷歌、微软、脸书、亚马逊、苹果及国内的 BAT、华为等成为进入地理信息领域的新兴力量。信息通信技术甚至成为人类科技发展的主流和潮头，地理信息与大 IT 的融合和发展不可避免，但目前还是两条路径并行不悖：ICT 新兴力量更看重互联网和流量，传统行业更看重政府用户和管理功能。

智能时代测绘地理信息技术体系面临全面升级。在数据获取方面，传统和新型遥感技术配合各类物联网、传感网正快速发展成时空大数据的获取手段，无人移动测量、雷达、激光、倾斜摄影等大大加快了时空数据的获取速度和数据体量。在数据处理方面，大数据需要类似 Hadoop、Spark 等全新处理架构，深度学习等技术对传统以特征为基础的影像处理形成颠覆性挑战，大数据加深度学习为测绘机器人或对地观测脑的形成提供了可能性，机理可能不再重要，样本加训练才是最终的解决方案。在数据应用方面，与管理流程的深度融合成为关键，将促进城市管理等各类业务的信息应用，进而推进智慧城市发展，众源测绘、全民测绘（加计算机智能体、机器人）时代会快速来临。

五　应对之策

信息技术的颠覆性和革命性变化必然带来教育的变革。信息技术一直是推动地理信息教育的原生动力，也在一定程度上忽视了很多地理学和测绘的学科问题。之前，C++ 程序设计加上一部分软件设计类课程、ArcGIS 等软件应用课程基本上能保证信息技术的基础训练。但是随着智能时代的到来，必须对地理信息人才的培养提出新的应对策略。

第一，从培养目标来看，近些年来毕业生的去向日趋多元化，去往大 IT 行业的学生越来越多，其中包括以 BAT、华为等为代表的网络通信企业，四维图新、超图等地理信息公司，其他专业地理信息应用公司。而与自然资源管理相应的测绘、规划、国土等传统行业普遍面临技术革新需求，主要是应对大数据和智慧城市等新兴技术体系的建立。规划系统由于社交网络、手机信令等大数据源在人文地理学和城市地理学领域的运用，得到前所未有的发展时机。通才、全才类人才培养的目标设定至关重要，保持学生未来的无限可能性比面向某一目标培养来得更加重要。依托行业而不拘泥行业，随地理信息应用延展柔性扩展，行业经验和人才沉淀的回馈机制引导培养目标聚焦与转移。

第二，从知识结构来看，传统的知识框架相对稳定，如自然和人文地理、地图学、遥感、大地测量学等，不会有太大变化。ICT 技术及应用是需要加强的知识范畴。需要增加传感网、大数据管理、深度学习、科学可视化、智能穿戴和智慧计算系统方面的新课程或实践环节。一些具体运用的典型技术和方法如目标识别、中文分词、图像注册、卷积神经网络、网络数据挖掘、语音技术等可作为选学内容。智能化知识体系并不是一个单一体系，针对图形、图像、文本和场景等，可能有同样的知识结构，但是实现模型、训练样本取得、训练目标等差异很大。知识结构的转型升级对应于技术的变革，适应技术潮流是教育和培训的主要目的。

第三，从教学环节来看，稳定的基础理论知识依然是重点，科学研究能力的提高来自于理论学习所掌握的发现问题的能力。技术的学习、掌握甚至开发是解决问题的关键，智能工具的掌握能够为解决问题提供新途径和新方法。理论学习 + 技术实践 + 理论总结提升是实现良性教学研究互动的可行模式。需要加强探究型学习、设计型学习模式的推广和应用，探索长链贯通培养模式（跨专业、跨学校、跨国界、跨学位），实践早期收获模式，将学习、设计、研究和成果结合起来，在研究中学习，在实践中收获。

第四，从教学资源来看，随着互联网和共享理念的深入人心，面向大数据和智能计算的教学资源的取得日益便利，大量商业数据集和政府信息公开数据集为教学和研究提供了很好的基础条件。可以通过与企业、机构和政府部门的深度合作发现需求、研发技术和推广应用，加强人才培养和技术进步的同步效应，实现资源共享和共赢局面。加强学校内部不同研究团队数据和技术成果的开放和共享，加快整体资源的丰富程度和引导效应，实现多领域多链路的共同发展和进步。

总的来看，处在智能时代和行业变革时代的地理信息教育面临着自 20 世纪 80 年代以来重要的机遇期，也面临着很大的挑战。在地理信息技术已经日益成熟且广泛应用于经济建设和社会发展的今天，如何因应物联网、大数据、云计算和人工智能等新兴技术革命带来的二次腾飞风口，完成教育体系的转型和提升，变得尤其重要。我们需要在地理信息的科学特征、技术水平、设计能力、教育质量、管理水平、公众形象、国际视野和核心竞争力等诸多方面实现质的提升，使地理信息学科既能成长为一门学科地位不可撼动的科学领域，又能成为推动社会和文明发展的技术动力。

六　结语

智能时代的到来是新一轮地理信息教育改革的动力。创新实践教育对人才培养起着关键作用。高素质的学生资源需要高水平的本科教育。地理信息教育要有国际视野，面向全球就业市场。大类培养模式能够充分提高学生学习的自由度和人性化，优质教育资源（培养方案、教材、实验、师资等）的引进消化和吸收、全方位的教学改革、高校、企业和社会共同培养模式的探索与实践是丰富和发展我国地理信息教育路径的有益尝试。

参考文献

[1] 王家耀:《开创“互联网 + 测绘与地理信息科学技术”新时代》,《测绘科学技术学报》2016 年第 1 期，第 2 页。

[2] 李德仁:《论时空大数据的智能处理与服务》,《地球信息科学学报》2019 年第 12 期，第 1825~1831 页。

[3] 杜清运、任福、沈焕锋等:《综合性大学一流 GIS 专业建设的探索与实践》,《地理信息世界》2021 年第 1 期，第 2~6 页。

[4] 苏奋振:《“地理智能”专辑导言》,《地球信息科学学报》2020 年第 1 期，第 1 页。

[5] 李海峰、李苏旻:《大数据与智能时代的地理信息科学教育变革之思考》,《高教学刊》2017 年第 21 期，第 145~146、149 页。

B.14
地理信息科学专业“厚基础、宽口径”人才培养模式的探索

吴志峰　张新长　箭　鸽*

摘　要：面对新时代地理信息科学人才需求的变化，针对目前地理信息科学专业人才培养过程中存在的问题与矛盾，提出了“地理本色”“一专多能”“类型多样”三大培养理念。围绕着三大理念逐渐形成了“厚基础、宽口径”的人才培养模式，并在广州大学地理科学与遥感学院进行实践检验。实践表明“厚基础、宽口径”的人才培养模式可使学生综合能力得到全面培养，就业竞争力得到显著提升，使学生找到更适合自己的发展平台。

关键词：地理信息科学　创新人才培养　厚基础　宽口径

一　引言

21世纪以来，地理信息科学作为一门新兴的交叉学科，经历了萌芽初期与蓬勃发展的阶段。越来越多的高校开设了地理信息科学专业，据统计，

* 吴志峰，广州大学地理科学与遥感学院院长，博士，教授，博士生导师，研究方向为城市遥感与陆地生态遥感、GIS与时空大数据分析、自然资源监测与评估；张新长，广州大学地理科学与遥感学院，博士，教授，博士生导师，国际欧亚科学院院士，研究方向为空间数据整合及自适应更新技术方法、数字城市（智慧城市）理论与方法、深度学习与自然资源要素分类和提取；箭鸽，广州大学地理科学与遥感学院，硕士，助理研究员，研究方向为资源环境遥感、城市大数据分析。

2018年我国共有173所高校开设了地理信息科学专业，逐步形成了多元化、层次化、规模化的发展格局，每年向社会输送大量专业人才。[1]但在地理信息科学专业教育的快速发展过程中，也出现了专业人才培养与需求之间不对等和不匹配的现象。[2]新时代地理信息科学人才的需求发生了根本性变化，社会对地理信息人才的需求已从单一技术型转为复合型。[3]同时在大众创业、万众创新的时代背景下，社会对高等院校专业性创新人才的培养也提出了迫切的要求。[4]为及时应对这种变化，解决供给侧与需求侧的矛盾，笔者所在学院教学研究团队遵循高等教育发展规律，以立德树人的高度责任感，及时调整优化人才培养模式，针对地理信息科学人才培养模式开展了多年的探索、构建与应用。

二　当前地理信息科学专业人才培养中存在的问题

（一）忽视地学基础，过度追求IT化

随着互联网计算机技术的飞速发展，“互联网+”的概念逐渐融入各个学科。地理信息科学就是一门由地理学、地图学等理论与计算机技术、遥感技术等相结合的交叉学科。在学科的成长中出现了地理学理论学习与信息技术实际操作分配失衡的现象，对技术的输入大于对理论的学习。教学过程中过于注重编程和开发软件能力，而忽略了地理学本身概念及科学理念的积淀，出现了过度IT化的现象。学生做到了“强动手”，却没有达到“厚基础”。

（二）通识教育弱化，培养口径偏窄

通过对全国开设地理信息科学专业的高校课程设置情况进行分析与研究，我们发现每个高校都带有“本底色”，主要是根据本院校专业教师的师资构成、原学校的特色作为人才培养的方向。例如测绘类高校侧重于培养测绘信息化能力，地矿类高校侧重于培养地矿信息化能力等。这样容易导致培养人才的口径偏窄、出路受限，达不到复合型人才培养的目的。学生做到了“有特色”，却没有达到“宽口径”。

（三）综合训练不足，专业技能单一

一切教育改革都是为了学生的发展，一切教学培养都是为了学生能力得到全面提高。在培养过程中，我们往往只注重在学习能力上的培养，例如写作能力、开发能力等；而对表达、沟通、抗压、领导、策划、协调、创新等能力缺乏有针对性的培养，这些能力往往是学生较为缺乏、用人单位最为看重的。[5]学生做到了“会读书”，却没有达到“多面手”。

三　地理信息科学专业创新人才培养理念

针对以上出现的种种问题，本教学研究团队提出以下三大人才培养理念。

（一）地理本色

加强地理学理论的教学，注重学生地理本色的积淀，强化“地理信息 +”的概念。“互联网 +”只是技术的驱动力，而“地理信息 +”是核心的驱动力。从地理学基础理论出发，建设学科“金课”，打磨优质教材。注重培养出理论扎实、技术熟练、方法有效、应用到位的地理信息人才。

（二）一专多能

创新人才除了具备专业能力外，还应具备适应社会的多种能力，做到“一专多能”。在培养过程中注重学生各方面能力的全面培养，这样才能提高学生走向社会后的竞争力。根据社会需求我们提出了学习、分析、写作、开发、创新、沟通、抗压、协调、策划、领导等十大能力全面培养，让学生走向社会后可能变成一把“万能钥匙”。

（三）复合多样

因材施教、因材培养。针对不同学生的特点，提供不同的成长平台，培

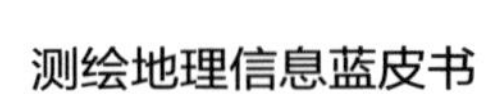

养出多样性的人才。通过校企协同合作强化应用型人才的培养；通过科技竞赛、本硕一体化贯通强化拔尖型人才的培养；通过与国内外高校合作强化培养国际化人才等。为有特长的学生构建成长发挥的空间，让不同特点的学生都能找到适合自己的发展平台。

四　创新人才培养途径

从实际问题出发，针对新时代 GIS 人才的需求，围绕地理本色、一专多能、类型多样三大培养理念，我们提出了既相对独立又互相辅助的五条培养途径。

（一）立德树人，坚持正确价值观

学科人才培养要做到以树人为核心、以立德为根本，这就要求专业教师时刻尽到教书育人、立德树人的责任，并把这种责任体现在教学管理中的每个细节中。在专业课程教学中将马克思主义立场观点方法的教育与科学精神的培养结合起来，注重地理学理论的积淀，正确树立爱国主义观念。在专业培养的过程中言传身教，使学生具有家国情怀和使命担当。在生态文明、一带一路、乡村振兴等国家重大战略的引领下，将专业理论和技术融入国土空间规划、生态环境评价等工作中。[6]鼓励学生用思想和脚步丈量河山，用求知和探索把成果写在祖国的大地上。

（二）教研结合，打造精品课程

课程建设一直是高等教育的核心内容之一，学院近年来打造了一批精品地理信息类课程。着力将系列课程打造为传承经典、不断创新、具有地理本色和专业水准的“金课”。同时，新冠疫情的出现也对慕课课程提出了更高的要求，依托现有的国家精品在线开放课程《地理信息系统概论》和国家精品视频公开课程《数字城市》，不断打造更多种类的慕课课程。以教学经验丰富的教授为负责人，教学小组采用集体备课、内部相互听课等方式介绍教

学经验、切磋教学方法，及时总结在一线本科教学中积累获得的经验与方法，及时凝练并撰写成教学研究论文。

精心设计教案、课件、作业、测试、互动，敢于创新，并以不同的视角外延到测绘学、地图学、生态学、计算机科学等课程中，尽可能挖掘不同学科之间的交互潜能。[7]合理设计学时安排，平衡理论积淀与实践创新，预防课程设置的过度 IT 化。[8]不断创新教学方法，提出慕课与翻转课堂相结合的“双线教学法”，重构互联网 + 新型课堂和同步课堂。

（三）本硕贯通，选育拔尖型人才

完善创新人才培养体系首先要充分调动教师参与创新人才培养的积极性。[9]教学团队教师指导大学生申请并获得各级创新创业或科研项目，采取 1 名教授或讲师与 3~8 名本科生组成研究兴趣小组的培养方式，本科生从低年级开始即可加入小组，组内形成高年级带低年级的模式，组成层次分明的研究小组。小组定期进行头脑风暴、小组讨论、文献分享。本科生参与科研项目可以提高发现、分析、解决问题的能力，通过小组的合作可以开拓思路、拓展视野、进而提升创新能力。[10]充分发挥本科与硕士连续、系统培养体系的优势，使本科生的科研兴趣得到增强，创新潜力得到充分发挥。并在参与项目和比赛的过程中，各项能力都得到多方位的锻炼，使学生具备一专多能。

（四）校企协同，衔接就业市场需求

针对广州大学地理信息学科人才培养现状，通过校企结合，为学生与企业之间牵线搭桥，让学生提前接触到地理信息领域的一线企事业单位。使绝大部分学生在毕业前就与行业相关企事业部门广泛交流、沟通甚至投人工作，有助于缓解毕业生面临就业的迷茫与压力，增强了就业自信和能力。[11]同时通过企业的反馈，我们也在不断完善人才培养计划和细节，增加就业率，提高就业质量。

（五）合作交流，拓展国际化培养渠道

紧盯国内发展动态，紧跟国际发展步伐，把国际最先进的教学思想和方法融合到广州大学地理信息科学专业的教育中来，通过与国外多所著名高校建立联合培养模式，如与美国辛辛那提大学合作，构筑了2+2地理信息科学本科培养模式。同时通过“派出去，请进来”的方法，互相交流，打通了广州大学地理信息科学专业国际化人才形成与发展的途径。

五　具体实施及效果反馈

（一）课程体系建立，“厚基础”培养效果初现

针对课程建设中存在的不足之处，我们提出了多种改革思路。在课程内容上，采用集体备课、研讨的方式，及时更新教学内容、注重学科交叉、紧跟时事热点；在授课方法上，教学小组内部采用相互听课、介绍教学经验的方法，以提高教学水平；在“金课”打磨上，打造了国家精品在线开放课程《地理信息系统概论》及国家精品视频公开课程《数字城市》；在教学方法上，创新慕课与翻转课堂相结合的“双线教学法”来弥补单纯慕课形式的不足；[12]在教学过后的提炼总结上，通过编写教材和发表教学教改研究论文，不断提升教师自身教学水平和教研能力。

通过多年的打磨与积淀，打造了地理信息系列精品课程。作为教育部第三批国家精品视频公开课程，《数字城市》自从2012年在教育部“爱课程”网上线8年以来，受到大众的普遍欢迎与好评，截至2020年10月已超过5万人次写评论和超过34万人次分享点赞。在“爱课程”网上全国千门国家级精品视频公开课程中目前总排名第5位，达到了教育部提出的将优质教学资源网上传播的目标，实现了优质课程的共享和辐射，能够让更多的人从中受益；作为教育部首批国家精品在线开放课程，《地理信息系统概论》是在教育部“爱课程”网站上在线开放课程专栏中上线最早的一门测绘地理信息领域的专业课程，截至目前共开课5期，前4期合计听众37366人。在MOOC模

式下，《地理信息系统概论》这门课程每日在线学习人数平均在200人以上，最高时学习人数超过了1000人，这是传统教学模式难以达到的学生规模，同时该课程2018年10月在中宣部主管的“学习强国”学习平台上线以来，受到了热烈的欢迎，2019年7月被推送在平台首页。

（二）多类型培养，“宽口径”人才输出形成

通过本硕贯穿培养拔尖型人才，充分发挥研究型大学本科－硕士连续、系统培养体系的优势，使本科生的科研兴趣得到了极大增强，在本科三年级就进入了创新研究的良好状态。通过与国际知名高校联合培养，将优秀人才输送出去，同时也将国外优秀的经验引进来，让所有专业的学生都得到良好的培养。

在拔尖人才培养上，我院实现了在读本科生在国际顶级SCI期刊上发表论文的突破。在国内外高校联合培养上，近5年累计派选国际交换学生11人，与帕多瓦大学联合培养博士生3名，短期交流访问教师15人次前往欧洲、美国进行课程学习、科研能力与授课能力提升等工作。同时邀请国内外知名学者进行短期授课。截至2019年12月，已累计邀请30余人来校访问交流、短期授课、合作研究。

（三）教研结合，学生综合能力明显提升

提出赛学研相结合的“双师制学习小组”计划，对本科生进行学习、分析、写作、开发、创新、沟通、抗压、协调、策划、领导等十大能力的全面培养。利用指导老师承担的国家和省级自然科学基金等项目的优势，带领大学生申请各级创新创业和科研项目。从本科生三年级校外实践开始，以小组为单位讨论项目实施方案，共同开展校外综合实习活动，阅读专业文献，合作撰写研究论文，申报创业创新挑战杯等项目。学生通过赛学研这样一种培养过程的历练，十大能力得到全面发展。

这样的培养模式使得本校地理信息专业学生近年来在省级以上竞赛中有了更多的收获：2017年获得“挑战杯”国赛智慧城市专项赛一等奖，第三届中国高

校地理科学展示大赛三等奖；2018 年获得第五届全国大学生 GIS 应用技能大赛一等奖；2019 年互联网+创新创业比赛及大学学生创新训练项目获国家级立项2项、省级 5 项、校级 18 项，获全国 GIS 技能大赛一等奖及全国高校地理展示二等奖。2017~2019 年获“攀登计划”广东大学生科技创新培育专项 3 项，并连续获得校十佳学生荣誉称号。

六　结语

立德树人是根本，人才培养是中心，本科教育是基础。地理信息科学专业的人才培养充满着机遇与挑战，培养模式必须瞄准问题、与时俱进、勇于改革。通过多年来对“厚基础、宽口径”人才培养模式的构建与在广州大学地理信息科学专业的应用，已经在人才培养上逐渐形成了具有、“地理本色、一专多能、类型多样”的三大培养理念；构建了立德树人注重理论积淀、教研结合建设精品课程、本硕贯通培养拔尖人才、校企协同培养应用人才、国际交流培养国际化人才的五条培养途径；探索出了地理信息科学专业“厚基础、宽口径”的人才培养模式。实践表明，通过此种人才培养模式，可使学生找到更适合自己发展的平台，并在就业和升学中更具有竞争力。

参考文献

[1] 汤国安、董有福、唐婉容等:《我国 GIS 专业高等教育现状调查与分析》,《中国大学教学》2013 年第 6 期，第 26~31 页。

[2] 程结海、袁占良、景海涛等:《学科竞赛驱动下 GIS 专业人才培养模式改革》,《测绘通报》2019 年第 4 期，第 148~151 页。

[3] 张爱国、邬群勇、满旺等:《复合型、应用型空间信息与数字工程创新人才培养模式实验区建设与实践》,《测绘与空间地理信息》2012 年第 12 期，第 15~18 页。

[4] 蔡忠亮、翁敏、苏世亮等:《“地理素养与测绘技能”双驱动的 GIS 专业大学生创新能力培养模式的探索》,《测绘通报》2020 年第 8 期，第 148~152 页。

[5] 张艳红、邢立新、潘军:《我国地理信息科学专业人才立体培养模式研究》,《山东高等教育》2014 年第 8 期，第 56~61 页。

[6] 赵丽红、郭熙、罗志军等:《学科竞赛驱动下的 GIS 专业课“课程思政”实践教学改革探索》,《教育现代化》2020 年第 52 期，第 62~66 页。

[7] 王萍:《大规模在线开放课程的新发展与应用 : 从 cMOOC 到 xMOOC》,《现代远程教育研究》2013 年第 3 期，第 13~19 页。

[8] 杨九民、郭晓梅、严莉:《MOOC 对我国高校精品开放课程建设的启示》,《电化教育研究》2013 年第 12 期，第 44~49 页。

[9] 邹云峰、何旭辉、严磊等:《高校创新型人才培养研究》,《教育教学论坛》2020 年第 32 期，第 204~206 页。

[10] 罗三桂:《自主创新视阈下高等学校创新人才培养模式改革特征探析》,《中国大学教学》2013 年第 5 期，第 13~15 页。

[11] 柳长安、白逸仙、杨凯:《构建“需求导向、校企合作”行业特色型大学人才培养模式》,《中国大学教学》2016 年第 1 期，第 36~41 页。

[12] 张新长、阮永俭、何显锦:《地理信息教材慕课化改革与教学模式创新研究》,《中国大学教学》2018 年第 8 期，第 80~83 页。

B.15
科教协同　接轨国际　培养一流测绘地理信息人才

宫辉力　李小娟　邓　磊*

摘　要：人才是测绘地理信息事业发展最关键的要素。本文分析了新时代下我国地理信息科学专业本科生培养的现状及存在的问题，系统探讨了如何充分发挥专业特色，培养掌握地学高新技术应用、具有国际视野的新一代地理学创新型高素质人才的措施和方法；结合首都师范大学地理信息科学一流专业人才培养在科教协同和国际化方面的具体实践，论述了地理信息科学专业人才培养体系的建设举措和进展，为其他相关高校的专业建设和人才培养提供思路与借鉴。

关键词：地理信息科学　人才培养体系　科教协同　国际化

一　引言

地理信息科学是地理科学、计算机科学与技术、测绘科学与技术等学科交叉融合形成的一门新兴学科。近年来，在“一带一路”合作倡议、“京津冀

* 宫辉力，教授，博士，博士生导师，首都师范大学资源环境与旅游学院，首都师范大学地球空间信息科学与技术国际化示范学院，主要从事地理信息系统和遥感、信息水文地质的教学与交叉研究；李小娟，教授，博士，博士生导师，首都师范大学副校长，主要从事遥感和GIS的教学与应用研究；邓磊，教授，博士，首都师范大学资源环境与旅游学院，首都师范大学地球空间信息科学与技术国际化示范学院，主要从事遥感和GIS的教学与应用研究。

协同发展”和北京“四个中心”建设等国家和地方发展战略指引下，伴随着全球导航定位系统、遥感对地观测以及互联网等技术的快速发展不断推动地理空间数据获取和应用技术走向成熟，[1]地理信息科学在基础设施建设、智慧城市建设、物流和共享经济等新经济业态中的应用越来越广泛深入，社会对地理信息科学专门人才的需求越来越迫切，对人才的培养质量提出了更高的要求。[2~4]

本文分析了新时代下我国 GIS 专业本科生培养的现状及存在的一些问题，针对 GIS 专业人才培养改革的迫切需要，系统探讨了如何充分发挥 GIS 专业特色，培养创新型人才的措施和方法；结合首都师范大学地理信息科学国家一流专业人才培养的具体实践，详细论述了 GIS 专业人才培养体系在建设理念、教学改革、师资队伍、课程教材、实验教学等方面的建设举措和进展，为其他相关高校专业建设和人才培养提供可供借鉴的思路和方案。

二　建设目标与举措

首都师范大学地理信息科学专业成立于 2001 年。[5]秉持高水平学科发展支撑高质量人才培养的理念，依托地理科学与技术国家实验教学示范中心等 6 个高水平国家级教学平台和城市环境过程和数字模拟国家重点实验室培育基地等 7 个国家级、省部级重点实验室，以科研平台支撑教学环境，以科研成果优化核心教学资源建设，经过近 20 年优化发展，已经初步形成了师资队伍专业梯队结构合理、课程资源丰富充实、教学成果特色突出、人才培养成效显著等特点，各类专业实验室健全先进、实践教学环节丰富有效、个性化精英培养、国际化举措扎实明显，具有鲜明的专业建设特色。2008 年获批国家特色专业、[6]地理学国家优秀教学团队和 GIS 国家精品课程，2013 年入选综合改革试点专业，2016 年获批国际化示范学院，2017 年入选国家“双一流”建设学科群、“一带一路”国家人才培养基地，2018 年入选北京市一流专业，2019 年入选首批国家级一流本科专业建设点，先后 3 次获国家教学成果二等奖，达到了行业水平先进、国内知名的状态。[7]但是，鉴于地理信息科学学科近年来的飞速发展，地理信息科学专业学生培养面临着新形势下的新挑战，譬如科技创新与传统教学内容的融合、培养模式创新与人才竞争力提升、理论与实习实践的结合，以及学生培养与国际接轨等新、老问题层出不穷。

因此，首都师范大学地理信息科学专业面向北京“四个中心”和京津冀协同发展对GIS高新技术人才的迫切需求，以培养“厚基础、强能力、重创新”，掌握地学高新技术应用、具有国际视野的新一代地理学创新型高素质人才为目标，深入探索和实践“以科研平台支撑教学环境、以科研成果优化核心教学资源建设体系”“发挥区位优势，‘产学研用’强强联合协同育人模式”“人才培养国际化提高学生跨文化沟通、交流和合作能力”“通识教育与专业教育深度融合”等具有鲜明特色的切实举措，不断提高人才培养质量，进一步推动地理信息科学一流专业的建设。

三 人才培养模式创新

一流的人才培养模式是地理信息科学一流专业建设的根本保障。根据首都师范大学办学定位以及人才培养目标，已形成与地理信息科学专业目标相适应的特色人才培养体系。

（一）以高水平科研成果优化高质量教学资源，深化专业学科一体化建设

依托教育部三维信息获取与应用重点实验室、城市环境过程和数字模拟国家重点实验室培育基地等7个科研创新平台，由院士、联合国教科文组织（UNESCO）教席、千人、杰青和教学名师等引领组建国家优秀教学团队、教育部创新团队，形成以国家/北京精品课程、国家虚拟仿真实验教学项目为代表的优质课程20余门；建设实习基地9个，其中野鸭湖实习基地入选UNESCO生态水文全球示范项目，被纳入UNESCO生态水文典型案例，在美国、南非、日本、葡萄牙等国推广；通过科研立项等方式引领学生探索重力

卫星、虚拟仿真等颠覆性、跨时代新技术；创新“大运河 3S 综合实习”“京津冀环境问题 STEAM 案例分析”等研讨式教学模式，实现本科科研立项全覆盖，其中国家 / 省部级项目超过 43%，获国家 / 省部级竞赛奖 60 余项，考研和出国率超过 47%。

（二）通识教育与思政教育全程育人，创新产学研用协同育人模式

充分发挥首都师范大学在文学、历史、哲学、艺术、教育学、心理学等学科的优势，引进、消化和吸收国内外知名院校的培养方案、课程体系与教学模式，设计“宽口径、厚基础”的课程体系，通识教育与专业教育深度融合，提高学生的社会责任感和文化素养，加强学生文理贯通能力，强化工程数学、遥感物理等基础科目，夯实学生数理基础。通过建立贯穿整个培养阶段的通识教育、专业核心必修课和选修课程，增加大数据科学、人工智能、区块链等前沿选修课程和实践课程学分比重，建立科学、技术、工程、艺术与数学有机融合的、具有特色知识结构的多元化课程体系。将思想政治教育融入到人才培养全过程中，以特色课程建设为基础，突出思想政治教育在人才培养中的核心地位，使学生认识到地理信息资源是维护国家主权和领土完整的重要工具，也是我国优秀文化历史表达的重要媒介，着力培养具有历史使命感和社会责任心的优秀人才。

进一步落实与行业主管部门对接，实现企业深度参与人才培养的各个环节，为培养具有创新能力的拔尖人才提供从理论到实践、从校内到校外有机集成的研讨式学习环境，给予学生更多的自主学习资源。联合 UNESCO、欧空局（ESA）、美国地质调查局（USGS）、国家减灾中心、北京市地勘局、北京市环保局等机构成立特聘教师研究院、国内外培养联盟，充分利用优质创业资源，聘任知名企事业单位高级管理和科研人员为校外指导教师（特聘教授），促进高校与科研院所、行业企业的交流合作，促进培养与需求对接、科研与教学互动，推行校内外双导师制，建设“首都校园”。依托 6 个国家级教学平台，创建本科实验室 6 个，专业实习基地 9 个，特色实训课程 11 门。培养的学生担任首都生态保护红线划定、应急供水保障等重大项目的技术骨干，

获全国大学生创业大赛银奖、全国 GIS 技能竞赛特等奖，为培养面向地球空间信息科学与技术、地理与测绘、城市规划与管理、国土资源、环境保护以及其他行业空间信息化的国际人才奠定基础。

（三）以国际化教学资源打造国际校园，提升学生核心竞争力

在国际化示范学院、UNESCO 教席等国际化平台建立起来的与国际接轨的管理体系、制度和运行机制下，与荷兰特文特大学、加拿大滑铁卢大学、美国北伊利诺伊大学、纽约州立大学布法罗分校等具有优势专业的大学组建地理信息科学“国际校园”，建立了师资、教学、科研与实习基地等资源的共享机制，实现学分相互承认，合作开发最新在线专业课程，开展高年级本科生联合实习，开发“外培”“2+2”等双学位项目 5 项，开设全英文课程 20 门，专业核心课中英文并行开课，本科生的参与率超过 35%。

充分利用地理信息科学专业现有国内外兼职教授学术网络，组建具有首都师范大学特色的国际暑期夏令营，有针对性地选择首都以及京津冀地区自然资源环境开发与保护、社会经济建设与发展中的重大问题，建设暑期学校课程资源，为国际学生提供短期来华专业培训机会，同时，为首都师范大学学生提供国际交流机会。近年来参与学生 1300 余人次，举办国际培训班 5 届、近 600 人次，极大提高了专业在国内外的影响力。毕业生在美国、加拿大等国外知名高校深造或企业任职，近 3 年来发表一区、TOP 等 SCI 论文 60 余篇，获美国环境系统研究所公司（ESRI）全球青年学者奖、美国地理学家协会（AAG）遥感组竞赛第二名、滑铁卢大学院长荣誉奖、中国工程机器人大赛暨国际公开赛二等奖等。

（四）创造研讨式教学环境，大力推进个性化培养

探索调动学生主动学习、研究性学习、合作性学习积极性的教学方法改革。从培养方案着手，设计研讨式的教学环境，渗透每一个教学环节；开设系列专题式研讨班课程。在长期实施“拔尖人才培养计划”的基础上，构建系列激励和引导机制，制定本硕贯通培养计划方案和本硕博贯通培养计划方

案，切实落实专业学术导师制度，实行小班教学，鼓励翻转课堂建设，关注学生的不同特点和个性差异，学生在学术导师的指导下，根据自身发展规划，科学选择学习成长途径，实现个性化培养。

四　师资团队建设

一流的师资团队是地理信息科学一流专业建设的核心保障。以立德树人为本，打造以学生为中心、教学相长、德业兼修的高水平国际化教学团队。依托大学联盟和国际校园，开发课程群 + 导师制 + 工作室的特色教学模式。

（一）引育并举，科教协同，打造高水平国际化教学团队

首都师范大学地理信息科学专业现有专职教师 42 人，其中具有高级职称 33 人，具有博士学位的人员占比 88%。通过全球招聘、跨校引进等方式引进的教师为 15 人（外籍 3 人），有海外经历的教师为 76%。聘期内，教师的进修率和新教师培训率均为 100%。目前已形成由院士、UNESCO 教席、千人、杰青和教学名师组成的高水平国际化教学团队，并入选国家级优秀教学团队、教育部创新团队和北京市卓越青年科学家团队。

（二）接轨国际，深化基层教学组织建设

融合英国教学卓越框架 TEF2016、美国 STEAM 跨学科创新培育理念，创新教学组织形式，由教授领导课程群、专业群工作室及特级教师工作室，教授授课率为 100%。近年来承担省部级教改项目 40 余项，获得国家 / 省部级教学成果奖 7 项，85 人次获得各级优秀指导教师称号；建有国家 / 北京精品课程、国家级虚拟仿真项目等特色课程 20 门（在线课程 11 门）；形成了以 CNU-ITC/NIU/LSU 小学期课程、CNU-MSU“遥感大数据与人工智能”为代表的开放教学资源，以 UNESCO 教席工作室等为代表的国际化特色教学模式。通过组织暑期学生学术夏令营的形式，汇聚一批国际一流学者为学生授课讲学，并实现青年教师职业能力快速提升。

五 课程与教材建设

一流的课程资源是地理信息科学一流专业建设的基础保障。在课程设置方面，本专业以现有“地理信息系统”国家精品课程为核心，构建与国际对接、富有特色的课程体系，除了开设经典的地图学、自然地理学、地理信息系统原理与方法、遥感原理与方法、C 语言和数据结构等地信遥感类、计算机类和地理科学类相关专业课程，还根据新技术和新产业发展趋势，鼓励和支持高水平教师联合开发优质教学资源，整体优化课程体系，开设地理信息与大数据课组（时空大数据技术方法与应用、现代优化计算方法、网络地理信息系统等）和遥感与人工智能课组（GeoAI 方法与应用、机器学习与遥感应用、人工智能原理等）。同时，通过国际化教学联盟以及国内相关专业高水平高校联合校园计划，开设全英文或双语授课的小学期课组（高级环境遥感、基于 Python 的地理信息处理分析等）和 MOCC 系列课组（地图和地理空间的革命、工程科技创新和人类未来等）。学生须修满教学计划培养方案规定的 155 学分方能毕业。课程 126 学分，其中思政教育 15 学分，通识教育 32 分，专业必修 60 学分，专业选修 19 学分，实习实践 29 学分（880 学时）。

大力发展虚拟仿真和线上线下教学新模式。立足于自主科研成果转化，基于“SSW 车载激光建模测量系统”、“近地轻型数码航空摄影测量系统”和“北京地区地面沉降监控关键技术及其工程应用”等国家和省部级先进科研成果，针对尺度效应、过程演化、区域综合中的难以到达、难以观测、难以重现的典型城市环境过程，进行综合虚拟仿真实验教学资源建设，[8]“无人机航空摄影测量虚拟仿真综合实验教学项目”获批国家虚拟仿真实验教学项目。利用教学网络系统和大学慕课平台（中英文），积极构建教学资源体系，打造开放的专业基础教学平台。教学平台建有教学资源数据库和学生创新数据库，选择城市环境过程中的典型问题——区域水循环与城市雨洪、区域地面沉降、城市热场等进行互动式案例教学，为学生呈现更真实、更丰富的地理世界，强化学生的基本概念、基本理论和基本技能，有效地提高学生综合设计、创新和探究式学习能力。

根据一流专业建设的指导思想，积极推进优秀教材建设，力求理论教材和实验教材在内容设计上注重理论基础、实验内容技术与方法的综合性、区域性、应用性和先进性，并体现理论与基础、室内与野外、经典与先进的有机结合。自编的系列实验教材和讲义，基本体现了教材建设的理念。编写《野鸭湖 3S 综合实习》、《地理信息系统原理、方法和应用》、《遥感数字图像处理系统开发实践教程》和《遥感导论——中文导读》等教材 19 部，获评“十一五”教育部规划教材、北京市精品教材、“十二五”国家重点图书项目、第二届全国优秀地理图书奖等，对于充实地理学发展前沿起到了重要的作用。

六 实践教学体系构建

一流的实习实践教学体系是地理信息科学一流专业建设的创新保障。依托地理科学与技术国家级实验教学示范中心、城市环境过程虚拟仿真国家级实验教学中心和科研平台，建立综合性、区域性、实践性和先进性的实验教学体系、高新技术应用为特色的创新人才培养模式，着力培养富有创新精神和实践能力的各类创新型、应用型、复合型优秀人才；整体优化传统实验技术与高新技术应用、传统实验和创新实验、本科生与研究生互动、校内外合作交流，形成由校内虚拟仿真实验平台、野外综合实习基地、实验教学创新平台组成的教学、科研一体化的实验教学体系。

根据地球信息科学的特点，系统制定和优化了本科专业培养过程中多个阶段的探究性实验。借鉴国际化教学联盟成员院校的实践训练经验，设计实验训练课程，形成前后衔接、有机耦合、理论紧密结合实践的一体化方案。在高年级阶段，选择地理信息系统、遥感、空间分析及其在人口、资源环境与可持续城市发展中的应用，多样化综合地理信息实习方案和实习区域，有针对性地在系列课程项目训练中引入小组协作、社会调查、行业部门对接、可行性方案论证、设计成果答辩质疑等多个实验环节，全方位锻炼学生在实践中学习和创新的能力，在实践中培养学生团队协作能力、领导能力、协调

沟通能力。

依托 UNESCO 等国际合作伙伴和重点实验室平台，拓展与相关国际组织、国内外高新技术企业、科研院所相衔接的学生实习与实践基地。建立学生联合专业实习制度，协调设计具体的联合专业实习方案，为学生提供实践学习的国际化环境。聘请高新技术企业创业导师，形成长效合作机制，为本科生和研究生提供职业培训、带薪实习的机会，设置实习创业学分，鼓励学生敢于尝试、勇于实践，为学生创新创业能力的培养提供制度保障。通过学生的实习实践，反馈行业技术最新动态，改进教学内容，保证“接地气”的人才培养模式，并通过国家教学平台、科研平台向国内外大学进行示范辐射与服务。目前承担首都师范大学 41 个专业的公共选修课和 20 个学位点的实验教学与科研实验，为“中关村地区跨校教学联合体”开设 20 余门选修课，是教育部“国培计划”高中地理培训基地、国内外 9 所大学实习基地、6 个国内外著名软件的培训基地。

在先进的实践教学体系支撑下，本科教学效果、学生综合能力及学习热情都得到了极大的提高。70% 以上的学生都有参与科研立项的经历，近年来开展近 300 项“大学生创新性实验项目”，120 多人次获国家、北京市、校级大赛奖励，127 人获国家、北京市三好学生、奖学金。学生在重大项目实施（如汶川地震、巴基斯坦洪水监测等）中发挥了重要作用，得到联合国教科文组织、国家减灾委灾害风险管理委员会等国际、国内组织的关注和表扬。

七　结语

地理信息科学专业近些年的飞速发展有目共睹。教育部高等学校特色专业建设的相关文件明确提出“本科专业培育要有明显的优势、鲜明的特色，建设力度要不断加大，争取逐步形成专业品牌和特色，引领其他高校学习”。首都师范大学地理信息科学专业针对自身的实际情况，在人才培养模式、师资团队、课程与教材和实践教学改革等方面取得了一系列成绩。为了保证地理信息科学专业的可持续发展，我们将坚持立德树人，以学生为中心、以高

素质国际化人才培养为导向，进一步突出“学科专业一体化”、“产学研用”协同育人、“人才培养国际化”等特色优势，以多学科交叉教学实践平台为依托，通过构建人才培养国内外联盟、创新人才培养模式、组建高水平师资队伍等举措，进一步提升教学水平，推动一流专业建设。

参考文献

[1] 吴浩、李畅、刘鹏程等:《新工科背景下地理信息科学专业实验教学体系改革研究》,《中国教育技术装备》2020 年第 6 期，第 112~114 页。

[2] 陈莉琼:《在“双一流”建设中助力测绘地理信息行业发展》,《中国测绘》2019 年第 1 期，第 34~38 页。

[3] 周璀、张贵、杨志高:《创新创业教育与地理信息科学人才培养融合研究》,《中国多媒体与网络教学学报（上旬刊）》2020 年第 5 期，第 92~93 页。

[4] 余学祥、陈卫卫:《关于地理信息科学专业人才培养的几点思考》,《黑龙江教育（理论与实践）》2019 年第 4 期，第 37~38 页。

[5] 王艳慧、邓磊、段福洲:《地理信息系统专业应用创新型人才培养体系的设计与实践》,《科技资讯》2013 年第 14 期，第 205~206 页。

[6] 宫辉力、李小娟、赵文吉等:《地理信息系统国家特色专业建设与发展》,《中国大学教学》2009 年第 11 期，第 41~42 页。

[7] 潘云、付文红、朱琳等:《聚焦核心竞争力，提升学科贡献力携手共建特色一流地理学——“双一流”建设对首都师范大学地理学发展的机遇与挑战》,《首都师范大学学报（自然科学版）》2019 年第 6 期，第 27~31 页。

[8] 邓磊、段福洲、李家存等:《虚拟仿真实验教学模式探索——以无人机航测综合实习为例》,《科技创新导报》2019 年第 35 期，第 234~237 页。

B.16
面向新工科的测绘工程专业转型升级及创新型人才培养实践

高井祥　陈国良　李增科　王潜心　汪云甲　张秋昭　刘志平　张书毕*

摘　要：教育部提出高校新工科建设目的之一是培育出具有工程实践能力的创新型人才。测绘仪器和手段的发展对于测绘专业建设提出了新的挑战，对于人才所需具备的综合能力提出了更高的要求。本文以中国矿业大学矿山测量专业改造升级为例，深入探讨了新工科形势下行业特色测绘工程专业发展和创新型人才培养的改革思路，推动测绘专业从传统老专业向“空－天－地”新工科专业的转型升级。

关键词：新工科　测绘工程　专业升级　创新型

一　面向新工科的测绘工程人才教育存在的问题

随着新一轮科技革命与产业变革的到来，世界经济格局与全球化分工形势发生改变。为实现教育水平与当前的生产力发展水平和经济增长模式相适应，使得高等教育及人才培养始终引领先进生产力发展与科技

* 高井祥，中国矿业大学二级教授，博士生导师，研究方向为智能测绘、岩层地表移动变形监测与分析、GNSS技术应用、智慧矿山等；陈国良，中国矿业大学教授、博士生导师；王潜心，中国矿业大学教授；汪云甲，中国矿业大学二级教授、博士生导师；张书毕，中国矿业大学教授、博士生导师；李增科、张秋昭、刘志平，中国矿业大学副教授。

创新,2017 年 2 月，教育部提出“新工科”概念，要求高校大力发展“新工科”教育。新工科专业主要指针对新兴产业的专业，以互联网和工业智能为核心，包括大数据、云计算、人工智能、区块链、虚拟现实、智能科学与技术等相关工科专业。新工科专业是以智能制造、云计算、人工智能、机器人等用于传统工科专业的升级改造，相对于传统的工科人才，未来新兴产业和新经济需要的是实践能力强、创新能力强、具备国际竞争力的高素质复合型新工科人才。

测绘工程专业属于典型的传统工科专业，具有很强的实践性和时代性，其专业知识体系和人才培养模式与产业技术发展紧密相连。传统测绘工程专业以传授基于光学、机械、电子的测绘技术为主，以培养测绘专业技术人才为目标。随着人工智能、大数据、云计算、物联网等新技术的发展，测绘技术和行业发生了巨大变革，生产技术从传统光机电向数字化、网络化、智能化方向转变，生产模式从基础数据采集型向空间信息应用型和服务型转变。因此，现有的测绘工程专业课程体系及人才培养模式已很难满足测绘行业转型发展及新工科建设需求，亟待进行改造升级。当前测绘新工科创新人才培养存在的主要问题如下。

（1）核心素养发展不均衡

核心素养发展偏重于专业知识素养，导致学生品德素养和能力素养（经济、法律等）的培育不均衡，也难以把社会主义核心价值体系与自身成才成长紧密结合。

（2）知识融合能力不强

知识掌握局限于专业方向，对于知识的贯通和融合能力不强，导致学生难以形成知识体系和知识框架。

（3）职业发展方向与规划不明确

职业发展与规划受困于社会阅历和眼界水平，与新的培养目标无法完全契合，加之自身定位方面的准确性不高，导致职业发展方向与规划不明确。

二　面向新工科的测绘工程专业转型升级和创新型人才培养思路

面向国家“双一流”建设和高等教育质量工程的目标要求，准确把握高等教育发展新形势，坚持以学生为中心、结果导向、质量持续改进的培养理念，依托专业建设，以教学改革为核心，以培养“新素养、新视角、新能力、新思维”的创新人才为目标导向，以构建3能力+1素质（工程能力、管理能力、创新能力+综合素质）的新工科人才培养模式为主要内容，开展测绘工程专业培养方案的修订、课程内容与体系的重构、教学方法与教学平台的革新，采取“本土国际化、导师团队化、平台智能化、学生中心化、课程体系新”的“四化一新”人才培养措施，力促测绘专业由传统测绘工程专业向一流新工科专业、人才培养从单一技术型向国际化创新型的转变（见图1）。

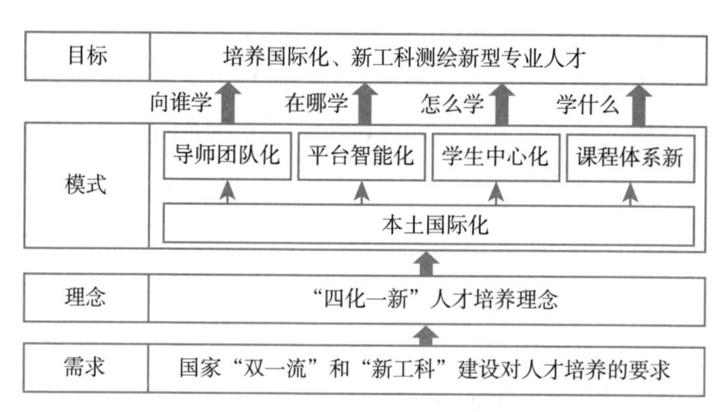

图1 “四化一新”新工科测绘新型人才培养理念及实现模式

三　面向新工科的测绘工程专业转型升级和创新型人才培养措施

（一）面向“新工科”要求优化培养方案，全面培养测绘创新型专业人才

结合“新工科”要求提出“坚持特色、面向需求、拓宽基础、强化创新”的金字塔型分层次培养方案，通过知识整合、模式提升、科教融合、协同育人等途径，按通用中保持特色、特色课程力争通用、凸显触类旁通及融会贯通思路，依据课程群系统化、结构化，课程拓展特色化、融合通用化的特点，延拓专业方向、整合教学内容、升级教学形式等，对课程体系进行全面重构优化（见图2）。通过课程群核心知识点梳理减少不同课程相同知识点的教学内容，大幅增加以人工智能、大数据为代表的新技术教学内容，在拓展传统特色课程基础上增强其通用性，解决“新工科”建设对课程体系“存量更新、增量补充”的问题，实现测绘工程专业六个转变（见图3），提升专业的竞争力与适应性。

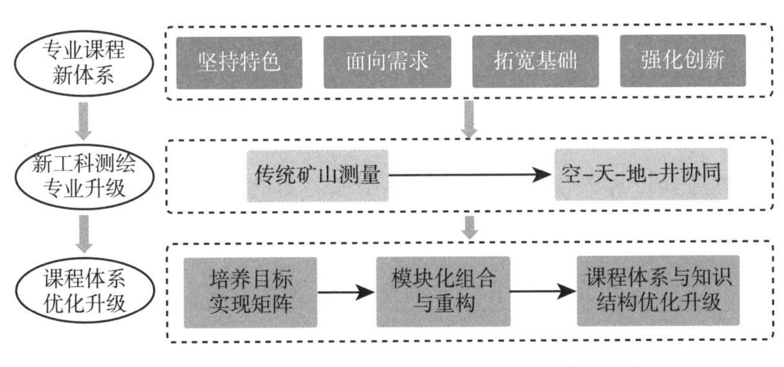

图2　面向“新工科”测绘工程专业课程体系优化

（二）构建本土国际化人才培养模式，全面拓宽国际化人才培养途径

针对国际化人才培养成本高、受众少、文化差异大等问题，从教学体系、

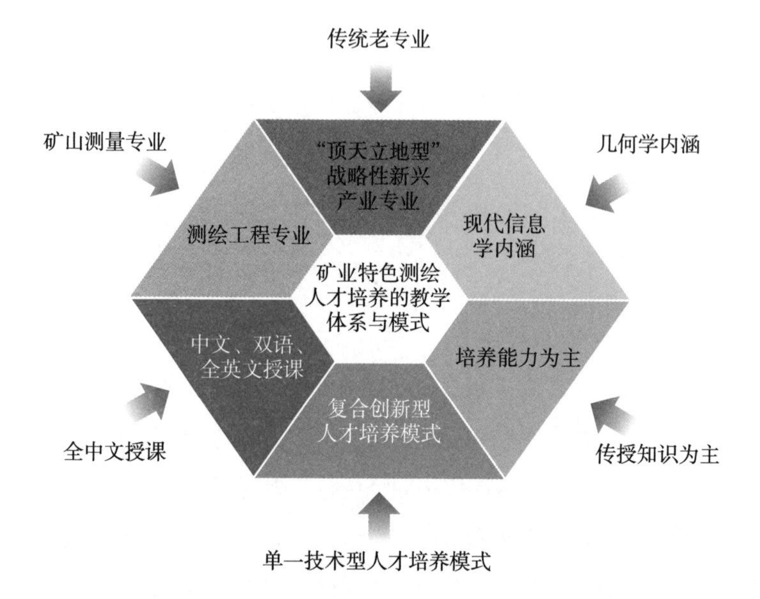

图 3　中国矿业大学测绘工程专业六个转变

实践平台、师资队伍等多个方面强化国际化建设，营造国际化培养环境，实现国际国内两种不同教学资源、师资资源的融合共享，并渗透到课程体系、教学活动、科学研究及人才培养过程中，建立符合自身实际的本土国际化人才培养途径与模式。依据国际工程专业认证标准修订培养计划，对标国际一流大学标杆专业课程体系开设全英文、双语课程。全职/柔性引进外籍教师，选派本土教师到世界一流大学研修，促进师资队伍国际化程度。整合优化国际科技合作平台，通过校际合作，国内外学生可相互使用双方学术平台。通过上述举措促进国外先进教学经验和优质资源与本土本校本专业有机融合，解决国际化人才本土培养问题。

（三）践行"三全育人"理念创建导师团队制，全方位提升学生综合素质

如图 4 所示，针对单导师和双导师制在学生综合能力与素质培养过程中存在的不足，构建包括由专业教师、企业精英、人文教师、心理导师等组成

的导师团队，为学生提供“导德、导能、导职、导心”的全方位指导。专业教师主要为学生的专业知识学习提供指导，企业精英为学生未来就业和职业规划提供咨询意见，人文教师为学生人文素质培养和思想品格塑造提供专业培训，心理导师则为学生情感、心理及生理问题提供辅导。通过导师团队制，拓宽师生沟通渠道，发挥现有教师资源优势，全方位提升学生的学习能力、创新能力、人际交往能力。

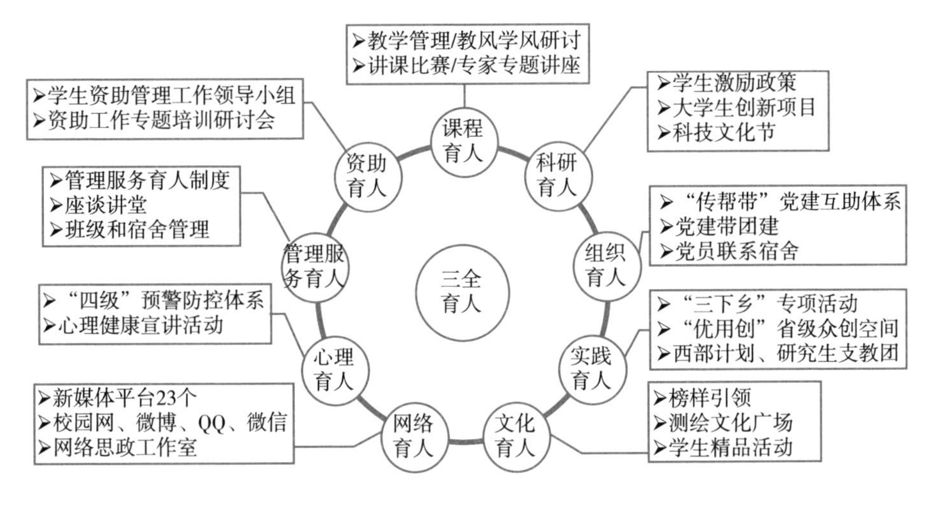

图 4 “三全育人”导师团队教育模式

（四）搭建“四合一”智能化综合实验平台，全面提高学生实践创新能力

针对不同类型实验平台在重复性、展示性、操作性、实战性上的特点，提出“虚实结合、科教融合、校企联合、动静组合”的“四合一”智能化实验平台建设思路。建立“虚拟实验—现场实践—实践反馈—虚拟改良”的实验教学新模式，完成国家北斗分析中心、遥感大数据研究中心、太空采矿研究中心等科研平台教学化改造，与河北省基础地理信息中心、徐州市基础测绘中心等单位建立校企共建、共管实验基地，弥补单一实验平台不足，实现资源优化利用，提高学生实践创新能力。

（五）革新“互联网+云平台”教学方法，实现由“教师为中心”到“学生为中心”的全面转变

如图 5 所示，针对学生学习主动性不高、教师授课指向性不强等问题，采用“互联网 + 云平台”等新技术，采用智慧教室、弹性课堂、兴趣配对等多种新型教学方法，突出学生在教学活动中主体地位。利用微信、QQ 等即时通信工具，建立课程讨论群。开发线上答题 App，学生在线答题累计积分，计入平时成绩。根据学生个人兴趣，自动配对成不同兴趣小组，教师对各兴趣小组进行差异化指导。通过上述教学方法和手段的革新，实现由“教师为中心”到“学生为中心”的转变，提高教学质量。

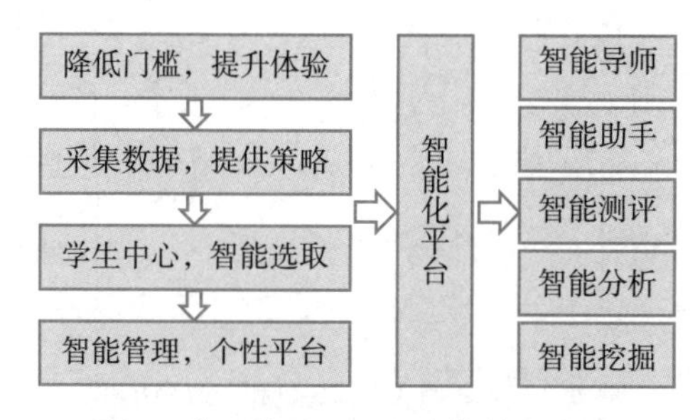

图 5 “互联网 + 云平台”教学方法

四 推广应用效果及典型案例

（一）教学方法革新成效显著，学生创新实践能力明显提高

项目组建立的“导德、导能、导职、导心”的导师团队制，“虚实结合、科教融合、校企联合、动静组合”的“四合一”实验平台，以及“互联网 + 云平台”的新教学方法，显著提高了教学质量。成果在《武汉大学学报（信息科学版）》《测绘通报》《现代矿业》等期刊上发表教改论文 22 篇，已被引用多次，出版教育教学方法专著 3 部，被“现代矿山”“测绘技术”“慧天地”等公众号广泛转载。

2013 级本科生李浩博同学先后获得全国测绘技能大赛一等奖 2 项、江苏省创新创业大赛一等奖、江苏省大学生职业规划大赛年度总冠军等 110 个各类奖项，其中国家奖项 13 项，被评为中国大学生自强之星、全国大学生年度人物、江苏省三好学生，事迹被人民网、人民日报、江苏卫视等多家媒体专题报道。

（二）学生创业意识明显加强，就业领域得到了拓展

学生就业领域不再仅局限于传统的测绘行业，就业面扩展到导航定位、地图、位置服务、大数据等领域。学生创业意识和创业技能普遍提高，本科毕业生中出现了众多的创业者，创业领域基于本专业知识进行开拓，挖掘测绘工程专业的基础服务潜力，将测绘服务与大众生活产生了紧密联系。

测绘工程 2010 届毕业生金波，创办了上海领益信息科技有限公司，基于本专业知识，通过拓展三维激光扫描技术的应用领域，以感知世界为公司目标，利用三维测绘技术获取空间信息，深挖行业延展应用，以信息化测绘和成果输出为本，为各行业提供三维数字化一站式服务。

（三）国际化人才培养能力大幅提升，国际化人才培养质量显著提高

学校柔性引进了德国亚琛工业大学等 18 名外籍教师，为本科和研究生开设全英文课程 6 门，出版英文教材 3 部，建立海外实习基地 2 个。

与新南威尔士大学联合培养的唐晓旭同学，成为受邀在澳大利亚国际测量教育论坛做报告的唯一学生；与柏林工业大学联合培养的冯金鹏同学创立了中德创新创业中心，担任中德测绘与地球空间协会理事长；2015 届本科生李春敬毕业后赴巴基斯坦工作，中央电视台《远方的家（“一带一路”）》对其突出事绩进行了专题报道。

（四）课程体系改革取得重大突破，国内外示范引领辐射作用显著

“坚持特色、面向需求、拓宽基础、强化创新”的专业课程体系重构与改革方案，解决了新工科建设对课程体系“存量更新、增量补充”的需求，实现了测绘专业从传统老专业向“空－天－地－井”新工科测绘专业的转型升级。这一成果产生了显著的标杆效应，成果完成人多次受邀在联合国世界地理信息大会等重大国际会议上做特邀报告，在中南大学、东北大学等23所行业高校推广应用，直接受益学生累计达5600余人。

五　结论

（一）理念创新：突破测绘类学生传统培养目标的局限，构建从技术为重向全面发展转变的高层次人才培养理念

从培养目标来看，社会对高素质人才创新能力和实践能力要求越来越高，传统培养模式会影响学生的知识面，造成学生培养目标单一。从目标导向教育OBE理念出发，立足于团队指导模式建设，对导师团队指导学生的培养模式进行探索，提升本科生导师制的形式和内容，从而形成创新人才与创业人才协调培养的体系。突破了测绘类学生传统培养目标的局限，依据国家、社会、行业发展需要，联系学生自我价值实现，结合大学的定位和发展目标，致力于培养宽口径、创新能力强的复合型人才，构建了从技术为重向全面发展转变的高层次人才培养理念。

（二）模式创新：实现“单导师”向“团队制”的模式转变，改善供给侧视角下的导师团队结构配置

大学本科阶段是学生世界观、人生观、价值观形成的关键时期，所以导师团队要做到全覆盖、有侧重。基于供给侧视角，结合测绘类学生培养目标与存在的问题，实现“单导师”向“团队制”的模式转变，形成了多维协同的导师团队建设方式，除此之外，在导师队伍领域强调交叉性和互异性，除

了校内导师外，根据专业领域的不同、培养目标的差异，引入不同领域的专家，包括行业专家、企业高管、政府人员、法律专家等，改善供给侧视角下的导师团队结构配置。

（三）体系创新：形成面向新工科要求的课程体系，全面培养测绘创新型综合性人才

面向新工科的建设要求，构建了“坚持特色、面向需求、拓宽基础、强化创新”的专业课程新体系，实现了课程体系从传统矿山测量到“空－天－地－井”新工科测绘专业的升级转变。制定了培养目标实现矩阵，通过课程内容的模块化组合与重构，实现了课程体系与知识结构优化更新，以实现传统测绘专业转型升级。

参考文献

[1] 林健:《面向未来的中国新工科建设》,《清华大学教育研究》2017年第2期，第26~35页。

[2] 张秋昭、张书毕等:《新工科背景下产学研协同培养特色行业人才模式探讨》,《教育教学论坛》2019年第11期，第169~170页。

[3] 高井祥、张秋昭等:《双一流背景下行业特色专业“本土国际化”教学模式的探索与实践》,《现代矿业》2019年第2期，第1~3、7页。

[4] 刘志平、杨丁亮、张书毕:《安卓测量实习教学系统的设计与实现》,《测绘工程》2017年第6期，第75~80页。

B.17

建筑类高校测绘地理信息人才特色培养

杜明义　曹诗颂*

摘　要：本文探讨了建筑类高校测绘地理信息专业建设理念、师资队伍、课程教材、人才培养及示范辐射等方面的方法和举措。针对建筑类高校测绘地理信息专业所面临的学科群建设不完善、建筑行业特色优势不突出、交叉型和应用型师资队伍不足、学生就业不能突出建筑行业特色、人文素质教育薄弱等问题，提出了坚持教学机构独立性、凸显建筑行业特色、加强学科融合与交叉型师资队伍培养、重视人文素质教育等提高人才培养质量的方法与举措，为建筑类高校测绘地理信息人才特色培养提供借鉴和方案。

关键词：建筑类高校　测绘地理信息　人才培养

一　前言

随着互联网、大数据等新兴技术的进步，各行业间的关系愈加紧密，测绘地理信息行业也在这个背景下不断融合发展，对本行业的人才培养提出了更高的要求。2017 年以来，教育部积极推进新工科建设，发布了《关于开展新工科研究与实践的通知》，强调工科优势高校要对工程科技创新和产业创新发挥主体作用。[1] 目前，许多建筑类高校开设了测绘地理信息相关专业，表

* 杜明义，博士，北京建筑大学，教授，主要从事移动测量及城市市政环境信息数字化、城市空间热环境等领域的研究；曹诗颂，博士，北京建筑大学，讲师，主要从事城市遥感研究。

1展示了各大建筑类高校开设测绘地理信息专业的情况，可以看到各校至少开设了一门相关专业，其中测绘工程开设的数量最多，地理信息科学、遥感科学与技术相对较少。同时，北京建筑大学开设的相关专业种类最多，具有一定的代表性。

表1 全国具有测绘地理信息专业的建筑类高校分布

学校	专业			
北京建筑大学	测绘工程	地理信息科学	地理空间信息工程	遥感科学与技术
天津城建大学	测绘工程	地理信息科学	—	—
山东建筑大学	测绘工程	地理信息科学	—	—
沈阳建筑大学	测绘工程	—	—	—
沈阳城市建设学院	测绘工程	—	—	—
吉林建筑大学	测绘工程	地理信息科学	—	遥感科学与技术
长春建筑学院	测绘工程	—	—	—
吉林建筑科技学院	测绘工程	—	—	—
南京工业大学	测绘工程	地理信息科学	—	—
苏州科技大学	测绘工程	地理信息科学	—	—
安徽建筑大学	测绘工程	地理信息科学	—	—
河南城建学院	测绘工程	地理信息科学	—	遥感科学与技术
湖南城市学院	测绘工程	地理信息科学	—	—
重庆大学	测绘工程	—	—	—
西南科技大学城市学院	测绘工程	—	—	—
哈尔滨工业大学	—	—	—	遥感科学与技术

资料来源：各大建筑类高校官方网站。

然而，各建筑类高校的测绘地理信息专业在人才培养方面仍然存在一定的问题，包括未能有效打造“建筑—土木—测绘地理信息”学科优势群，培养方案未能突出建筑行业特色，交叉型与应用型师资队伍缺乏，学生就业未

能突出建筑类高校特色以及人文素质教育薄弱等。新时期对人才的要求，除了专业精深，还应具有学科交叉融合的特征。[2]因此，在我国的建筑类高校中，测绘地理信息专业尤其需要结合本校优势学科，在专业培养方案、师资队伍建设、课程设置、实践创新能力培养等方面探索新型建筑类高校的人才培养模式，以更好地适应社会发展趋势，为新时代下的测绘地理信息行业注入强劲的发展动力。

本文以北京建筑大学为例，探讨当前建筑类高校测绘地理信息专业人才培养的现状以及存在的问题，并提出对应的可行解决方法，为建筑类高校测绘地理信息人才特色培养提供借鉴和方案。

二 建筑类高校测绘地理信息专业培养目标及培养方案的基本要求

（一）建筑类高校测绘地理信息专业培养目标

建筑类高校一般具有鲜明建筑特色，其办学理念形成于特殊的历史时期，在长期的办学过程中得到巩固和发展，建筑类高校应该坚持以特色求发展、以特色求生存、以特色谋求卓越，图1展示了建筑类高校服务对象、人才培养、学科专业和科学研究的特点。就多数建筑类高校而言，其重点学科多集中于建筑土木专业领域，因而，测绘地理信息专业应融入学校优势学科群，其专业培养目标应该区别于综合性大学测绘地理信息专业。应该结合学校建筑和土木工程优势学科，错位发展建筑和土木领域测绘地理信息专业。

测绘工程专业培养目标应该为："测绘工程专业立足学校土木建筑类学科优势，为城市建设与管理培养能胜任城市基础测绘，能解决城市复杂工程环境下的测绘问题，能服务城市精细化管理、古建筑保护、复杂结构精密测量等的测绘专业人才。毕业后经过5年左右的工作和学习，能够达到如下目标：（1）掌握数学、自然科学、工程基础及先进的测绘理论与技术，胜任工程勘测、设计、施工及管理等专业技术工作；（2）具有良好专业素养、丰富的工程

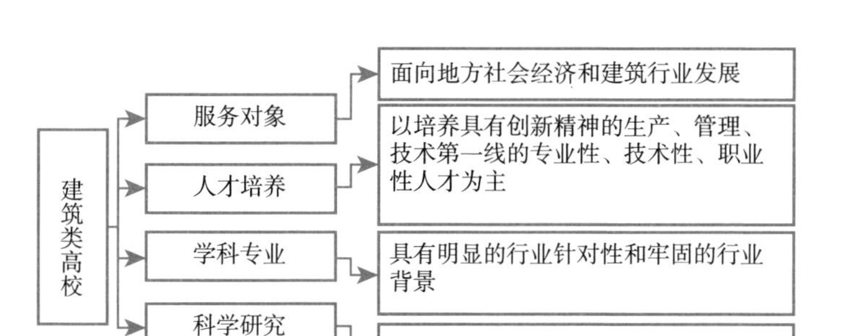

图1　建筑类高校服务对象、人才培养、学科专业和科学研究特点

管理经验和极强的工作责任心，成为测绘地理信息企事业单位中的技术负责人或技术骨干；（3）具有继续学习适应发展的能力，能够独立或协同承担测绘地理信息科研工作；（4）具有良好的团队意识、国际化视野和沟通能力，能够承担团队中的领导角色。”[3]

地理空间信息工程专业培养目标应该为：“以地理空间数据采集与处理、地理空间分析与可视化、地理空间信息工程设计开发与项目管理等三个主要方向为着力点，培养服务于城市信息化建设，具备空间信息工程、空间信息服务、空间信息平台和空间信息系统集成等方面能力的高端复合创新型人才。”[4]

遥感科学与技术专业培养目标应该为：“面向国家和地方城乡建设的需要，培养具备数理基础和人文社科知识，掌握遥感科学与技术基础理论、基本知识和基本技能，接受科学思维和工程实践训练，胜任国家基础测绘、土地利用与土地覆盖监测、资源调查、城市应急等领域企事业单位工作。具有较强的航空、航天和地面遥感数据获取、处理、分析、应用及影像处理开发能力和国际视野的复合型工程技术人才。毕业后经过5年左右的工作和学习，能够达到如下目标：（1）掌握数学、自然科学、工程基础及先进的遥感科学理论与技术，胜任遥感数据智能处理、遥感专题应用、相关软件研制等专业技术工作；（2）具有良好专业素养、丰富的行业解决经验和极强工作责任心，成为遥感领域相关企事业单位的技术负责人或技术骨干；（3）具有继续学习适应发展的能力，能够独立或协同承担摄影测量与遥感相关科研工作；（4）具有良好的团队意识、国际化视野和沟通能力，能够承担团队中的领导角色。”[5]

（二）建筑类高校测绘地理信息专业培养方案基本要求

1. 以测绘地理信息专业核心知识体系为基本前提

建筑类高校的测绘地理信息特色专业人才培养必须坚持以测绘工程、地理空间信息工程以及遥感科学和技术核心知识体系为基本前提，在这个基本前提下，融合“新工科”教育理念、建筑和土木工程类相关课程知识及行业背景，才能培育出面向地方城乡建设需求，具有创新精神的建筑和土木工程行业测绘地理信息人才。如果没有测绘地理信息专业核心知识体系为支撑，即便依托再多的建筑和土木类行业背景和设置再多的相关课程，最终都无法培养出合格的测绘地理信息人才。一般综合性大学测绘地理信息专业培养方案中开设了较多的专业选修课，建筑类高校则可以适当压缩非核心专业课程，适当补充建筑类高校行业特色专业课程，比如北京建筑大学测绘与城市空间信息学院开设的《城市精细化管理技术与应用》《建筑工程测量学》《数字文化遗产》等相关课程。

2. 课程属性需要面向“新工科”和凸显交叉性

“新工科”是高等工程教育为应对全球形势、国内工程教育发展形势和服务国家战略而做出的符合中国特色的高等工程教育改革方案，主要包括三个方面：一是指传统工科的改造升级；二是指面向新经济产生的新的工科专业；三是指工科与其他学科交叉融合产生的新的专业。为了适应“新工科”时代背景下的教育变革，利用现代技术加快推动人才培养模式的发展，建筑类高校测绘地理信息人才培养需要紧紧围绕“一轴两翼”教材建设布局统筹规划理论教学、实践与应用服务体系。教材建设以时代需求为导向的“新工科”理念与教育教学的融合，可以促进测绘地理信息类学科走向交叉融合，为国家培养高素质创新型人才，同时为打造发展“新工科”奠定良好的教学生态环境。

依托前瞻性的教学理念和人才培养体系，同时融合新时代的专业特色建设需求，通过课程群建设并构建以“新工科”课程体系建设为轴、理论和实践教学为两翼的特色化教材建设体系（见图2）。比如北京建筑大学杜明义教授编著的《城市空间信息学》（高等学校测绘工程专业核心课程规划教材）是在总结多年教学与科研经验基础上编写而成的，主要介绍了城市空间信息学的理论基础以及城市空间信息在城市规划、建设和管理中的应用实例。

3. 强调课程的实践性与应用性

建筑类高校的测绘地理信息专业主要是培养具有创新精神的生产、管理、技术第一线的专业性、技术性和职业性测绘地理信息人才，而测绘地理信息人才需要具备较强的实践能力。因此实践教学的模式和案例型课程设计显得尤为重要，图3展示了建筑类高校测绘地理信息人才案例型教学的基本思路。从图3中可以看出，建筑类高校测绘地理信息人才案例教学的课程设计需要有“四个多”，即：多层次的教师梯队、多层次的学生梯队、多元化的学科背景、多年的案例积累。

多层次的教师梯队意味着教师不同的角色分工，高级职称教师负责课程案例设计及前沿理论把握；而中初级职称教师则负责具体的课程实施。多层次的学生梯队意味着学生在课程的实施过程中既是受益者也是贡献者，高年级学生拥有丰富的测绘地理信息项目实施经验，而低年级学生拥有活跃的思维和较强的创新意识，这种跨层次、跨年级、跨学科的师生团队组成，能够将传统的教与学的模式转化为教学相长模式，可以形成新的案例和获得新的启发。多元化的学科背景既是建筑类高校特色专业人才培养的需求，也是贯彻实施STEAM教育理念和“新工科”交叉融合的主要抓手。即建筑类高校特色测绘地理信息专业的交叉和综合促进STEAM和“新工科”教育，而STEAM和“新工科”教育理念提供建筑类高校测绘地理信息专业创新环境。而案例型实践课程的开设依赖于专业多年的案例积累，如果没有充分的、多层次的案例支撑，师生难以在实际的科学和技术问题中得到历练和获得成长。[7]

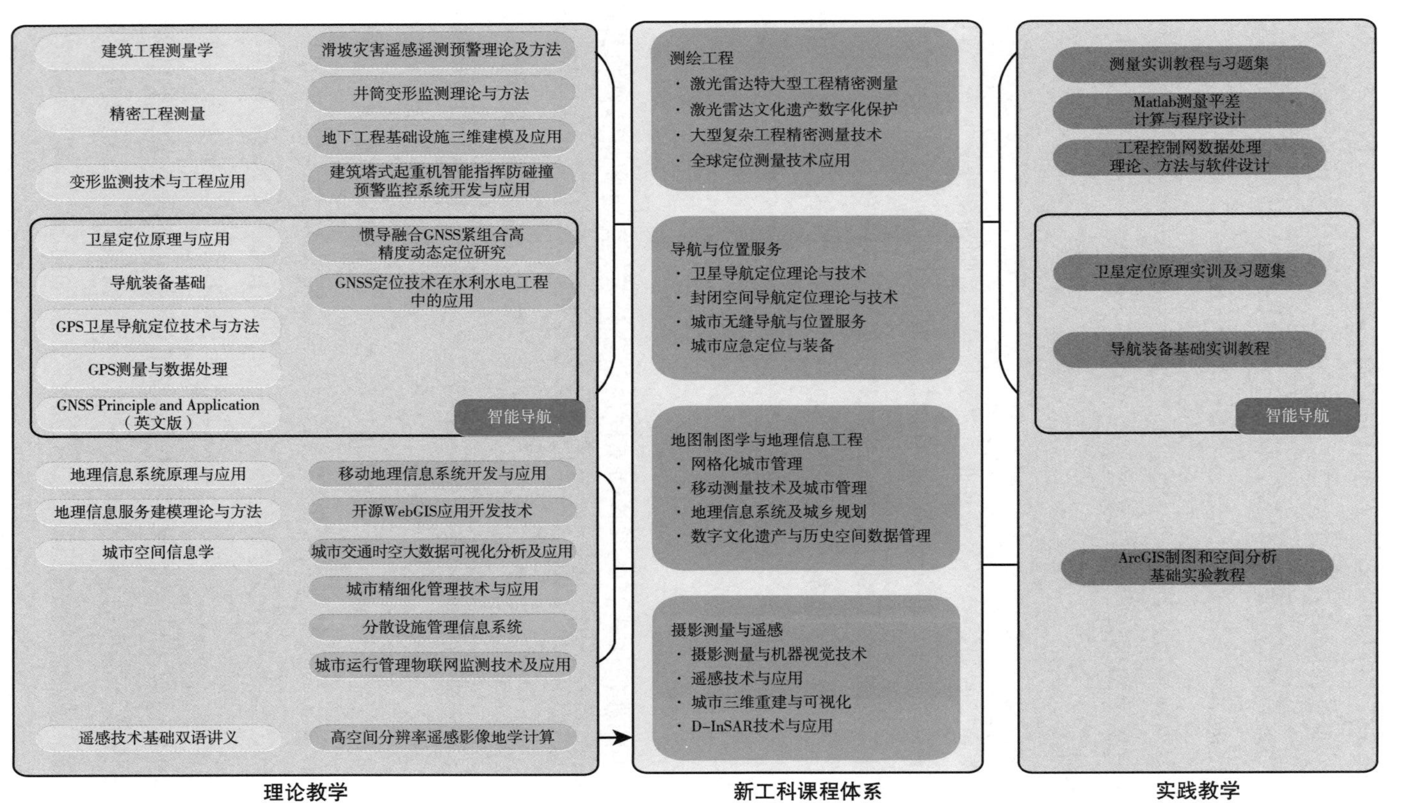

图2 面向“新工科”理念的教材建设布局

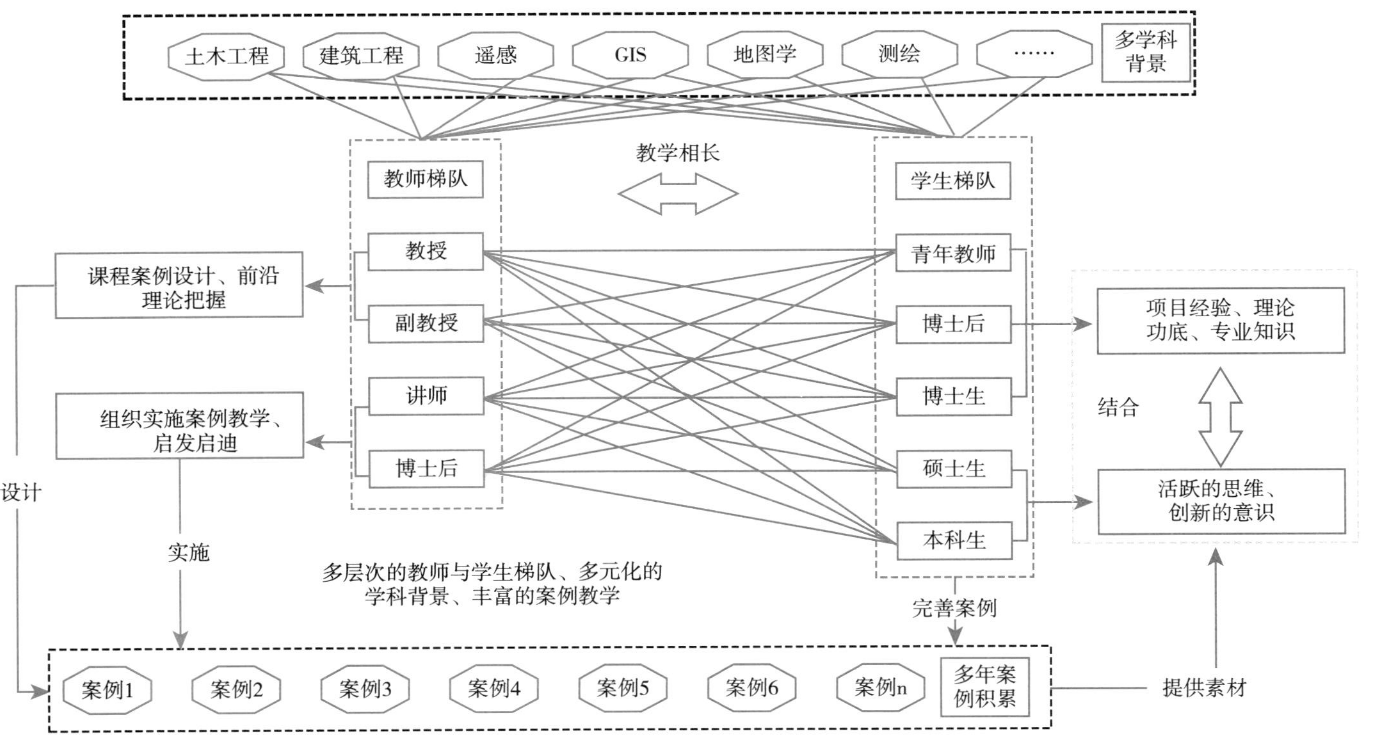

图 3 测绘地理信息人才案例教学课程设计思路

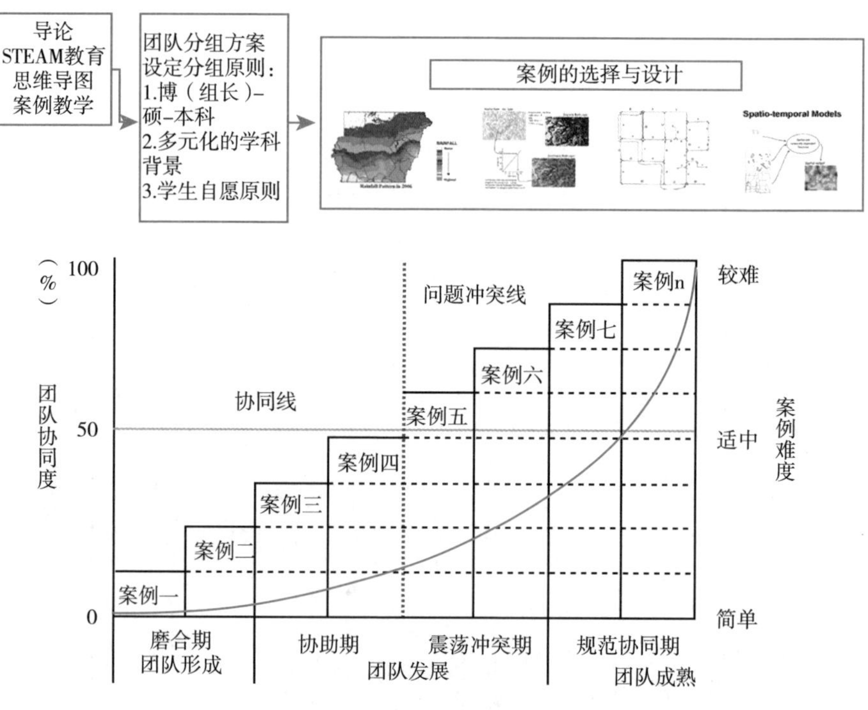

图 4　测绘地理信息人才案例教学课程实施思路

图 4 展示了测绘地理信息人才案例教学课程实施的思路，主要是以培养学生团队协作能力和创新能力为基本目标，学生跨年级组队。首先进行几节课程的基础知识导论，然后进行实践教学，通过不同难度的案例教学培养学生团队的协同度，让学生在课程实施中培养良好的团队意识、全局视野和沟通能力，并能够承担团队中的领导角色。

三　建筑类高校测绘地理信息专业人才培养现状及存在问题

（一）未能有效打造“建筑—土木—测绘地理信息”优势学科群

学科群指的是为了适应现代科技进步、经济建设以及社会发展需要，由若干相关学科围绕某一个共同领域，以一定形式结合而成的学科群体。学科群的打造绝非各学科的简单叠加，而是需要各学科之间的有机结合。许多建筑类高校建校初期，主要以建筑、土木学科为学校学科主体，种类较单一。测量学科多为其附属学科，或仅有简易的教研室。20 世纪 80 年代以来，为适应改革开放的发展趋势，各建筑类高校逐步成立测量专业、测绘工程系以及测绘学院，相关学科呈现出一定的精细化、深入化发展趋势。目前，各建筑类高校的学科种类已经大大丰富，但在学科间的交流互补以及打造学科群方面仍然存在不足，主要表现在：各院系之间优质教学资源不能充分共享，各专业教师与学生的交叉交流不够充分，现有课程体系与当前互联网等新兴技术契合度不高以及实践活动与社会实际存在脱节等问题。

（二）测绘地理信息专业培养方案未能突出建筑行业特色优势

在建筑类高校，许多新增学科的办学时间短，专业沉淀不足，在教学和培养方式上往往简单效仿综合类大学，缺少个性化、特色化的教育方法，导致测绘地理信息专业培养方案未能突出建筑行业特色优势。在课程设置层面，许多建筑类高校的测绘地理信息专业以本专业的相关课程内容为主，尽管校内开设了建筑相关的选修课，但受限于其开设范围为全校各专业学生，仍然缺少对测绘地理信息专业的针对性教学，且选修课在教学效果方面与必修课存在客观差距。在教学方法层面，测绘地理信息专业的教学缺少与建筑相关知识的衔接，在涉及建筑相关知识时往往仍由测绘类专业出身的教师讲授，因此无法将两个学科的知识有机结合，同时帮助学生拓宽对本专业的认识。在实践与创新层面，许多建筑类高校缺少其优势学科与其他交叉学科的实践与创新活动。在与理论教学充分结合的前提下，测绘地理信息专业与建筑类专业开展联合实践活动有利于两个专业学生的交流，碰撞出创新的火花，对提升学生综合素质有巨大帮助。

（三）缺乏交叉型和应用型师资队伍

建筑类高校中测绘地理信息专业大多基于传统的测绘工程专业、土木工程专业等专业设立。专业设立后，师资队伍与原有专业联系较为密切，以测绘工程为基础的测绘地理信息专业师资队伍更倾向于测绘专业，专业交叉领域的其他方面存在一定经验与能力的缺陷，在大数据、人工智能等方面存在能力与经验的不足，因此不利于学生在学习过程中加深对这些新兴信息技术内容的理解。同时，测绘地理信息专业的教学与实践中，校内学习、实践的内容与实际的生产、科研工作存在脱节现象，缺少能够在教学实践中联系生产、科研工作实际的优秀师资队伍。虽然在教学过程中有对案例的讲解与介绍，但仅仅停留在讲解介绍的阶段，不利于学生进一步了解与掌握生产中最新的技术。

（四）学生就业未能突出建筑类高校行业特色

近年来，各建筑类高校培养了大量测绘地理信息专业的毕业生。表 2 展示了 2019 年度各校测绘地理信息相关专业的本科毕业生数量。可以看到，各校测绘工程专业的毕业生相对较多，其中河南城建学院达到 114 名。同时，有 7 所院校的测绘地理信息专业毕业生总数超过了 100 名。

表 2 各建筑类高校 2019 届测绘地理信息专业本科毕业生数量统计

单位：名

学校	测绘工程	地理信息科学	地理空间信息工程	遥感科学与技术	总计
北京建筑大学	85	37	5	36	163
天津城建大学	61	67	—	—	128
山东建筑大学	82	60	—	—	142
沈阳建筑大学	52	—	—	—	52
沈阳城市建设学院	90	—	—	—	90
吉林建筑大学	109	36	—	—	145
长春建筑学院	80	—	—	—	80
吉林建筑科技学院	74	—	—	—	74
南京工业大学	64	30	—	—	94
苏州科技大学	36	48	—	—	84

续表

学校	测绘工程	地理信息科学	地理空间信息工程	遥感科学与技术	总计
安徽建筑大学	79	77	—	—	156
河南城建学院	114	41	—	60	215
湖南城市学院	82	39	—	—	121
重庆大学	24	—	—	—	24
西南科技大学城市学院	29	—	—	—	29
哈尔滨工业大学	—	—	—	22	22

数据来源：各建筑类高校 2019 届毕业生就业质量报告。

建筑类高校测绘地理信息专业毕业生去向主要分布在以下四个方面：（1）读研深造；（2）在政府机关担任公务员；（3）入职公司或研究院担任工程技术人员或其他专业技术人员；（4）少数自主创业或待业。其中读研院校集中在建筑类高校、综合性大学测绘地理信息院系以及中科院；从事公务员的毕业生多数集中在国土部门，部分考取一般行政机关；从事专业工程技术工作的毕业生大多集中在测绘、城建、文物保护类公司或研究院，有少数在银行、教育、经贸、出版等单位。

以北京建筑大学为例，如图 5 所示，毕业生读研考取知名度高的综合性大学或中国科学院大学的人数较少，不到 10%，考取研究生和公务员的毕业生比例相对也不高，考取公务员的毕业生仅占 1.54%；毕业生就业公司主要仍为测绘地理信息类公司或研究院，从事建筑类的占比不到 20%，建筑类高校的行业特色及毕业生就业的个性化特点均不明显。

（五）人文素质教育薄弱

测绘地理信息专业是一个涉及多个专业的交叉学科，在人才培养过程中加强人文素质教育是帮助学生开拓视野、培养跨学科思维的重要途径。建筑类高校大多侧重于工科类专业，以建筑类专业为主，在人文社科类专业方面师资力量较弱，相比文科类院校与综合院校，建筑类高校相对缺少人文底蕴

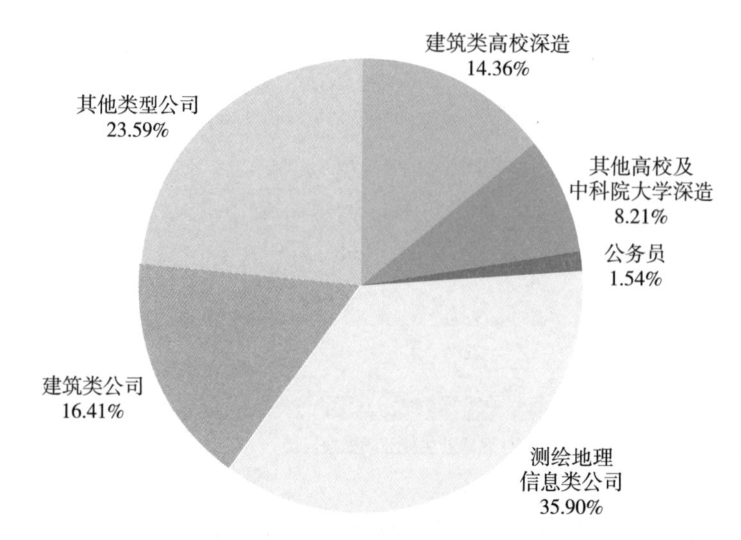

图 5　2016~2020 年北京建筑大学测绘地理信息专业毕业生就业去向

数据来源：北京建筑大学测绘地理信息专业毕业生 2016~2020 年就业报告。

与人文素质教育的资源。同时，在教学安排上，建筑类院校的理工科背景导致在设计培养方案与教学大纲时，对人文素质教育重视程度不足；在学校与教师层面上对人文素质教育的轻视，也会导致学生在学习过程中忽视人文素质的培养；而学生对人文素质的忽视又进一步导致了教学难度的提高，影响人文素质教育的质量与教师的教学积极性。长此以往，人才培养过程中形成恶性循环，人文素质教育难以展开。

四　建筑类高校测绘地理信息专业特色培育的方法和出路

（一）坚持教学机构的独立性，加强多学科融合

正如前文所述，建筑类高校的测绘地理信息专业往往伴随着建筑、土木类专业的发展而成长，并逐渐独立成系，乃至成立独立学院。以北京建筑大学为例，学校自 2006 年建立测绘与城市空间信息学院以来，承担了一系列

国家及北京市重大项目。从表3可以看到，学院承接各类项目总数从2010年的26项逐步增加到2019年的41项，SCI论文数量从2010年的1篇达到2019的29篇，获得专利数、科研、教学奖项数也在逐年增加。这一发展过程有利于测绘地理信息专业在科研和教学领域不断向纵深发展，同时在学校层面也促进其水平提升，扩大其影响力。因此，测绘地理信息专业的发展仍然需要坚持教学机构层面的独立性，保证在校级领导层面受到一定的关注和重视。

表3　北京建筑大学测绘与城市空间信息学院近年各成果数量统计

成果类型	种类	2010年	2013年	2016年	2019年
承接项目	纵向项目	9	13	16	11
	横向项目	17	18	25	30
	总计	26	31	41	41
发表论文	SCI论文	1	2	0	29
	EI论文	8	6	19	18
	中文核心	4	11	12	25
	总计	13	19	31	72
获得奖项	科研获奖	1	2	4	5
	教学获奖	0	3	6	1
	总计	1	5	10	6
获得专利	—	1	5	16	18
总计		41	60	98	137

数据来源：北京建筑大学资料。

同时，测绘地理信息专业特色培育的方法需要在学科教学与实践层面促进多学科的交流与融合，这是当前建筑类高校的相对不足之处。测绘与地理信息作为交叉性较强的学科，其学科特点决定了其与其他学科的发展密不可分，在建筑类高校尤其应当重视与优势学科的结合，传承和发展学校积累的传统优势，围绕建筑类教学资源与项目，与综合性大学错位发展。

（二）测绘地理信息专业培养方案凸显建筑行业特色优势

测绘地理信息专业培养方案一方面需要巩固和完善本专业的教学质量和教学方法，另一方面则需要加强与建筑类专业的交流与合作。尽管强调与其他学科的融合，学校对测绘地理信息专业学生本专业知识技能的培养仍然是第一位的。学生掌握本专业的基础知识与技能是开展交流合作的前提条件。在此基础上，学校可以为学生的培养方案融入建筑类学科特色。例如，在不同教学阶段设置相对应的建筑、土木学科补充课程，尤其注重与测绘地理信息学科交叉或关系紧密的知识的教学，课程成绩纳入学生的综合成绩评定；组织建筑类专业背景教师加入相关课程教学，并参与教学内容的制定和规划，构建具有建筑类特色的测绘地理信息专业教学体系；推出适应社会实际需要和发展趋势的多学科合作实践活动，并鼓励学生积极参与，同时注重与理论知识的紧密结合，避免实践活动流于形式，确保实践活动提升学生综合素质。[8]

（三）着力培养交叉型和应用型师资队伍

建筑类高校的测绘地理信息类专业大多源于测绘工程、土木工程等专业，对学科交叉领域和生产实践领域理解较深的教师数量不足以满足人才培养需求。因此，需要着重培养交叉型和应用型师资队伍。为此，首先，要加强对校内教师的培训，鼓励教师更多地涉猎地理信息类的交叉领域，扩展教师交叉型学科的知识体系；并积极组织学校与生产单位的合作，通过培训、讲座等方式培养应用型师资队伍，特别是要鼓励长时间脱离生产第一线的教师主动参加与生产单位的合作。其次，加强与其他专业的合作，从生产单位和其他专业聘请交叉学科与生产应用领域的专家，以弥补高校在交叉型和应用型师资队伍上的不足。[9]

（四）加强宣传，形成特色的良性循环

建筑类高校测绘地理信息专业的特色短时间内难以良好展现，因此，建筑类高校的测绘地理信息专业学生就业形势严峻。而学生就业率及就业情况往往反过来作用于院校的招生质量、培养质量及毕业生质量。为了避免此种情况的发

生，开设测绘地理信息专业的二级教学院系及其所在学校均应加大宣传力度，提高建筑类测绘地理信息专业的社会知名度，让用人单位尤其是建筑工程领域的企业了解建筑类测绘地理信息特色专业。院系向毕业生提供建筑工程领域用人单位信息，积极与建筑工程领域用人单位联系，搭建起建筑工程领域与学校毕业生的沟通桥梁，促进高质量高效率的双赢对接。一旦形成良性、专业对口的对接模式和就业局面，必然会带动其后测绘地理信息专业的招生质量、培养质量乃至毕业生质量不断提高，形成特色专业的良性循环互动。

（五）重视人文素质教育

建筑类高校测绘地理信息专业由于其理工科背景，在人文素质教育方面存在着一定的难度，因此需要从学校、教师、学生三个角度着手，进一步加强人文素质教育建设。首先，学校在人文素质教育方面，肩负着引导、推动人文素质教育工作的重要任务，在进行专业技能的教育之外，要加强对人文素质教育的重视，重视人文社科类课程的教学质量，避免人文素质教育流于表面，变为“混学分”“凑学时”的课程。其次，教师作为人文素质教育的关键环节，在保证正常的教学、科研工作的前提下，要重视对学生人文素质的培养，尽量避免因其他事务占用必要的人文素质教育的时间。最后，对学生来说，需要端正态度，重视人文素质教育，积极主动地参与到人文素质教育中来。

五　结语

建筑类高校坚持以特色求发展、以特色求生存、以特色求卓越。测绘地理信息专业作为建筑类优质学科群中的重要组成，其服务对象、人才对象、学科专业以及科学研究具有以下四个方面专业特征：面向地方社会经济和建筑行业发展；培养具有创新精神的生产、管理、技术第一线的专业性、技术性、职业性人才；具有明显的行业针对性和牢固的行业背景；应用和开发研究为主，推动技术创新，攻克技术难关。北京建筑大学坚持以测绘工程、地理空间信息工程以及遥感科学和技术核心知识体系为基本前提，融合“新工科”教育理念、建筑和土木工程类相关课程知识及行业背景，培养具有创新精神的生产、管理、技术第一线的专业性、技术性和职业性测绘地理信息人才，在独立教学机构、融合多类学科的基础上，展现了建筑类高校测绘地理信息专业的建筑行业特色优势。

参考文献

[1] 鲁金金:《新工科背景下融合创新创业教育的测绘工程人才培养模式研究》，《高教学刊》2020 年第 21 期。

[2] 陈茂霖:《专业认证背景下测绘工程专业课程改革》，《教育教学论坛》2020 年第 27 期。

[3] 赖双双、段炼、龙嘉露、廖超明、陆汝成、胡宝清:《“人工智能 +”背景下测绘地理信息专业大学生创新项目导师团队建设》，《教育教学论坛》2020 年第 26 期。

[4] 汪宙峰:《浅谈地理信息科学专业教师课程思政应对策略》，《教育教学论坛》2020 年第 27 期。

[5] 汪泓、赵芹、刘智勇、张俊:《工程教育认证背景下的摄影测量学教学改革探讨》，《测绘与空间地理信息》2020 年第 5 期。

[6] 连达军、张兄武、张序、杜景龙、杨朝辉、严勇、张志敏:《测绘地理信息类本科专业“一干两轴三维”人才培养模式建设》，《测绘通报》2016 年第 10 期。

[7] 杜明义、靖常峰、霍亮、罗德安、黄明、张学东:《网络 GIS 课程全栈式层次教学体系思考与构建》，《测绘通报》2020 年第 3 期。

[8] 李海峰:《以工作过程为导向的测绘地理信息技术专业建设分析》，《甘肃科技》2019 年第 20 期。

[9] 韩峰、王丹英、魏冠军、杨树文、Yan Yaowen:《测绘与地理信息类青年教师教学能力提升途径的探索与实践》，《中国现代教育装备》2018 年第 21 期。

B.18
测绘高技能人才培养的“学、做、教”三结合教学改革探索与实践

郭增长*

摘　要：本文分析了职业教育存在的问题和改革的背景，结合河南测绘职业学院正在实施的“学、做、教”三结合教学改革实践，论述了校企合作“双元”育人平台构建、以学生能力达成为核心的人才培养方案制定、“学、做、教”三结合教学实施过程及“学、做、教”三结合教学改革所取得的成效。

关键词：职业教育　校企合作　教学改革

一　改革实施的背景

产教融合、校企合作，工学结合、知行合一，是职业教育的本质特征，是新时代全面体现职业教育特色、提高教育教学质量、实现技能人才培养目标的重要举措。然而，在开展校企合作的实践中却存在着这样或那样的一系列问题。如校企合作缺乏有力的政策和财政支持；未形成有效的校企合作办学模式（两张皮现象）；缺乏法律、法规制度的约束和保障；企业参与度和参与热情较低；校企双方利益不易平衡等问题。

针对上述问题，河南测绘职业学院在校企合作、“双元”育人方面进行了

* 郭增长，河南测绘职业学院院长，博士，教授，博士生导师，研究方向为工程测量、矿山开采沉陷。

积极探索，提出了“学、做、教”三结合的教学改革方案并付诸实施。“学”是指在做中学，行为主体是学生；“教”是指在做中教，行为主体是教师；“做”是指学生、老师、企业指导老师共同做，做的是企业正在实施的真实项目，不是模拟项目，也不是一般意义的实习、实训项目。“学、做、教”的核心是做，是学生、老师、企业指导教师、企业项目负责人共同完成项目任务。经过近一年的探索实践，学生、教师、企业反映效果良好，现就我们的一些具体做法总结如下。

二　加强顶层设计，构建校企合作“双元”育人平台

实现校企“双元”育人，“学、做、教”教育教学改革能够顺利开展，前提是要构建校企合作平台。一般的测绘项目分为外业空间数据采集（如各种控制测量、施工测量、变形监测、地形图测绘等）和内业空间数据加工处理（如各种空间数据库的建设、三维模型建立、专题图的制作等），依据测绘项目的特点，河南测绘职业学院通过“走出去”和“请进来”的方式，构建校企合作“双元”育人的平台。

（一）“引进来”——引进企业入住校园

河南测绘职业学院成立校企合作办公室，制定了《河南测绘职业学院校企合作管理办法》，制定优惠政策吸引企业按照生产标准投资建设校园实训中心，学校免费提供场地，3 年免水、电、物业管理等费用。同时，对引进的企业也提出了要求：一是企业具有良好的信誉，业绩突出；二是企业必须具备从事测绘业务的甲级资质；三是由校园实训中心承接的各种项目必须主要由本校教师、学生共同完成，企业派技术骨干进行业务的培训和指导等。在优惠政策的感召下，经过努力，先后引进了北京中色测绘院有限公司、河南拓普北斗测绘科技有限公司、郑州华维测绘有限公司等企业入驻校园。其中河南拓普北斗测绘科技有限公司投资 150 万元在校内建立了“空地一体摄影测量实训室”，北京中色测绘院有限公司投资 150 万元建设了“北京中色测绘校

园实训中心”，郑州华维测绘有限公司投资 130 万元建设了“自然空间数据信息处理实训室”。

校企合作运行一年来，企业和学校双方受益，都达到了预期目标。从企业方面来说，通过校企合作，一是宣传了企业，扩大了企业在业内的知名度和影响力；二是企业利用学校的技术优势、学生人力资源优势共同完成了项目，产生了一定的经济效益，企业也得到了应有的经济回报。从学校方面来说，一是缓解了学校实训设备不足和更新换代不及时的问题。对于那些建设资金缺乏、学校债务压力大、实训室投入严重不足的新建院校，一方面通过企业的投入，部分缓解了学校实训室建设的压力；另一方面，通过共享共有企业先进的仪器设备，部分解决了学校实训仪器设备陈旧、更新换代不及时的问题。二是解决了专门聘请企业技术骨干做学校兼职教师上课难的问题。由于企业的技术骨干日常工作任务很重，难以安排长时间到学校上课指导学生实训。通过校企合作平台，企业为了完成具体的工程项目，自然会派出技术骨干先期对学生和老师进行培训。通过校企合作平台，将聘请企业兼职指导教师落到实处。依托学校校企合作平台，学校引进了“刘先林院士工作室”“大国工匠李华工作室”“黄河勘测规划设计有限公司黄河测绘工程院专家工坊”等兼职指导教师团队，大大提高了教师的实践业务能力，效果明显。

（二）“走出去”——到企业建设课堂

引进企业入驻校园可以部分解决学生空间数据加工处理技能（即测绘内业）的学习实训问题，学生空间数据的采集获取技能（即测绘外业）的提高就要靠建设企业课堂的方式。建设企业课堂是为了学生获得某一特定的技术技能，将学生由学校教室学变为到企业学，到企业做，在做中学，在学中做。学校主动出击，到企业去实地考察，重点考察企业目前正在实施的外业项目、技术力量、吃住条件、安全保障等，确定是否符合学校建设企业课堂的要求。如果校企双方都有合作意向，再签订具体的合作协议，并付诸实施。比如，工程测量技术专业的学生要学习并掌握高程控制测量的技术技能，学校就分别与自然资源部第一大地测量队（国测一大队）、自然资源部第二大地测量队

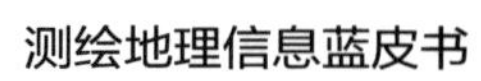

（国测二大队）签订合作协议，结合企业实施的国家二等水准网复测任务，学生分三批到企业集中学习 1 个半月的时间，专门去学习掌握国家高程控制测量的技术技能。在企业指导老师的指导下，学生用 20 天左右的时间就能掌握二等水准测量的技术技能，再用 20 天左右的时间用所掌握的技能去完成一段二等水准测量的任务，一方面学生对所学技术技能进一步巩固和提高，另一方面也为企业做出贡献，学生、企业都有收获，都比较满意。

三 “学、做、教”三结合教育教学改革实践

“教师”“教材”“教法”（统称“三教”）贯穿人才培养全过程，事关职业教育“谁来教”、“教什么”和“怎么教”，直接影响教育教学质量，是新时代职业教育改革发展的重中之重。河南测绘职业学院提出“学、做、教”三结合的教学改革，将教师、教材、教法的改革整体融入其中。在实践过程中，始终突出一个“做”字，“做”的必须是企业正在实施的工程项目，不仅仅要求学生在做中学，同时，教师也必须在做中教、做中学。

（一）以专业标准对毕业生的要求为本，制订以学生能力达成为核心的人才培养方案

2019 年 7 月教育部发布了 347 项高等职业学校专业教学标准，明确提出了本专业毕业生在素质、知识、能力方面应达到的要求，并以开设公共基础课、专业课的形式为学生获得这些素质、知识、能力提供支撑，以考试结果评判学生是否具备了以上素质。这种沿用本科的人才培养方式，其结果必然是本科教育的“压缩饼干”。职业教育作为一种不同于普通教育的类型教育，其培养人才的方式必然不同于普通本科教育人才培养方式，这就要求对传统的职业教育人才培养方案进行改革，专业标准对毕业生素质、知识、能力的要求不能改，但是可以对学生获得素质、知识、能力的途径、方式、方法进行改革。在人才培养方案的制订中特别强调学生必须通过“做”，在做中去获取知识、能力、职业素质，凡是通过“做”能够达到培养要求的就不再进

行课堂讲授。以工程测量技术专业为例，标准中明确提出了毕业生应达到的6项素质、9项知识、10项能力要求，据调研和分析，大约70%以上的毕业要求都可以通过做来达成。比如，标准中素质一项要求毕业生要有质量意识、工匠精神、集体意识和团队合作精神等，这些职业素质的养成单靠一两门课的讲授很难达到，但是，让学生做一个简单工程项目，就会收到事半功倍的效果；再如工程测量技术专业要求毕业生具备变形观测数据采集的能力，培养方案中就不再单独设置变形监测的课程，而是让学生到企业去做变形监测的项目，在做中学会变形监测数据采集知识，掌握变形监测的技能。通过对专业标准中毕业生素质、知识、能力的细化，制订以毕业生能力达成为核心的培养方案，体现了职业教育不同于普通教育的特点。

（二）“学、做、教”三结合教学实施过程

学院制定了《河南测绘职业学院“学、做、教”三结合教学管理办法》，规定“学、做、教”三结合教学项目的实施，首先由专业所在系提出申请，申请的内容主要包括：项目实施的平台（企业课堂），项目的主要内容，参加项目的学生，与培养方案中学生能力达成的对应关系，校内外指导教师情况、教学实施方式方法、成绩考核办法等，报教学管理部门审批，同意后由教务处和合作企业签订协议，由专业所在系部组织实施。比如工程测量技术专业提出申请，在自然资源部第一大地测量队建立企业课堂，项目内容是国家二等水准网测量，实施时间为2019年9月3日至10月20日，参与班级是工测181班32人，通过企业课堂，学生可获得的专业知识有：国家高程控制网的布设、施测方法、高铁高程控制测量知识等；获得的技能有：精密水准仪操作技能、全站仪操作技能、二等水准测量技能等；素质培养有：精益求精、团队合作的工匠精神，质量意识、安全意识等。考核方式内容包括：以学生提交成果为主结合学生的日常表现综合评定，教务处、专业所在系加强对教学过程的检查和督导。

（三）“学、做、教”三结合教学改革所取得的成效

河南测绘职业学院在测绘地理信息类专业进行的“学、做、教”三结合教学改革实践，虽然时间不长，但取得的成效非常显著，主要表现在如下几个方面。

1. 大大激发了学生学习的积极性和主动性

学生通过“学、做、教”三结合的教学方式，在校企合作实训中心或企业课堂完成一定的项目任务，在完成任务中学知识、学技能。学生学习的目标明确，学习动力十足。曾经有一个班的学生在中色测绘校园实训中心完成特定区域遥感影像图斑提取任务，晚上 9 点半实训中心关门，但直到晚上 10 点半熄灯学生才恋恋不舍地回宿舍休息。教师普遍反映，凡是参与过“学、做、教”项目的同学，重新回到课堂后，睡觉、玩手机的少了，提问的多了，课堂纪律明显改善，学生学习的主动性、积极性明显提高。

2. 学生职业素质明显提高

一是职业责任意识、质量意识的明显提高。测绘产品质量终身负责，所有成果质量放在首位，标准明确，每个人的产品须经自查、小组互查、质检员检查后方可上交。不合格成果需要重新修改完善，直到成果合格为止。经过严格反复的检查修改，学生逐步建立产品质量意识，责任感明显增强。二是精益求精工匠精神的养成。三是团队合作精神、吃苦耐劳的工作作风的培养。这一代学生，独生子女居多，从小父母娇生惯养，“衣来伸手、饭来张口”，没有吃过多少苦。通过“学、做、教”教学方式，让学生参与生产的各个环节，让他们在学习知识和技能的同时，真实体验测绘工作的特点。起早贪黑，晚上加班加点，出外业风餐露宿，脸变黑了，手变勤了，扛着仪器也能跑了，磕磕碰碰也不“矫情”了。从一开始喊累，到慢慢适应，到最后超额完成工作；从一开始不与人交流，到与单位上下打成一片，收获了友谊，学会了交际，也收获了成长的财富。

3. 学生学到了知识，历练了技能

由于“学、做、教”所做的项目都是经过专业精心挑选的项目，很多都

是国家级、省部级的项目，像国家二等水准测量项目、第三次国土资源调查国家、省级核查项目等，学生通过参与这些项目学到了很多课本上没有的知识。从在校对中整平都不熟练、扶标尺扶不稳扶不直，到现在能熟练操作仪器，在企业现场教学中，同学们的测绘技能操作得到了很大的提高，测绘素养得到了很大的提升，这些都是在单纯的学校教学中短时间无法达到的教学效果。

4. 指导教师得到了锻炼

职业院校教师队伍不同程度存在理论教学和实践教学能力“双师型”教师缺乏的问题，“理实一体化”和“模块化”教学设计能力、实施能力不足，行业企业能工巧匠引进渠道不畅，教师顶岗实践进修机会少。通过“学、做、教”三结合教学改革，每一个项目实施必须指派一名指导教师深度参与其中，校内的指导教师主要负责组织、管理学生，要和学生一起亲自做，在做中掌握实践教学能力，很多教师由衷地感叹这比要求教师到企业顶岗实践进修的效果好。

5. 企业利益得到了保证

校企合作中确保企业利益是得以顺利进行的必要条件，是双方能合作的基础。在一年的试行中，学校与 30 多家企业开展合作，达到了双赢的目的。企业通过合作，解决了人力资源缺乏的瓶颈，学校的人力资源、仪器设备、机房等优势解决了企业项目时间紧、设备资源、数据处理等制约影响，双方优势互补，保证了企业经济效益、项目合同得以履行和在规定时间完成项目。通过这样的合作，学校与一批企业达成稳固的合作关系，进一步深化了产教融合。

河南测绘职业学院“学、做、教”三结合教学改革刚刚实践一年的时间，还有很多需要总结和改进的地方。下一步我们将按照职教改革 20 条的要求，不断深化“三教”改革，培养更多更好的测绘技能人才，为测绘行业的发展做出应有的贡献。

参考文献

[1] 段忠贤、吴艳秋:《发达国家高技能人才培养模式比较及启示》,《吉林教育学院学报》2018 年第 4 期，第 126~129 页。

[2] 刘小阳、李峰、孙广通等:《新形势下测绘专业人才培养模式的改革与实践》,《测绘通报》2018 年第 6 期，第 144~147、152 页。

[3] 李海峰:《复合型测绘技能人才培养体系构建》,《山西建筑》2020 年第 6 期，第 181~182 页。

[4] 方绪军:《政策语境下职业教育产教融合的逻辑及启示》,《中国职业技术教育》2018 年第 12 期，第 13~18 页。

[5] 肖海清、孙翠莲:《职业教育“教学做”一体化教学模式探索》,《中国科教创新导刊》2011 年第 23 期，第 17~18 页。

企 业 篇

Enterprises

B.19

“产学研用”四位一体的地理信息企业人才培养模式

张向前*

摘　要： 本文简要分析了测绘地理信息行业转型升级背景下对测绘地理信息人才的需求，从北京帝测科技股份有限公司对人才需求和规划的微观视角，深入探讨了高科技地理信息企业高质量发展中的人才战略，并就今后测绘地理信息人才培养提出建议。

关键词： 测绘地理信息　高质量发展　人才战略

---

* 张向前，北京帝测科技股份有限公司创始人、董事长、总裁，注册测绘师。

一 引言

近年来，随着卫星导航应用、空间数据处理等核心地理信息技术迅速发展，我国地理信息产业与通信、互联网、物联网、云计算等产业融合和创新，保持了较高的增长速度，已经成为我国数字经济的重要组成部分，正在从高速发展转向更加注重能力建设、质量和效益提升、科技创新的高质量发展，保持着长期向好的发展态势。随着我国对城市精细化管理要求以及民众精准化服务需求的不断提升，地理信息产业正经历由数字化向信息化、由数据向服务的高质量发展和转型升级过程，从而更好地服务于国民经济发展和国家战略。

我国地理信息产业规模持续扩大，产业基础不断拓展，大型企业增长向好，中小企业活力强。截至 2020 年末，地理信息产业从业单位数量超过 13.8 万家，产业从业人员数量超过 330 万人，其中，具有测绘资质的单位达 2.2 万家，测绘资质单位从业人员超 50 万人，产业总产值为 6890 亿元，占我国 GDP 总量的 0.7%。甲级测绘资质单位凭借其在人员素质、技术力量、产业规模等方面的优势，牢牢占据着测绘地理信息市场的主体地位，测绘地理信息行业的龙头企业均为甲级测绘资质单位。从单位性质来看，民营企业是测绘资质单位的主要力量，2021 年中国地理信息产业百强企业中，民营企业 76 家，上市企业超过 50 家；新三板挂牌企业 180 余家，其中民营企业占 90%。从企业规模来看，测绘资质单位中绝大多数仍属于小微企业。

随着测绘地理信息服务需求增加和行业市场规模扩大，对核心技术人员和专业人员的依赖不断增强。然而，当前的现状是，测绘地理信息企业散而小，企业同质化竞争问题凸显，行业领军人才少，专业技术人才短缺，且大多数地理信息百强企业尚没有建立完整的人力资源管理考核体系和人才评价标准。此外，就测绘专业毕业生的综合素质来看，课程、知识碎片化问题严重，实际实践经验严重缺乏，与企业生产需求不能有效对接。

二　北京帝测科技股份有限公司人才效用探索

（一）概况

北京帝测科技股份有限公司（以下简称帝测科技）成立于2004年，经过17年的发展已成为国家高新技术企业、中国地理信息产业百强企业、中关村高新技术企业。帝测科技综合应用卫星遥感、测绘航空摄影、地表精密测绘、地下地质勘探、物联网、大数据等技术，致力于地理空间信息的数据采集、集成应用和持续运营服务；面向城乡规划与自然资源、城乡建设与智慧城市、农业农村与乡村振兴、文化遗产保护、军民航空信息、交通与水利、文化旅游、应急管理、生态环境等领域提供优质持续的技术服务；为机场建设提供空域结构规划、飞行程序设计、机场净空及电磁环境评估、航空用图编制等技术服务。

（二）人才需求

帝测科技中不同学历人才的现状与未来的需求如表1所示。

表1　帝测科技不同学历人才的现状与未来需求

单位：%

学历	现状	未来
博士	5	10
硕士	12	25
本科	45	40
大专	25	18
其他	13	7

结合当前及未来公司发展规划，拟培养和造就一支适应公司总体要求，结构合理、素质优良、作风扎实、善于创新、充满活力的人才队伍。

吸引一批能引领测绘地理信息行业发展、具有战略规划眼光、熟悉关键技术和产业化应用的科研领军人才。

打造一支具有测绘工匠精神、创新能力突出、业务素养优良的高技能人才队伍，推动技术创新和科技成果转化。

培养一支能适应测绘地理信息高新技术发展、具备管理创新能力和社会责任感的企业经营管理人才队伍。

（三）人才培养模式

帝测科技紧紧围绕国家战略需求和测绘地理信息行业发展规划，结合自身优势，创新经营管理，积极探索形成了多元化、立体式、四位一体的“产学研用”人才培养模式，通过有效整合企业、科研院所、高等学校、目标用户等要素，发挥各自资源优势，以市场需求为导向，发挥企业市场主体能动性、科研院所和高校的技术引领性，推动项目落地、工程落地，其实质是促进技术创新所需各种生产要素的有效组合和互助合作，将科研、教育、生产等不同社会分工在功能与资源优势上实现协同与集成化，形成技术创新上、中、下游的对接与耦合，从而形成倍增效应。

具体而言，帝测科技作为测绘地理信息产业的参与主体，是距离市场需求最近的主体，根据用户需求提出技术要求和客户方案；高校和研究机构如北京建筑大学、中国测绘科学研究院等，作为“学、研”主体，是协同创新的智力支撑，在人、财、物等资源基础和创新性科研成果积累方面具有巨大优势，根据公司提出的技术要求和市场需求，进行科研攻关，攻克技术壁垒和难题，避免技术与市场脱节、科研工作与市场需求脱节；将技术问题解决方案和科研成果付诸具体项目应用和目标客户，实现科研成果向现实生产力的转化，推动技术落地、项目落地。在当前“产学研用”框架下，亦可进行细分实现人才阶梯式培养，以“研”为例，具体做法如下。

1. 成立创新研究院

为深化产学研用合作，创新开拓业务领域，结合北京市以科技创新催生新发展动能，实现科技创新高质量发展的需求，成立时空大数据创新研究院，致力于创造科技创新平台，联合行业科学家和技术专家力量，以科技创新引领公司可持续高质量发展。

2. 创立科学技术协会

2019 年 4 月，帝测公司获批成立科学技术协会。成立科学技术协会的主要目标是倡导科学精神和科技人员职业道德，致力于促进公司技术进步和提高经济效益，开展以技术创新为中心的活动，对公司的经营方针、发展规划、技术难题献策献计、科学论证，为管理层决策科学化、民主化提供服务；积极开展学术和技术交流活动，推广高新技术，提高科技人员技术水平和科技管理水平；普及科技知识、科学思想、科学方法，推广实用技术，提高员工科技文化素质，开展技术培训。发挥科学技术协会优势，与院校、科研院所协作，促进科研成果转化，为公司技术创新服务。

3. 博士后工作站

2019 年 12 月，帝测公司获批设立博士后科研流动站，旨在吸引、培养和使用高层次特别是创新型优秀人才，建立有利于人才流动的灵活机制，促进“产学研用”结合。聘请中国工程院院士、行业资深专家、二级研究员等兼任博士后科研导师，联合培养科技创新型人才，联合开展高层次学术或技术交流活动。

4. 管培生制度

公司为促进储备管理层内部建设，吸引与培养优秀的毕业生加入公司团队，更好地推进战略目标的实现，特制订管培生制度。管培生培养方式主要以为期 1 年的跨部门轮岗为主，入职集中培训、外部管理培训技能为辅。管培生通过试用期了解公司业务运营并熟悉岗位工作情况，经过考核后定岗。

5. 实践教学基地

为实习生提供学习工作场所，并且经过校企双方共同努力，精心培育学生，提高他们的工作能力，建立校企双方互利互赢的合作机制，适当开展技术人员与学校高学历人员的合作与学术交流。

三　结语

当前，国家十分重视地理信息产业发展，不断实践探索“产学研用”四位一体、四轮驱动的测绘地理信息人才创新培养模式具有重要意义。此类模式整合了企业、高校、科研院所、市场用户等各类资源，将理论、实践、创新、科研培育贯穿人才培养的全过程，通过人才这一要素实现了测绘地理信息产业链上、中、下游全产业链对接。期望帝测科技的人才培养模式能够为地理信息企业转型实现高质量发展提供些许参考和借鉴。

参考文献

[1] 周亮、王文达、刘涛、张黎明、李晓恩:《面向国家重大战略工程需求的测绘类人才培养模式探索》,《测绘与空间地理信息》2021年第44期，第26~30页。

[2] 张彩娟:《加强测绘地理信息人才队伍建设的思考》,《经纬天地》2021年第3期，第81~82页。

[3] 邓军:《基于“校企双主体，双工作室”的工程测量技术专业人才培养体系构建与实践》,《测绘与空间地理信息》2020年第43期，第68~70页。

[4] 陈允芳、刘尚国、石波:《多措并举测绘专业人才培养探讨》,《测绘技术装备》2020年第22期，第10~13页。

[5] 张东明、吕翠华、杨永平等:《测绘地理信息技术技能人才培养标准体系构建》,《地理空间信息》2020年第18期，第116~119页。

[6] 李猷、刘仁钊、周海等:《基于产业需求的测绘地理信息专业群建构分析》,《地理空间信息》2020年第6期，第109~112页。

[7] 曾晨曦、董玛力、王琦:《测绘地理信息技能人才评价标准体系创新研究》,《测绘通报》2020年第3期，第143~147页。

[8] 安丽、杨忞婧:《测绘类专业人才实践能力培养模式改革与实践》,《文化创新

比较研究》2019 年第 3 期，第 100~101 页。

[9] 郭玲、张旭东:《高职院校测绘地理信息类专业校企合作、产教融合人才培养模式探究》,《智库时代》2019 年第 46 期，第 30~31 页。

[10] 李维森、张贵钢:《测绘地理信息创新发展与转型升级》,《地理空间信息》2017 年第 10 期，第 1~4 页。

[11] 中国地理信息产业协会编《中国地理信息产业发展报告（2021）》，测绘出版社，2021。

[12] 中国地理信息产业协会编《中国地理信息产业发展报告（2020）》，测绘出版社，2020。

B.20
地理信息企业对创新型人才的需求简析

杨震澎　张云霞[*]

摘　要：在新时代、新技术和新需求的驱动下，测绘地理信息行业的技术和服务正在发生着巨大的进步和转变，事实证明，创新型人才是这些进步与转变的主要推动力量之一，地理信息企业是这个转变过程不可或缺的参与者及贡献者，企业自身必须意识到唯有以创新型人才为抓手，才能推动企业业务转型，形成适应于新时代需求的新地信服务。本文旨在探究地理信息企业需要什么样的创新型人才及如何培养、存在什么挑战，试图明晰地理信息企业在创新和创新人才方面的概况。

关键词：创新　创新型人才　地理信息企业

一　研究背景

随着北斗三号全球卫星导航系统的全面建成，以及遥感卫星商业应用的普及和人工智能、大数据、区块链、云计算、5G 等新技术的兴起，地理信息的价值得以充分发挥和大范围的拓展，地理信息的采集、处理、存储、加工、传输、服务等每一个环节都得到了新技术的赋能，大幅度提高了行业的生产效率和质量水平，呈现出“快”“智”“准”“广”的特点——“快”是指采集

* 杨震澎，广东南方数码科技股份有限公司董事长，自然资源部测绘地理信息智库委员会委员，中国地理信息产业协会副会长；张云霞，广东南方数码科技股份有限公司人力资源总监。

快、更新快、传输快、处理快；“智”是指智能识别、智能处理、智能应用、智能服务；“准”是指越来越精准、精确、精细；“广”是指应用面广、普及度高、涉及范围大。由此可以想象，很多生产和应用方面的改变都将是变革性的，而且预期未来变革性的改变将会更加全面和深刻。

地理信息服务的一个主战场——自然资源领域的要求越来越高，如何更好地维护好“山水林田湖草”命运共同体，对应用提出了新的要求，要求实现从二维到三维、陆地到海洋、地上到地下、室外到室内的延伸和转变。

在政府层面的其他领域，也同样面临挑战。在电子政务、改善营商环境、智慧城市建设、新农村规划和数字乡村等方面，地理信息也应提供相应的服务。

在企业和大众服务领域，同样有层出不穷的需求。如自动驾驶带来的高精度地图、产业互联网 +、便民惠民、出行服务、物流配送等，都会给产业带来新的冲击。

尤其是在当前全球疫情蔓延的形势下，怎样实现精准防控、助力复工复产恢复经济，成为当前及今后的重要任务，地理信息又该如何更好发挥作用，也值得思考。

无疑，原有的生产模式、服务模式、商业模式会渐渐滞后于社会与经济的发展，需要进行大胆创新，通过创新来适应新的需要，而创新必然需要创新型人才，这是创新的基础。因此，本文试图分析在新的形势下，作为市场经济主体的地理信息企业，到底需要什么样的创新人才，如何才能发现和培养创新人才，怎样才能发挥出其应有的作用。

二　创新与创新型人才

创新就是利用已存在的自然资源或社会要素创造新的矛盾共同体的人类行为，或者可以认为是对旧有的一切所进行的替代、覆盖。创新概念的起源为美国经济学家熊彼特在 1912 年出版的《经济发展概论》，是指推出新的产品、新的生产（工艺）方法，开辟新的市场，获得新的原材料或半成品供给

来源或建立企业新的组织，包括科技、组织、商业和金融等一系列活动的综合过程。

创新的核心点就是“新”，也就是跟原来不一样，体现在产品新、生产/服务新、市场新、原材料/半成品新、组织新，而聚焦到企业里，相应的企业创新会涉及组织创新、技术创新、管理创新、营销创新、商业模式创新、战略创新等多个方面。

创新型人才，就是具有创新意识、创新精神、创新思维、创新知识、创新能力并具有良好的创新人格，能够通过自己的创造性劳动取得创新成果，在某一领域、某一行业、某一工作上为社会发展和人类进步做出创新贡献的人——简单来说就是能够实现创新的人。

三　地理信息企业的创新与创新型人才甄别

先来看地理信息产业涵盖的产业链（见图1），分析创新应该对应在哪个环节。可以大致按照上游、中游、下游来分：上游主要包括数据采集装备和数据采集工程，包括地上的、地下的、天上的、航天的一切装备和采集行为；中游包括数据处理、数据库建设以及数据处理软件、平台，还有GIS平台；下游则是各类应用，包括面向政府的、面向企业的、面向大众的。

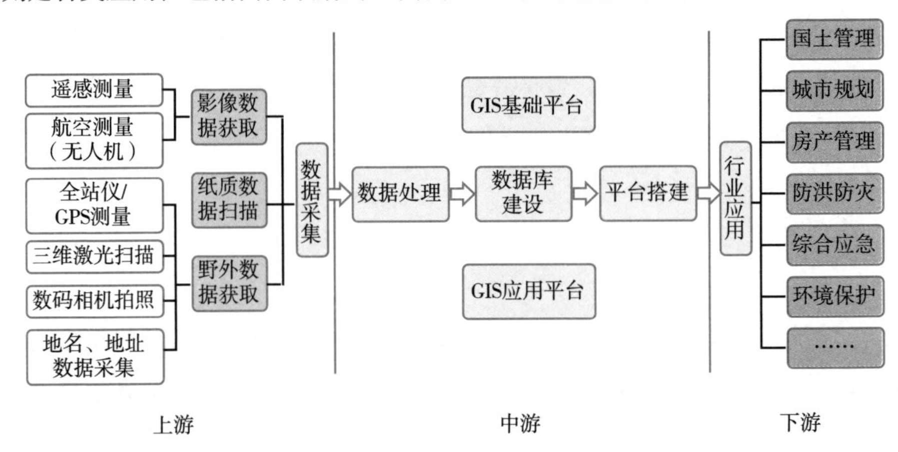

图1　地理信息产业链

其实，同样是说创新，对于不同产业环节的要求和侧重点是不一样的，下面来进行具体分析。

产业链上游。在装备方面，主要看重产品创新，需要创造出高效实用的产品来。比如从原来的全站仪转变为卫星导航定位接收机，就是很大的创新；而无人机测绘，又是从点测量到面测量，从地上到天上，都属于产品创新范畴。在数据采集方面，讲究管理创新，包括组织、流程、分工、激励、质检等方面的创新，考虑如何实现多人、多项目、跨地区、大规模的实施。

产业链中游。数据处理主要讲究高效高质，同数据采集有类似之处，但更加依赖于软件工具和技术手段，侧重于管理创新和技术创新。比如分布式协作模式与数据治理新技术等。软件工具和平台的开发则主要靠技术创新，这是整个地理信息产业的一个核心，也是相对难度较大的，比如微服务架构的引入等。当然也需要有商业模式创新和营销模式创新，让软件产品和平台实现最大化销售。

产业链下游是最为丰富、多样化、充满想象的环节，是经过上游、中游之后的价值体现，也是实现价值最大化的地方，因此极其需要创新。这里主要需要商业模式创新、战略创新、跨界创新、技术创新，通过创新会形成丰富多彩、意想不到的各种应用。

表 1 中列出了不同环节对不同创新的强弱关系，仅供参考。

表 1　不同环节对不同创新的强弱关系

	上游		中游		下游		
	采集装备	数据采集	数据处理	处理软件 / 平台	行业应用	企业应用	大众应用
商业模式创新	中	弱	中	强	强	强	强
战略创新	强	弱	弱	强	强	强	强
组织创新	强	中	中	强	强	强	强
产品创新	强	弱	弱	强	中	强	强
技术创新	强	强	强	强	强	中	弱
营销创新	强	弱	弱	强	弱	强	强
跨界创新	中	中	弱	中	中	强	强

不同类型的创新对应不同类型的创新人才。一般而言，商业模式创新、战略创新，决定着公司整体发展方向，主要依托企业领头人来承担；技术创新、产品创新则会偏重于技术创新人才；而组织创新、管理创新、营销创新则主要靠管理类的创新人才；跨界创新则需要复合型人才。

实际上，企业的微创新是随时在发生的，也是非常有必要的。一个企业有许多环节，每个环节都存在创新的可能，只是有大小之分、深浅之分、程度之分，不可能天天有颠覆性的创新，但可以有微小改进的创新。如果一个企业能鼓励创新，累积下来，也是非常可观的，“积小创为大创”，久而久之，也可以拉开与同行的距离。

在测绘地理信息行业里，有几个比较典型的创新，可以列举一下。在前面提到的装备产品创新中，电子地图导航就是一个非常大的创新，真正将地理信息用到千家万户去，现在已经是家喻户晓的工具了。千寻位置以“互联网 + 位置（北斗）”的理念，通过北斗地基一张网的整合与建设，基于云计算和数据技术，构建位置服务云平台，以满足国家、行业、大众市场对精准位置服务的需求，改变了以往的服务模式，快捷简便价廉，是典型的互联网 + 模式。共享打车、共享单车、大众点评等基本都是基于位置服务的互联网大众应用案例，是典型的跨界创新模式。逐渐完善的自动判图识别系统，则是大数据、人工智能在遥感测绘方面的新应用，同样是利用新技术解决问题的好方式。疫情防控、位置追踪、全球新冠病毒分布的展示等更是广泛应用了地理信息，也不失为一种疾病群防群治方面的鲜活创新。

除此以外，还有许多创新在测绘地理信息行业发生，衍生出无穷无尽的应用，在此不再罗列。

四　地理信息企业创新型人才的需求

地理信息行业迫切呼唤创新型人才的涌现，尤其是对地理信息企业而言，只有大批创新型人才的出现，才能创造出各种新应用，才能满足社会发展的需要。

根据第三节的描述，大概可以看出具体需要哪方面的创新人才，以下作进一步分析。

第一，需要创业型的创新人才，呼唤敢于创业、大胆创新，善于运用新技术的综合型创业家，能够在新技术层出不穷、地理信息产业已经发展到一定阶段时，拥有锐利眼光、具备统筹判断力、能凝聚团队，创造出新的需求、新的市场、新的应用，开创新局面。当然这样的人才非常稀缺，可遇不可求，但却是非常需要的。

第二，在现有的地理信息企业里，特别期待商业模式创新人才、跨界式创新人才的出现，这也会大大推动产业的发展、社会的应用，尤其在当前各种新技术相互融合的时期，需要有这样的创新人才来引领、突破，开辟一个新天地。这类人才往往不在本行业，而是从其他行业跨界而来，这在以前的创新中屡见不鲜，尤其是会从互联网领域跨界。比如滴滴打车、共享单车、千寻位置等。

第三，需要有战略眼光、管理能力的创新人才，也就是企业家。只有他们，才能驾驭企业朝着不断创新的方向探索、努力，带领企业员工持续超越、不负时代，才能产生大的改变，甚至是颠覆性的突变，对社会发展起到关键性作用，而不是小打小闹、缓慢迭代。在我们行业里，也只有头部企业才具备这样的能力。大多数中小微企业还是比较简单的测绘工程、数据处理类的公司，很难承担起创新的重任，他们还在温饱、生死线上挣扎，基本还是靠“搬砖”式的生产模式。因此，这类创新人才也是极少的，主要集中在龙头企业、上市公司里。

第四，就是产品创新人才，这类人才也是生产力发展的助推者，是具有丰富业务经验的复合型人才，有时还会起到决定性作用，极其宝贵，不可多得。我们行业非常缺乏这类人才，有待大力挖掘、培养，才能源源不断开发出新产品。

第五，技术创新人才同样是企业不可或缺的，也是一个企业实力的体现。目前这类人才我们行业相对较多，他们懂技术、懂需求，能够根据用户的需要，选择最合理的技术，甚至组合不同技术形成有效的微创新技术满足行业新需求，不断改进产品与服务，从而提升效率，创造效益。

尽管地信企业在创新方面有很大进步，然而，跟互联网新兴企业相比，行业的创新能力还是较弱，传统的地理信息企业在创新方面还需要很大的提升，绝大多数企业都还是基于比较简单的技术在做重复劳动，很难谈得上创新。即使在行业龙头企业中，非常出彩的创新也还较少，有待继续努力。

主要的挑战有以下几个方面。

首先，跨行业人才竞争激烈。一方面，地信企业需要跨行业吸纳创新型人才；另一方面，因为地理信息技术的普及应用，使得很多行业跨界参与地信专业的人才的竞争。这个竞争态势使得行业人才供需失衡愈加明显。相当大的一部分创新型人才的就业空间并不局限于地理信息相关行业，目前，行业对于留住这方面的人才还是比较乏力的，尤其是高端的技术人才。地理信息行业与 IT 软件、互联网行业有直接的人才竞争关系，但行业间确实存在比较大的薪酬差距。

其次，传统地理信息企业还没实现高质量发展，其他企业中除了上市公司，利润水平低下，很少有能持续创新投入的，很多公司生存都没解决，因此就很难有优秀创新人才加入和创新行为。

最后，测绘、地信等学科教学内容的设计还是比较偏向于传统，知识的跨界融合度不够，校外实践及创新引导不足，难以培养规模化的创新型人才。

五　企业如何发掘和培养创新型人才

创新人才的重要性众所周知，那么如何发掘和培养这样的人才呢？在此简单探讨一下。

不同类型的人才会有不同的来源和培养办法。创业创新型人才、商业模式创新人才、战略创新人才、跨界式创新人才相对稀缺，可遇不可求，属于自发性人才，很难靠培养而来，就跟华为的任正非、阿里的马云、美团的王兴、今日头条（抖音）的张一鸣、拼多多的黄峥等，属于这一类人才，基本都是天生的，在特定的环境、特定的时间自然就会冒出来，压根说不清怎么

产生的，几乎找不到复制的模式，只能说大环境造就了这样的天才。

而产品创新人才、技术创新人才、管理创新人才，虽然也要靠天赋，但跟企业的发掘和培养又是密切相关的。对这些人才的培养，企业可以从以下几方面着手。

第一，要有创新文化，企业上下鼓励创新，积极营造创新氛围，将创新人才摆在重要位置，定期评选创新成果，表彰对创新有贡献的人，引导大家关注创新，支持创新。

第二，要有创新机制，让创新的人才能享受创新的成果，不让创新人才吃亏，对有重大贡献的创新人才给予物质和利益方面的奖励，相信这方面很多企业都能做到。

第三，要有创新投入，这也是显而易见的，没有一定的投入，不可能有创新的产出，最好每年能按照销售额或利润有固定比例的投入，这样可以持续创新。

第四，要有容错心态，创新是冒险的事，失败多于成功，投入打水漂是常有的事，而且还不是一蹴而就，需要长期的投入，这就非常难了，需要对创新者有包容心态，允许失败，允许试错，没有这样的思想准备，是很难进行创新的。

第五，要有市场眼光，企业创新不是为了拿奖，不是为了评职称，而是要产生市场回报，因此创新一定以市场为导向，紧贴市场需求，这样的创新才能良性循环，偏离市场需求的创新不叫企业创新。

第六，要有跨界思维，现在的创新往往是跨行业、跨领域、跨平台的，尤其是我们的地理信息和空间数据，总是要跟某个应用场景、某些最新技术相结合，没有跨界思维，很难有出彩的创新。

原国家测绘地理信息局 2015 年曾经出台《关于加强测绘地理信息科技创新的意见》，2016 年又编制了《测绘地理信息科技发展“十三五”规划》，自然资源部 2018 年颁布了《自然资源科技创新发展规划纲要》，站在行业角度就测绘地理信息科技创新的规划和重点提出了整体性的意见，可见行业主管部门对科技创新一直是非常重视的。2018 年李德仁院士写了一篇《关于测绘

地理信息科技创新的思考》的文章，针对行业的科技创新提出了个人见解。这些都可以为我们在科技创新方面提供借鉴。

在这里就笔者所在企业——广东南方数码科技股份有限公司（以下简称南方数码）的实践，介绍一下企业在创新人才培养方面所做工作和成效。

南方数码是专业的地理信息开发服务企业，成立于2003年，从早年的数字化成图软件CASS起家，到现在成为全面服务自然资源信息化、服务全国测绘生产单位的综合性地理信息应用公司，近年更是参与了不动产信息化、国土三调、房地一体、多测合一、自然资源确权等行业热点项目。

公司员工人数超过1000人，技术类人才占比达83%，拥有本科及以上学历的员工占比为62%，具备中高级职称的人员占比为8.7%，获得注册测绘师、测绘高级工程师、测绘工程师、城乡规划工程师、PMP、系统集成项目管理工程师、信息系统项目管理工程师、软件设计师、系统分析师、软件测评师等中高级职称资格证书165人次。

为了培养创新型人才，公司采取了以下措施。

一是建立了比较完善的人才晋升发展体系、招聘体系、员工培训体系、富有竞争力的薪酬体系、绩效激励体系和员工关怀体系，持续以“全面人才管理”的方式吸引、留住和培育优秀人才，为培养创新人才打下一定基础。

二是每年保持超过销售额8%的研发投入，近年平均在2000万元以上，以此来确保技术的先进性。还建立了广州、武汉研发中心，并与武汉大学遥感信息工程学院密切合作，共同研发最新科技成果。通过产学研结合模式，积极、广泛开展与高等学校、科研机构以及高技术企业的联合协作，促进人才创新。

三是公司在传统的技术职称等级的基础上，通过内部职称识别打造公司级的技术专家，并且建立技术职称与待遇挂钩的体系，激励高级研发人员充分发挥学术带头人作用。同时，设立“技术委员会”，将高级工程师与资深高级工程师纳入技术委员会，参与公司的技术规划、评审和决策。

四是建立配套的激励机制，与创新文化保持一致。设置创新、共享基金，让一线技术人员无门槛地参与到企业创新活动中；不定期开展线上线下的技术交流分享，让有思想的技术人员成为技术理念的布道者；鼓励技术交流的走出去与引进来，扩展技术人员的视野，在分享交流中碰撞思维。每年举办公司内部的创新大赛，并提供宣讲展示机会，公平合理地评选，对评出的优胜者给予优厚奖励。

五是结合“互联网+”的理念，南方数码搭建了一个“生态圈”，集聚用户群体。仅用3年时间用户数已经超过10万人，使用户能参与到创新过程中，邀请用户参与产品的测试、设计、研发、体验、建议等，使用户成为了解市场定位、产生创新思想的信息源，增加用户的参与感，提高用户的忠诚度。通过参与创新，用户还可获得直接的经济利益，或是获得更高精神方面的满足，从而将用户转变为积极的共同创造者。这样就形成良性循环，用户得到满足，企业获取创新成果，达到共创共赢。

以上措施起到了一定的效果，实现了许多微创新，产品迭代速度明显提升，项目实施效率也不断提高。比如在地理信息一体化智能服务平台iData开发应用上取得较大突破，满足了客户对地理信息数据的全生命周期管理的需要。

南方数码已经获得180多项软件著作权，5项创新记录证书，申请30余项专利。创新使公司业绩逐年提升，公司利润也保持每年平均15%以上的增长速度。在2020年疫情期间，虽然困难重重，仍然保持了良好发展，不裁员不减薪，业绩和利润预计会有较大增长。之所以能有这样的成效，应该说与多年来在创新方面的努力、创新人才的作用是分不开的。

南方数码的实践表明，通过各种有效措施，地理信息企业可以借助创新人才作用的发挥，为企业创造效益。

六　结语

综观行业发展的现状，依托创新型人才提升地理信息企业的服务水平，目前尚处于初始阶段，资金实力、学科建设、市场需求和企业经营者的意识

转变，都需要一个渐进的过程。但创新型人才对企业发展的关键作用和必要性已显而易见，且大势不可逆转，未来可期的广阔市场空间将引领测绘地理信息企业完成新时代、新技术、新需求的转型，真正让地信服务无处不在、绽放价值。

参考文献

[1] 《国务院办公厅关于促进地理信息产业发展的意见》(国办发〔2014〕2号)。

[2] 《自然资源科技创新发展规划纲要》(2018)。

[3] 《测绘地理信息科技发展“十三五”规划》(2016)。

[4] 《关于加强测绘地理信息科技创新的意见》(2015)。

[5] 马晓霞、梁哲恒等:《地信企业技术管理创新探索与实践——以南方数码为例》，库热西·买合苏提主编《测绘地理信息科技创新研究报告(2017)》，社会科学文献出版社，2018。

B.21

高质量发展背景下的测绘地理信息企业人才招聘与培养

缪小林*

摘　要：当前，测绘地理信息与物联网、大数据、云计算、5G通信、人工智能等新技术深度融合，催生出更多新产品、新模式和新业态，地理信息产业正处在向高质量发展的转型升级阶段，对人才的需求日益凸显。本文以南方测绘五年转型升级的实践为例，分析了地理信息产业发展形势，以及地理信息企业人才招募与任用的要点，旨在为新形势下地理信息企业选人用人和高校与科研机构人才培养等提供参考。

关键词：地理信息产业　转型升级　跨界融合　人才培养

一　地理信息产业高质量发展面临的机遇和挑战

从产业政策和宏观形势来看，地理信息产业作为战略性新兴产业，正面临产业政策支持和政府服务采购需求的红利期，处在产业发展的战略机遇期，业内从业人员逐年较大幅度增长，对人才的需求呈快速上升趋势。

目前，地理信息产业面临很多新的发展机会，新政策、新业态不断涌现，值得关注。这里列举若干。北斗三号卫星导航系统全球组网，正式成为

* 缪小林，南方测绘集团董事、副总经理，中国测绘学会常务理事、副秘书长，中国地理信息产业协会理事，武汉大学王之卓教育发展基金理事会理事。

GNSS，基于北斗导航定位的应用面临较大发展机遇，芯片级高精度导航型终端和系统研发将会有更大需求。资源三号、高分七号、商业遥感卫星等我国遥感卫星在轨数超过 82 颗，高分辨率商用卫星影像在时间和空间可用性上大大提升，必将促进卫星遥感数据的高效动态获取和应用。自然资源信息化建设启动，三维立体一张图的建设目标需要高质量数据和应用系统的支撑，这是测绘地理信息首先要服务的领域。新型基础测绘的建设办法和目标已经提出，地理实体绘制、实景三维中国建设、AI+ICT+ 立体化对地观测，这些既是综合数据获取和处理的全方位提升，也是数据成果的全新构建和模式创新，需要做大量的工作。测绘地理信息领域的自主可控、国产化替代已经开启，政府、央企国企、大型工程及军用是重点，机会众多。匹配 L3、L4 级自动驾驶的高精地图需求旺盛，有关高精地图的技术标准和生产模式已经有大量实践，规模化、持续化的高精地图生产需求已经出现。国家新时空 PNT 基准建设是国家“十四五”重大建设项目，通导遥一体化（PNTRC）、卫星互联网等下一代技术和设施正在构建。

上述这些发展机遇，是地理信息产业关注的重点。测绘地理信息业务正在向多技术融合和向终端直接提供应用服务的方向发展，价值日益彰显。

与此同时，从地理信息企业经营和市场需求来看，多数企业正处在发展瓶颈期和转型升级挑战期。从企业近年发展来看，传统业务增速趋缓，企业之间同质化竞争严重，边际价值趋低，以传统业务为主的企业普遍经营困难。例如，近年出现多起地理信息产业上市公司被跨界收购的情况。地理信息产业百强企业中年营业收入超过 15 亿元人民币的屈指可数。近年来，部分企业的一些大投入项目并未取得预期收益（如位置服务、激光雷达、商业卫星领域等）。同时，新兴业务可持续的规模化价值尚未形成。头部科技企业（如华为、阿里、腾讯、平安、大疆、通信运营商等）跨界而入的竞争，还有国务院机构改革带来的行业管理格局变革等挑战影响巨大。如何突破从而寻找到更多的价值点成为地理信息企业经营面临的关键问题。

二　地理信息产业高质量发展对企业人才招聘与培养的影响

企业的人才需求具有动态化和多样化的特点。从技术、服务、市场到经营管理，每个岗位都有其基本知识、技能和综合素养等方面的要求。同一岗位在企业的不同发展时期被赋予的职责也不一样，要求也会不一样。动态化的人才任用对企业员工的学习能力、综合素质要求也越来越高。

转型升级趋势下对地理信息企业的经营管理人才要求更高，产业需要具备战略眼光、敏锐市场视角、管理创新能力、应对风险能力的新一代经营管理人才。转型升级下的地理信息产品更新迭代周期缩短，亟需掌握核心关键技术的高端创新型研发和技术人才，形成自主知识产权。当前测绘地理信息科技发展呈现学科交叉、技术集成的特征，培养复合型人才队伍至关重要。目前，信息化测图及调查项目需求很大，需要有大量掌握测绘专业知识及操作技能的技工，能够熟练操作各类测绘装备及软件系统，保障生产效率。

全国已有近 400 所职业院校和近 200 所本科院校开设测绘、遥感、地理信息及相关专业，形成了相对完善的行业专业人才培养机制。同时，地理信息企业与高校之间积极开展校企合作，包括产教融合、协同育人、技能竞赛、实践基地、培训基地等，促进了人才培养教学，为产业发展提供了基本人才保障。

然而，对于地理信息企业而言，人才的结构性矛盾依旧突出。高端创新型、跨界融合型技术人才缺口较大。测绘工程技工人才阶段性紧缺。民营企业人才聚集力总体弱于科研机构和事业单位。随着企业做精主营业务，持续实行集约化发展，降低生产成本，人才任用的灵活性提升，劳务外包、人才租赁、有限合伙等流动、宽泛性人力资源合作方式正在增加。

2020 年中国地理信息产业大会统计报告显示，截至 2020 年中，产业从业人员超过 310 万人，其中测绘资质单位从业人员超过 50 万人。同时根据抽样数据，2019 年地理信息企业年人均产值约 50 万 ~ 80 万元，其中由中国地理信息产业协会评选的2019年度产业百强企业人均产值约69.4万元。由此可见，地理信息企业的人均产值并不高。随着产业融合、跨界竞争，企业在人才选拔、留用与效能发挥等方面的压力将会更大。在产业转型升级跨界融合的发展形势下，测绘地理信息及相关专业的应届大学生就业面拓宽，大型科技企业及互联网企业的综合吸引力更大，毕业生的期望薪资高于测绘地理信息产业的平均市场水平，地理信息企业招人难，人力成本压力剧增。据人力资源调查机构统计分析，1995年以后出生的毕业生成为就业主力军后，首份工作保留周期仅7个月，岗位价值转换率低，人才培养成本增加。

除了应届毕业生的招聘任用遇到挑战外，对于有一定工作经验的人员招募也有不少困难。我们留意到这样一个事实，在测绘地理信息行业做得不错的技术和市场人才跳槽到其他行业的较多，而外行业的精英转入测绘地理信息行业任职的并不多。测绘地理信息行业的人才流动以内循环为主，这与行业的技术和需求特点有关。但随着测绘地理信息技术在各行业的跨界应用，测绘地理信息行业外高端人才的引进需求日益迫切，业内的头部企业都在筹划和实施更为开放的人才战略。缺人，已经成为地理信息企业的常态。企业需要能胜任岗位职责并实现绩效目标的人，有进取心的企业招募人才的大门会一直敞开。

三　测绘地理信息企业人才招聘和培养的重点

适合的才是最好的，这是新形势下企业人才需求的基本原则。人才价值需要与岗位价值匹配，同时人才价值的动态性决定了一定程度上人才流动的必要性。总体上来说，德才兼备，才是人才。每个企业都有自己的招聘原则，但一般规律是相通的，如：工于心计的人不招，溜须拍马的人少招，恃才傲物的人适招，诚实宽厚的人宜招。有才有德，破格重用；有德无才，培训使用；有才无德，限制使用；无才无德，坚决不用。

评价和任用人才，主要就是考察和确认他能做什么？做过什么？做得如

何？态度怎样？能力如何？绩效怎样？很多企业为此建立了能力素质模型、胜任力素质模型等评价体系，设置了 KPI（关键绩效指标法）、OKR（目标与关键成果法）。对于人才招聘，一般来说，符合公司文化特点和用人习惯的优先考虑，企业大都不喜欢个性过于张扬的、性格过于内向的人，大都喜欢思维敏捷、思路开阔、善于沟通、诚恳踏实的人，大都喜欢与人相处愉快、礼貌周全、形象正面的人。

对地理信息产业来说，除了一般性岗位外，有两类岗位是关注和评价的重点：技术与研发岗位、销售与市场岗位（见表 1）。

表 1　地理信息产业重点岗位需求与任用对照表

岗位名称列举：	招聘专业列举：	岗位价值晋级：
技术与研发类		
· 测绘装备研发 · 测绘装备生产、检测 · 测绘装备技术推广服务 · 地理信息软件研发、测试 · 地理信息软件推广服务 · 数据工程外业 · 数据工程内业 · 数据工程项目经理 · 时空位置服务解决方案研发 · 时空位置服务解决方案实施 · 精密测量应用解决方案研发 · 精密测量应用解决方案实施 · 位置传感器集成研发、实施 · 智慧应用集成研发、实施 · ……	测绘、遥感、地信、土管、资环、电子信息、计算机、机械、自动化、软件工程、地球物理、数学、环境、地理学、土木、导航与位置服务、地图制图、规划、地质、勘探、勘察、地理国情监测、交通运输、海洋工程、航空航天、农林等	研发员 – 研发主管 – 研发项目经理 – 研发经理 – 研发总监 – 研发总经理 技术员 – 技术主管 – 技术经理 – 技术总监 – 技术总经理
销售与市场类		
岗位名称列举： · 销售工程师 · 推广服务工程师 · 市场专员 · 商务专员 · 行业与渠道专家 · ……	招聘专业列举： 除左边专业外，还包括管理、经济、市场、商务、法学、哲学等	岗位价值晋级： 营销员、市场专员、商务专员 – 项目主管、区域主管、行业主管 – 经理 – 总监 – 营销总经理、市场总经理

随着测绘地理信息技术升级和精管增效要求的不断提升，地理信息企业从人海战术转为精兵简将策略，传统实操作业和数据生产的正式员工数量需求减少，业务外包、人员租赁等形成的临时员工需求大大增加；新兴领域专业人才数量需求增加，实习生需求呈上升趋势。

专业上，从传统测绘地理信息逐步转向泛测绘地理信息。测绘工程、地理信息科学、遥感科学等依旧为重点需求专业，在此基础上，海洋工程、石油、地质等专业迅速补充，人工智能、大数据、云计算、虚拟现实、物联网应用等跨学科融合。

学历上，本科学历人才依旧是重点需求对象；核心价值岗位的学历要求在提升，并逐步增加硕士及以上学历需求，特别是经营管理岗位和创新技术岗位；数据生产人员则趋向本地化，并面向大专招募。

成为人才的关键因素包括学识、技能、思维力与行动力、素养、意志品质、绩效力、沟通融合等。吸引和留住人才的关键因素包括前途、舞台、氛围、平台、梦想、价值等。这是对等和相互选择的过程，价值量匹配人才层次。有实力的企业能提供有竞争力的薪酬，有竞争力的薪酬能留住所需要的人才，人才效能的发挥能进一步提升企业实力。吸引和任用人才还有一个很重要的因素：企业文化氛围。文化氛围决定了企业的职场环境，好的职场环境有利于留住人才。

四　南方测绘人才招聘和培养的实践

南方测绘的转型升级发展，不仅是技术研发和市场服务方面的升级，也是人才战略的升级。

南方测绘的人才招聘一直以应届毕业生为主，2020 年度新入职的应届毕业生超过 350 人。南方测绘招聘应届毕业生时会看重专业和高校背景，更青睐成绩优秀、学生干部、党员身份的毕业生，重视有一技之长的毕业生。

近年来，南方测绘也在加大社会招聘力度，公司转型升级需要多行业、

多领域的技术和市场人才，如电力、水利、交通、规划、勘察设计等是近几年南方测绘引入人才的重点领域。

（一）新员工入职与培养

“黄埔培训”是南方测绘新入职员工的必修课。南方测绘“黄埔培训”享誉业界，被称为“业界军校”，至今已经延续了24年，举办46期、4288人受训结业，为南方测绘和行业培养了大量高素质专业人才。

在完成入职培训正式进入工作岗位后，公司采用“新人关怀 + 岗位导师”的模式实现新员工的快速成长。

（二）在职员工发展平台与任用

在职员工的发展空间与平台打造也是南方测绘人才战略的重要内容。根据现阶段发展需要，公司把重点岗位人才分成经营管理类、高端创新型、复合型、项目类等，进行专项的招聘与培养（见表2）。

表2　南方测绘重点岗位人才分类

人才类型	能力需求
经营管理类	高远战略目光、敏锐市场视角、应对化解风险能力、管理创新能力
高端创新型	思辨能力、成就导向、学习能力、坚忍不拔、团队合作
复合型	前沿追踪、市场导向、成就导向、沟通协调、团队合作
项目类	项目经理：以客户为中心、系统思维、计划制定及推行、危机应对和冲突解决能力、沟通协调 项目实施：执行力、沟通协调、团队合作

为此，南方测绘特别设置了黄埔菁英培训、管理培训生培养机制、关键人才 - 核心骨干 - 储备经理晋升机制，并建立薪酬导向偏向研发、市场的绩效机制，关键岗位人才任用不拘一格。比如，南方测绘平均薪酬最高的两类岗位是技术研发和市场营销，公司绝大部分资源调配都围绕技术和市场来展开。

文化氛围决定企业的活力，也是企业用人和留人的重要影响因素。南方测绘的文化氛围概括起来就是：开放、包容、简单、高效、务实、专注。核心理念有：按能力予职务，按贡献予报酬；倡导认真工作、品质生活；员工关系和而不同、周而不比；坚持星级服务，专注专业，让每一位用户满意；坚持人性化管理，协作有序，成就每一名员工的价值；坚持规范经营，务实深耕，实现企业永续发展。

但在南方测绘的用人逻辑里，也有自己"强硬"的原则，比如公司有"五不要""五不升"的用人要求。"五不要"即：（1）吃里扒外、背叛公司的人不要，即在公司拿薪酬，却背地利用公司资源干私活，更有甚者，出卖公司核心信息谋利的人；（2）极端自私、过多计较个人得失的人不要；（3）贪念极强，希望在短期内捞一把，处处爱占小便宜的人不要；（4）极为懒惰的人不要；（5）不能和睦相处，没有协作精神的人不要。

南方测绘非常注重团队合作，若一个人我行我素，合作性差，是很难立足的。"五不升"指以下五种人很难在公司得到晋升机会：（1）不能深度思考的人；（2）不能有效执行的人；（3）不能负责到底的人；（4）不能绩优履职的人；（5）不能专注务实的人。

在协同育人方面，南方测绘与全国300余所高校建立了多层次的合作关系。公司创办的公益平台走进全国150多所院校进行授课及新技术普及，累计超过4万名师生受益，每年在全国举行超过百场"南方测绘杯"测绘职业技能竞赛。2020年南方测绘还获得教育部审批通过2项"1+X"职业技能等级评价机构及证书发证资格，分别是：《测绘地理信息数据获取与处理》《测绘地理信息智能应用》，是首批获得此类证书发证资格的地理信息企业。

测绘地理信息行业转型发展，企业在技术创新、市场开拓、管理协同等方面均面临挑战和机遇，高质量发展需要高质量人才，选好人、用对人、留住人，是企业实现更好发展的前提。解决人才难题不能一蹴而就，需长期投入。相信中国地理信息企业必定能够顺利实现转型升级，汇聚人才，不断实现跨越发展。

参考文献

[1] 国家测绘地理信息局编《砥砺奋进的5年——党的十八大以来全国测绘地理信息事业辉煌成就》，测绘出版社，2017。

[2] 中国地理信息产业协会编《中国地理信息产业发展报告（2020）》，测绘出版社，2020。

[3] 黄奇帆:《结构性改革》，中信出版集团，2020。

[4] 金伯杨、杨震澎著:《文化胜经——低成本塑造中小企业文化》，北京大学出版社，2006。

B.22 浅谈地理信息企业人才需求及对策分析

王宇翔*

摘　要：随着地理信息产业的发展壮大，企业对地理信息人才的需求必将居高不下。本文分析了地理信息产业市场需求对人才的影响，以及地理信息技术发展趋势对人才的影响，提出了地理信息企业人才需求及培养对策。

关键词：地理信息企业　地理信息市场分析　人才培养

一　引言

地理信息是国家信息资源的重要组成部分，作为基础性、战略性信息资源，地理信息广泛应用于经济社会发展、生态文明建设、国家安全保障与人民生活。[1]

20世纪60年代汤姆林森（Tomlison）最先提出了地理信息系统（GIS）概念，GIS作为集计算机科学、地理学、环境科学、空间科学、测绘科学、城市科学、管理科学和信息科学于一体的新兴边缘科学，[2]经过几十年的发展，已经广泛应用于各行业。我国地理信息产业形成于20世纪90年代末，在政府的高度重视、大力支持下，在社会需求、技术革命催生下，经过多年的快速发展，技术水平切实提高，产业市场初步建立，走出了一条由政府引导、

* 王宇翔，博士，航天宏图信息技术股份有限公司创始人、董事长，长期致力于卫星应用软件国产化及卫星应用产业化。

市场驱动、企业创新的高速发展希望之路。

当前，我国社会发展、经济建设、生态环保、国防建设等领域对地理信息技术的需求在不断增长，[1, 3]这也意味着地理信息产业将继续发展壮大，地理信息人才需求必将居高不下。如何培养出一批满足地理信息产业发展需要的高层级、复合型人才，是当下高校和企业都要考虑的重要问题。

二　地理信息产业市场需求对人才影响分析

（一）市场总体规模不断增长，人才需求总量日益扩大

我国地理信息产业随着测绘导航以及计算机技术的发展，近年来市场规模迅速增长。目前，已有18家地理信息企业在国内外资本市场上市，[4]气象、农业、生态环保、水利、应急减灾、空间信息等领域纷纷涉足地理信息应用，形成了遥感应用、导航定位和位置服务等产业增长点，并带动相关市场和服务发展。同时，国家相关部门也给予了较大的政策支持，《国务院办公厅关于促进地理信息产业发展的意见》和《国家地理信息产业发展规划（2014-2020年）》等政策文件的出台，极大地带动了地理信息产业的发展。在2014年8月18日，中地信地理信息股权投资基金成立，标志着我国首支支持地理信息企业发展的基金成立，也为我国地理信息产业注入新的动力。

《中国地理信息产业发展报告（2019）》显示，2018年我国地理信息产业总产值约为5957亿元，同比增长约15%，产业规模持续扩大；产业结构继续优化，其中民企占比不断增大，完成服务总值547.8亿元，同比增长34.1%。[5]龙头企业成长势头强劲，市场规模及地理信息人才总量有望持续增长。

（二）细分行业业务与信息化高度融合，综合性地信人才需求旺盛

1. 自然资源行业市场情况

近年来，自然资源综合管理不断深入，自然资源部及相关部门提出三维实景中国、国土空间规划、国家测绘基准体系建设与精化、海洋测绘、内陆

水下测绘等工程项目。以往传统的信息化技术已不能满足自然资源管理工作需要。自然资源业务逐渐向数字化、综合化、智能化的方向发展，对有关地理信息系统设计、建设、运维等提出了新的挑战，同时也带来了较大的市场空间。

2. 应急管理行业市场情况

根据国务院总体规划，国家应急平台将在47个副省级以上地区、部门进行部署，除此之外，还将有240个中等规模地级城市、2200多个区县投资应急平台建设[6, 7]（见图1）。根据对国家推广新的应急软件平台以及新型具有互联互通功能应急设备的市场容量进行测算，应急平台及相应应急软件的市场容量在100亿元左右。截至目前，已有30余个副省级以上地区、部门初步完成了应急平台建设，但是地级市和区县的应急平台尚在建设中。

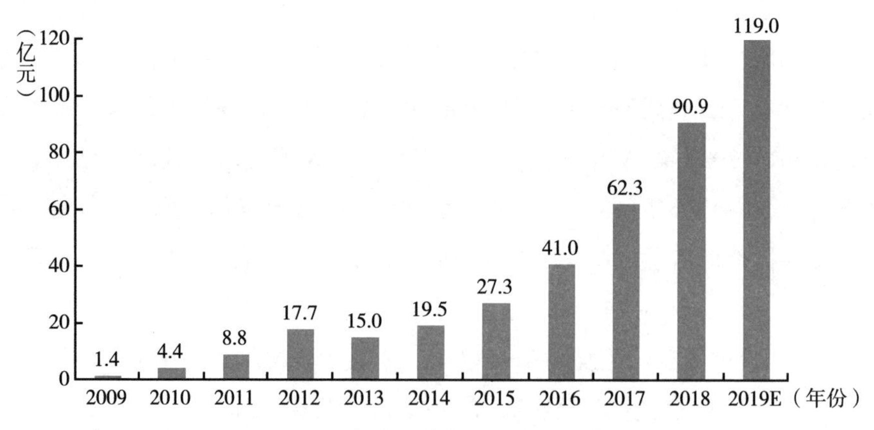

图1 2009~2019年中国应急平台市场规模情况及预计

资料来源：应急救援装备产业技术创新战略联盟，前瞻产业研究院整理。

3. 新基建领域市场情况

2020年，新冠疫情对全球经济的冲击毋庸置疑，但在这个过程中，数字经济却成为“逆袭者”。根据工信部赛迪智库发布的《“新基建”发展白皮书》，[8]“新基建”主要包括5G基站建设、特高压、城际高速铁路和城市轨道交通、新能源汽车充电桩、大数据中心、人工智能、工业互联网等七大领域，预计带动直接投资超 10 万亿元人民币。

4. 农业领域市场情况

《国家质量兴农战略规划（2018-2022 年）》指出，加快数字农业建设，完善重要农业资源数据库和台账，形成耕地、草原、渔业等农业资源“数字底图”，加强大数据、物联网应用，提升农业精准化水平。随着我国民用空间基础设施的发展，地学建模与模拟突破技术瓶颈，将气象要素与地理空间信息、二三维一体化展示和仿真模拟等技术相融合，搭建地理信息应用分析服务平台，逐步为全国 2.6 亿农户提供种植规划、病虫害防治指导、作物植保、农机调配、农业金融等管理服务和技术支撑。据国家统计局统计，2018 年，我国农林牧渔业的总产值超过 10 万亿元，其中农业总产值达到 61452.6 亿元，增长速度也不可小觑（见图 2）。经初步估算，地理信息产业在农业领域的应用将持续扩大和提升。

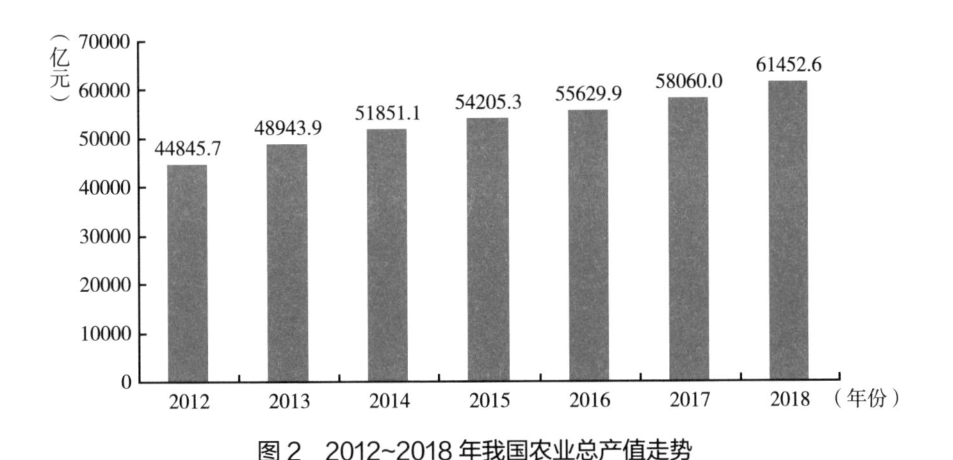

图 2　2012~2018 年我国农业总产值走势

资料来源：国家统计局。

5. 生态环保领域市场情况

环境监测遍布环保行业的各个环节。根据国家环境监测总站的数据，到 2020 年，环境监测行业的市场规模将达到 740 亿元，每年新增的市场规模为

90亿元。

6. 水利领域市场情况

我国幅员辽阔，人口众多，水资源紧缺，时空分布差异大，水旱灾害频繁。随着经济的增长、人口的增加、环境的变化，水资源的问题越来越受到中央及地方各级政府的重视，在传统调查、规划、管理技术的基础上，引进地理信息技术，将更有助于加快水资源管理、[9]水环境监测、三维数据动态展示和生态环境监测等应用的进步，促进水利行业的发展。[10]数据显示，2019年我国水资源工程投资达2708亿元，同比增长46%，未来我国将持续加大水利工程的投入，地理信息技术作为智慧水利建设的重要技术支撑，发展潜力很大。

7. 教学科研市场情况

在巨大的市场需求背景下，相关院校和科研院所也在不断加强关于地理信息应用软件、跨平台一体化技术GIS基础软件、时空大数据服务云平台等课程的理论教学与实践，一方面为地理信息产业的发展提供源源不断的人才输入，另一方面也扩大了地理信息软件产品在教育领域的市场空间。未来院校和科研院所将在该领域加大投资，据初步估算，平均每个院校或研究院所的资金投入约为20万元，全国200余家相关教育单位有望达到5000万元的市场规模。

8. 其他市场情况

地理信息产品在房地产、矿产、石油、电力等多个行业中有广泛应用，相关企业对地理信息（GIS）技术，尤其是数字化交付、三维实景建模、大数据分析、多维数据管理等方面的需求尤为凸显。随着地理信息产业的发展和相关应用的不断延伸，产业对资本的吸引力也越来越强。据不完全统计，我国地产、矿产、石油、电力等行业的中小型企业总数约40万家。未来5年，地理信息产业在相关企业的市场规模有望突破千亿元，市场前景广阔。

（三）地理信息产业人才分布不均衡，未来人才将加速流动

我国地理信息产业基本呈现从业人员追随产业集群的形势，约有超过七

成的人才分布于华北、华东、华中三大区域。以北京为中心的华北地区占比47.03%，居于首位。除了这三大区域以外，华南居于第四位，但其8.91%的比重与前三者相比还是存在一定差距。而西南、西北、东北地区的地理信息人才则相对较少，三个地区占比仅为12.35%。目前我国地理信息产业人才分布呈现不均衡态势，人才主要集中在一线城市及东部经济发达地区，但由于高生活成本等制约因素，同时伴随各地地理信息产业园的落成投入使用，未来10年内，地理信息人才可能会更多地流向西部及二、三线城市。

（四）地理信息企业发展迅猛，人才竞争激烈

2019年中国地理信息产业大会上发布的《中国地理信息产业发展报告（2019）》[11]中相关数据显示：截至2019年6月底，地理信息产业从业单位数量超过10.4万家，2019年上半年新注册企业数超过1.12万家，测绘资质单位2.07万余家，2019年上半年新增600余家；产业从业人员数量超过134万人，2019年上半年新增4.34万人。截至2018年底，测绘资质单位从业人员超过48万人，同比增长6.3%。主营业务包括地理信息的上市企业超过37家，新三板挂牌企业160余家。新设立的科创板中，航天宏图、中科星图已成功获批上市，另外还有3家企业在审批过程中。根据地理信息产业实际监测数据，2018年总产值同比增长约15%，总值约为5957亿元。在产业结构方面，产业结构继续优化，民企占比不断增大。龙头企业发展较快，但规模较小。业务来源仍以传统测绘和政府用户为主。

2019中国地理信息产业百强企业中，民营企业74家。地信上市挂牌企业中，民营企业占92%。截至2018年底，2.01万家测绘资质单位中，民营企业占58.6%。民营测绘资质企业完成服务总值547.8亿元，同比增长34.1%。在导航、互联网地图、商业遥感、GIS软件、测绘仪器制造等领域，民营企业的表现更为突出。

2019中国地理信息产业百强企业测绘地信营收总额429.8亿元，较上年增长32.1%；前10名营收总额占百强的40.8%。营收总额达10亿元以上的企业有9家，与上届持平；营业总额达5亿元以上的企业23家，较上届增加8

家；营业总额达1亿元以上的企业100家，较上届增加15家。35家上市企业2018年营收总额同比增长14%；净利润同比增长2.6%。155家新三板企业2018年营收总额同比增长10.7%；净利润同比下降8.8%。

三 地理信息技术发展趋势对人才影响分析

地理信息产业的市场需求驱动地理信息技术不断向新的方向发展，伴随多领域融合项目的增加，地理信息技术逐渐向融合化、综合化的发向发展。

（一）多学科融合

21世纪以来，地理信息技术发展潜力日益凸显，越来越多的领域开始运用这一技术。最先涉入的是互联网服务，其最先认识到地理信息对互联网应用的重要性，基于地理信息技术的餐厅、宾馆、旅游景点等的搜索服务，可以给用户更直观的体验，带来极为广阔的发展前景。近几年来，越来越多的领域，包括定位导航、气象、海洋、农业、水利、自然资源、生态环保、应急管理等开始逐渐与地理信息技术融合，并取得喜人成绩。随着各行业与地理信息技术的深度融合，使得地理信息科学的边界越来越模糊，地理信息技术也逐渐向多学科融合的方向发展。[12]

（二）跨界融合

移动互联网时代，在5G通信技术的催化下，地理信息技术面临前所未有的挑战和机遇，飞速的技术变革、全新的市场环境打破了地理信息企业多年来的传统市场格局，同时也带来了巨大的发展空间和无限的增值潜力。[13]

地理信息技术必须与互联网、人工智能、虚拟仿真、空间信息、BIM等进行跨界融合，才能整合和升级传统技术，并为地理信息产业带来更多的新机会。[14]

目前我国地理信息企业面临规模小、跨界巨头进入、技术变革、市场环境等困惑，地理信息产业如果与其他产业进行跨界融合，将会为自身带来无限的价值和发展空间。新技术改造传统行业、国际化以及开放的行业生态环境也会给地理信息企业带来许多发展机会。

四　地理信息企业人才需求及培养对策

（一）企业对人才的培养需求

人才是企业发展的核心竞争力，企业的发展要以市场为导向，技术为动力。在现阶段市场规模爆发式增长，地理信息技术逐渐向多学科融合、跨界融合的趋势下，企业从自身发展出发对地理信息人才提出了新的需求，可归纳为以下几种。

1.“跨界”融合人才

随着信息技术的快速发展，地理信息企业的重点业务逐渐向气象、海洋、农业、生态、水利、应急和空间信息等领域渗透。单一学科背景的人才在边缘业务拓展方面存在知识储备单一、信息综合利用差、发散思路受限等不足，常有“隔行如隔山”的技术阻碍。目前，企业所需要的正是可以越过“高山”的跨界人才，如“地信＋气象”“地信＋农业”“地信＋空间”等，在实际工作中可以将所学知识转化为业务实力，提升工作效率，创造更大的社会价值。

2. 科技创新人才

在测绘地理信息领域，目前市场上流通的软件仍以国外软件为主，亟需研发具有自主知识产权的地理信息软件。软件研发需要的不止是对市场需求的分析和基础的编程能力，更重要的是具有创新意识、创新精神、创新思维、创新知识、创新能力并具有良好的创新人格的创新人才。创新人才对地理信息企业发展的助力格外重要。

（二）高校对人才的培养策略

目前我国的地理信息系统相关技术专业主要有以下 3 个方向：[15]

（1）以 GIS 软件开发为主的专业；

（2）以资源环境和地理相关要素分析为主的专业；

（3）以数据采集和处理为核心的 GIS 技术应用专业。

地理信息产业未来发展方向是多元化、融合化和自主可控化，地理信息企业将在软件研发、多学科融合以及自主创新等领域扩大对地理信息人才的需求。高校应主动加强与地理信息企业的合作，在日常教学和科研活动中引入国产自主知识产权软件，培养学生自主创新精神，通过“校企合作、联合培养”方式，改进地理信息人才的培养结构，培养更多符合时代要求的科技创新型地理信息人才，打破地理信息技术人才供不应求的局面。

（三）人才供给情况分析

地理信息及其技术已广泛应用于各级政府部门宏观决策、生态环保、城市规划、应急减灾、农林牧渔等方面，为经济和社会发展提供了基础保障，也为人们生产、生活提供了极大便利。近年来地理信息及关联产业规模迅速壮大，但在地理信息产业人才供应方面存在严重的供需错位、分布不均的结构性矛盾，使得人才的需求欠缺、高端供给不足，出现高校毕业生就业难和用人单位招人难的情况。

五　结论与展望

综上所述，地理信息产业是综合现代测绘技术、信息技术、计算机技术等发展起来的综合性产业，地理信息人才队伍整体素质有待进一步提高，人才结构需要进一步优化，优秀的青年科技领军人才相对短缺，企业所需的地理信息人才已由单一领域逐渐转变为跨学科、跨领域以及具有海外经历的高技术人才。结合目前地理信息行业发展的形势分析，未来无论是企业还是高校都应转变观念，顺应市场需求，加大校企合作力度，推行地理信息学科定向联合培养模式，着力加大对高层次、创新型、领军型人才的引进和培养，不断完善地理信息人才科技创新激励机制，全面优化人才队伍结构，着力打造一支适应我国新形势下地理信息产业快速发展的人才队伍。

参考文献

[1] 龚晨:《中国地理信息产业缘起与现状分析》,《统计与决策》2012 年第 12 期,第 170~173 页。

[2] 何冰:《论地理信息系统的发展趋势》,《广东科技》2013 年第 6 期,第 84+40 页。

[3] 秋风:《山西省地理信息产业发展现状与思考》,《经纬天地》2014 年第 1 期,第 39~42 页。

[4] 杨保群:《地理信息系统的现状和发展趋势》,《城市建筑》2013 年第 16 期,第 271 页。

[5] 任晓烨:《朝阳产业　异军突起——中国地理信息产业发展扫描》,《中国测绘》2013 年第 2 期,第 4~9 页。

[6] 应急救援产业技术创新战略联盟战略研究组:《平台建设引领应急管理信息化有序、快速发展》,《中国信息界》2013 年第 5 期,第 84~91 页。

[7] 尹宗贻:《中国应急产业集聚发展机理与绩效评价》,武汉理工大学博士学位论文,2018。

[8] 《中国智库月度大事记(节选)》,《决策与信息》2017 年第 4 期,第 121~122 页。

[9] 乔群博、苏佳凯:《遥感技术在水利行业的应用》,《中国新技术新产品》2010 年第 14 期,第 26 页。

[10] 雷晶、张虞、朱静、卢延娜、武亚凤、周羽化:《我国环境监测标准体系发展现状、问题及建议》,《环境保护》2018 年第 22 期,第 37~39 页。

[11] 《我国地理信息产业发展现状如何?》,https://www.sohu.com/a/333095610_100009505。

[12] 周星、桂德竹:《大数据时代测绘地理信息服务面临的机遇和挑战》,《地理信息世界》2013 年第 5 期,第 17~20 页。

[13]《地理信息产业：跨界融合是必由之路》，http://www.chinamapping.com.cn/infomation/hybg/hyfx/page01.php?report_id=1673。

[14] 谢业文、肖纯桢:《关于测绘地理信息产业转型升级的思考》,《江西测绘》2015 年第 4 期，第 50~51 页。

[15] 刘波、程朋根、李大军、聂运菊:《以学科竞赛为驱动的地理信息科学专业学生动手能力培养方法的研究》,《东华理工大学学报（社会科学版）》2019 年第 2 期，第 189~193 页。

B.23

激光雷达企业测绘专业人才需求与培养思考

张智武*

摘　要：针对近年来创新型测绘地理信息企业的人才需求，从激光雷达企业及其所涉研究内容和行业应用入手，分析了激光雷达企业对测绘地理信息专业人才的需求；探讨了当前测绘地理信息专业人才培养存在的主要问题；最后，针对激光雷达企业的测绘地理信息专业人才要求，提出了人才培养建议。

关键词：激光雷达企业　测绘地理信息　分层次人才培养

一　引言

三维激光雷达技术是近十年来快速发展起来的新技术，并逐步在国民经济各行业得到应用。激光雷达具有全天时、高精度、高效率、真实感强、作业安全等众多优点，是继数字摄影技术之后，测绘地理空间信息获取的新手段。随着地面、车载和机载激光雷达技术的成熟，国内激光雷达设备市场竞争环境形成，激光雷达的作业成本降低，极大地推动了地理空间信息技术的应用和发展。

作为研制和生产激光雷达设备、集成激光雷达应用系统以及为各行业提供激光雷达技术应用解决方案的企业，面对现代经济社会的快速发展，生存与发展的根本在于专业后备人才，人才是企业的核心竞争力。激光雷达企业

* 张智武，博士，北京北科天绘科技有限公司总经理。

均为近十余年创建的技术型、应用型企业，由于高等院校的激光雷达师资力量缺乏，早期高等教育的教学大纲很少涉及激光雷达技术相关内容，培养的专业人才与激光雷达企业需求严重失配。随着激光雷达技术的发展及其在测绘等行业的推广应用，近年来部分大学测绘地理信息院系开始引进激光雷达设备，并将激光雷达原理和相关技术列入教学大纲，逐步培养出适于激光雷达技术领域的专业人才。

企业的发展必须兼顾技术创新和市场，通过为市场提供技术服务，保障技术创新和发展所需资金；通过为市场提供先进技术和友好服务体验，使企业的发展形成良性循环。由于缺乏技术研发、工程应用和销售服务不同层次的激光雷达专业人才，激光雷达企业承担了培训教育职能，不得不从激光雷达基础教育开始开展员工培训工作。面对逐步扩大的激光雷达市场，稀缺的专业人才显得尤为宝贵。因此，针对不断发展的激光雷达应用市场和专业人才需求，实现《中国制造 2025》提出的创新驱动发展战略和产业转型升级目标，高等教育机构的测绘地理信息院系应该加强激光雷达相关技术的专业人才培养，在提高大学生就业率的同时，促进我国激光雷达技术的应用和发展。

二　激光雷达企业专业人才需求分析

激光雷达技术起源于 20 世纪 60 年代激光的发明，早期主要用于激光测距。直到 21 世纪初，才有商品化的激光雷达产品，并逐步形成了脉冲激光雷达、连续波激光雷达、相干激光雷达和合成孔径激光雷达等研发方向。特别是近几年智能驾驶汽车领域对激光雷达需求迫切，在促进激光雷达技术蓬勃发展的同时，进一步增强了企业对激光雷达专业人才的迫切需求，测绘地理信息专业学生成为激光雷达企业的重要人力来源之一。图 1 显示了激光雷达技术相关的激光雷达设备分类、软件相关和涉及的主要应用领域。

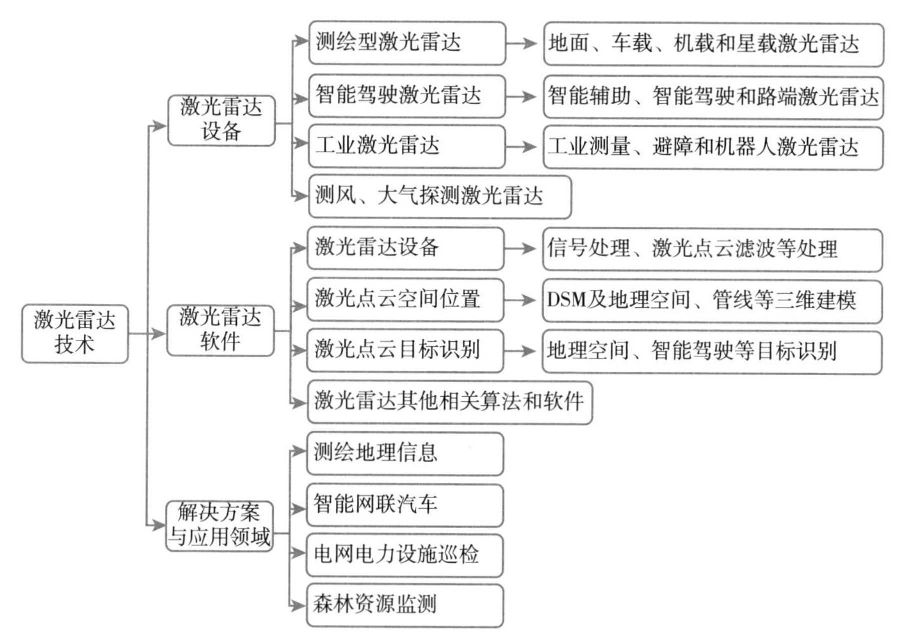

图1　激光雷达设备分类、软件及应用领

（一）硬件产品研发需求

激光雷达设备集光、机、电等技术于一体，是多学科知识集成应用的结晶。针对测绘地理信息专业学生培养方向，本文所述硬件研发仅指以激光雷达设备为核心、多种传感器应用系统的集成研发，需要研究人员具备较强的学习新知识和创新的能力，利用所学专业基础知识，结合所学激光雷达相关知识，提供能解决用户需求的硬件集成方案。

目前，在测绘地理信息领域，广泛应用的是集成激光雷达、数字相机、惯性导航单元和 GNSS 于一体的传感器系统，用于获取多传感器的地理空间信息数据。为此，要求研发人员在不同传感器信号接收和数据采集机理方面具备熟练掌握和应用能力，为多传感器的集成和高精度数据融合提出可行解决方案。当集成系统在应用中出现问题时，能从传感器机理方面分析和解决应用问题。

受到高校院系师资力量和仪器设备资源所限，测绘地理信息专业学生普遍熟知数字相机和 GNSS 方面的知识，但是多数学生缺乏激光雷达和惯性导航单元工作机理的相关知识。因此，应该加强大学教纲的改革和完善，使学生所学知识适于社会发展的要求。

（二）软件产品研发需求

行业软件具有较强专业性，只有相关行业的专业人员参与研发，才能有利于行业应用和发展。由于激光雷达近些年才逐步在国民经济各行业推广应用，适于行业的应用软件产品极少，一定程度上妨碍了激光雷达的推广和发展。能够胜任专业软件研发的人员稀缺，在激光点云目标分类和模型重建以及智能驾驶的激光点云道路目标提取和识别等方面，至今鲜有成熟的激光雷达专业软件产品。

目前，我国高等教育测绘地理信息专业学生的培养重点是，具备熟练应用测绘地理信息软件、解决具体问题的应用能力。由于缺少计算机软件开发基础，能胜任专业应用程序和软件开发的学生很少。针对当前测绘地理信息专业教学中，多数学生对计算机编程语言学习和应用软件开发方面的不足，应加强测绘地理信息专业计算机软件教育，培养适于专业应用软件开发的工程师人员。

（三）行业解决方案与工程应用需求

培养适于国民经济发展的应用型人才是高等教育人才培养的使命之一。国家经济社会各领域快速发展，对测绘地理信息专业应用型人才有迫切需求。由于各高校背景、层次等的差异，对于测绘地理信息专业人才培养的定位不同，专业应用型人才培养模式和教学大纲各不相同，使得各高校同类专业毕业学生在企业从事行业工程应用时，工作能力存在较大差异。

当前，激光雷达在测绘、电力、林业、地质、矿山、水利、建筑、铁路和公路建设等领域逐步推广和应用，特别是近几年在智能驾驶和机器人领域的应用越来越广泛。企业的技术人员必须深入了解各行业基本需求，结合激

光雷达传感器，为不同行业提供可行的解决方案。因此，为激光雷达行业应用提供解决方案和工程应用的工程师，必须具备掌握激光雷达基本知识、激光雷达的相关专业软件应用及行业的成果生产等方面的能力，具有测绘地理信息学科较扎实的专业基础，培养工作中学习相关专业知识的主动性。

（四）市场营销人才需求

随着中国经济快速发展，对市场营销人员的素质提出更高要求。市场营销为客户、顾客和合作伙伴创造并传递企业产品价值，在各行业均有不可忽视的重要作用。市场营销工作为企业的产品开拓市场、占领市场和扩大市场，市场认可度才是企业产品的价值所在。除产品的直接价值外，市场营销人才是展示企业产品价值的重要环节。

激光雷达企业正面临着行业快速发展阶段，所涉及的客户涵盖各个行业，对市场营销人员提出了很高的要求，除掌握激光雷达相关基础知识及测绘地理信息专业技能知识储备以外，培养具有创新能力、适应能力、沟通协作技能、自学能力和管理能力等显得尤为重要。

三　测绘地理信息人才培养存在的问题

随着大数据、云计算、AI、激光雷达、导航定位等技术发展，测绘地理信息科学专业人才培养面临着新的机遇和挑战。作为测绘地理信息人才培养的摇篮，各高等院校师资力量、学科定位和培养方向等存在明显差异，如何提高测绘地理信息人才培养质量，适应经济社会快速发展对不同专业人才的需求，是测绘地理信息院校面临的重要课题。测绘地理信息专业人才培养问题主要归纳为以下三个方面。

（一）教学与企业需求脱节，人才培养方式单一

在科学技术快速发展背景下，如何培养企业所需的专业人才，是高等院校面临的挑战。要使高等院校教学大纲适应于企业专业人才需求，对学校和

师资队伍均提出了较高要求。高等院校应根据专业技术发展不断完善教学大纲，依据企业和市场需求，淘汰老旧知识，补充新知识内容，才能够满足社会快速发展对人才的需求。

学生培养停留在基础专业知识的解说、传授等方面，是教学与企业需求脱节的症结之一。学生实践和应用能力创新能力不足；专业相关的社会实践受限于新型仪器设备昂贵，不能为学生提供充足的实践机会。作为应用实践学科，测绘地理信息专业的教学与实践紧密结合，才能激发起学生的专业学习兴趣，为学生未来从业打下坚实基础。

（二）教学实践应用深度不足，专业实践内容单一

测绘地理信息专业实践性强，学生只有通过实习实践，才能将专业知识与应用结合，达到测绘专业人才培养目标。在教学实践环节上，部分院校由于缺乏资金支持，实验仪器设备、硬软件资源配备不足，难以保障多数学生的实践操作，实习过程要求不严格，导致实践操作由个别学生代为完成，对于培养实践性人才实为不利。由于培养方案设计不够合理，导致教学实践环节多处于熟悉软硬件基本操作、数据采集和简单应用等层面，应用深度不足。

由于各高等院校拥有的仪器设备和师资力量差别较大，部分院校的专业实践内容教学安排单一，仅设置传统 GPS 测量、全站仪测量等教学实践，遥感软件设计教学、GIS 二次开发软件设计教学、激光雷达测量实践、倾斜摄影教学实践等缺位。

（三）测绘地理空间信息科学与其他交叉学科渗透较少

测绘地理信息科学专业涉及的应用面很广，比如激光雷达设备已经在测绘、电力、林业、交通、地质、农业、汽车、气象等多行业应用。在大数据、AI 技术快速发展背景下，特别是数学、计算机学科与测绘地理信息学科结合得更加紧密。在当前科技发展的大背景下，测绘地理信息专业应与其他交叉学科充分交流渗透，为社会相关岗位提供高质量人才。

四　针对激光雷达企业的人才培养建议

（一）激光雷达科学研究型人才培养

科学研究型人才应该具有扎实的数理基础和较强的英语运用能力，善于学习，可以较熟练地查阅相关专业文献。激光雷达科学研究型人才，在大学期间应学习激光雷达相关知识，掌握激光雷达的工作机理及应用领域，并具备一定专业算法研发能力和计算机软件开发能力。

在本科教育培养期间，科学研究型人才应注重数理基础、程序设计和专业英语学习，并在研究生阶段培养独立从事科学研究和承担科研项目的能力，丰富和完善包括激光雷达、测量相机等航天、航空和地面传感器工作机理及相关知识，培养解决测绘地理信息科学专业相关领域的科学研究和应用问题的能力。

（二）激光雷达工程应用型人才培养

工程应用型人才应该具有较强专业知识应用能力，动手能力强，善于利用专业应用软件和工具软件解决工程应用中的实际问题。激光雷达工程应用型人才，在大学期间应学习激光雷达相关知识，掌握激光雷达的工作机理及相关知识，能较熟练使用行业内的专业应用软件，独立完成行业生产成果制作，能结合不同专业应用软件特点，解决有关应用问题。

在大学教育培养期间，工程应用型人才应注重专业基础学习以及专业仪器设备的应用实践，加强专业应用软件的实习训练，培养分析和解决行业应用问题的能力。在课程实习和专业实践中提高对专业仪器设备、专业应用软件的操作和实际应用技能，培养工程应用中分析和解决实际问题的能力。

（三）激光雷达复合型人才培养

应用复合型人才应该具有较好的专业基础，并善于学习与专业相关的知识。激光雷达复合型人才，在大学期间应学习激光雷达相关知识，掌握不同类型传感器特点和使用技能，能为激光雷达各行业应用提供解决方案。

在大学教育培养期间，复合型人才应加强专业知识扩展学习，在掌握基本专业知识的基础上，培养地球空间信息相关的跨学科知识学习兴趣，熟悉相关行业的需求，并能将所学专业知识与应用需求相结合，提出相关行业问题的激光雷达应用解决方案。

五　结束语

激光雷达是近年来快速发展起来的新技术，与测绘地理信息专业密切相关。受制于高等院校激光雷达师资力量、激光雷达设备和教学课程设置限制，以及智能汽车快速发展对激光雷达人才的需求，目前激光雷达专业人才尤为稀缺，一定程度影响了激光雷达企业的发展。本文从激光雷达所涉及的研究内容和应用领域出发，分析了激光雷达专业人才应具备的专业知识背景，以及测绘地理信息学科人才培养存在的问题，进一步提出了针对激光雷达企业的测绘地理信息学科专业人才培养建议。

参考文献

[1] 张兵、韦锐、查勇等:《应用型本科院校地理信息科学专业技能型人才培养模式研究》,《测绘通报》2016 年第 4 期，第 133~137 页。

[2] 李峰、孙广通、刘文龙等:《适应创新人才培养的三维激光实验教学模式探究》,《实验室研究与探索》2019 年第 4 期，第 188~192 页。

[3] 陈慧勤、周聪、陈燚:《产学研模式在激光技术人才培养中的创新与实践》,《应用激光》2017 年第 2 期，第 297~301 页。

[4] 万鲁河、张冬有、李苗:《地理信息系统专业创新型人才培养体系的设计与实践》,《继续教育研究》2017 年第 9 期，第 22~25 页。

[5] 王芳、夏丽华、冯艳芬:《地理信息系统专业人才分层次培养模式研究》,《中山大学学报》2007 年第 1 期，第 42~45 页。

Abstract

Talent is the first resource and the most critical element for the development of surveying, mapping and geoinformation (abbreviated as SM&G) industry. In order to explore the development direction of the demand and cultivation of SM&G talents in the new era, the Development Research Centre of Surveying and Mapping of the Ministry of Natural Resources edited the blue book "Report on demand and cultivation of surveying, mapping and geoinformation talents (2021)", which is the twelfth of the *Blue Book of China's* SM&G. The officials, experts and entrepreneurs were invited to write articles about current status of SM&G talents and to analyze the new needs of SM&G talents in the new era, and to discuss the cultivation measures of SM&G talents.

The book includes keynote article and special reports. The keynote article summarized the current situation of cultivation of SM&G talents, sorted out the current situation and cultivation of three types of talents, including professional talents, skilled talents, and entrepreneur management talents, and analyzed the existing problems and their causes. The new demand for SM&G talents such as science and technology self-reliance, natural resource management, digital economy development, and enhancement of China's global governance system capabilities were put forward. Finally, the policy recommendations to strengthen the cultivation of SM&G talents in the new era were given out.

Special reports consist of comprehensive section, university subjects section and enterprise section. These reports discussed how to improve the cultivation of SM&G talents from different aspects.

The publication of this book has been strongly supported by Beijing Digsur Science and Technology Co., Ltd..

Keywords: Talent; Surveying & Mapping and Geoinformation; Talent Demand; Talent Cultivation

Contents

I Overview

Abstract: The present states of of surveying & mapping and geoinformation talents were summarized and analyzed. The cultivation condition of professional talents skilled talents and enterprise management talents were summarized. The existing problems and their causes of talents cultivation were analyzed. The new demands on surveying & mapping and geoinformation talents in the new era, such as the self-reliance of science and technology, natural resources management, the development of the digital economy, , and the enhancement of China's global governance system capabilities were studied. Finally, some relevant policy recommendations for strengthening the cultivation of surveying & mapping and geoinformation talents in the new era were put forward.

Keywords: Talents; Surveying & Mapping and Geoinformation; Talent Cultivation Talent Demand

Ⅱ Comprehensive Articles

B.2 Insights into the Demand for Surveying & Mapping and Geoinformation Technology Talents in the New Era

Song Chaozhi / 023

Abstract: This article analyzed the social and economic development situation facing surveying & mapping and geoinformation professional talents in the new era. Based on the current situation of the surveying & mapping and geoinformation talents, the new demands for surveying & mapping and geoinformation talents which consists of the performance of the "Two unifications" duties of Ministry of Natural Resources, the high-quality development of the geoinformation industry, and science and technology innovation, which may provide reference for the development of surveying & mapping geoinformation professional talents in the new era.

Keywords: Demands on Talents; "Two Unifications" Duties; Geoinformation Industry; Science and Technology Innovation

B.3 The Demand of Natural Resource Management on Surveying & Mapping and Geoinformation and Talents

Chen Jianguo, Lou Yanmin / 033

Abstract: Based on the main management functions of the natural resources department and investigation and research, this article comprehensively analyzed the relationship between the core business of natural resource management and surveying & mapping and geoinformation, and the demand for surveying & mapping and geoinformation and talents in natural resource management. Also, the services that provides surveying & mapping and geoinformation for natural resource management were concluded. The problems and deficiencies of the construction of the talents were studied. It was suggested that surveying & mapping and geoinformation should fully integrate into the overall business of natural resource management, and that the surveying & mapping and geoinformation compound talents that meet the needs of natural resource management should be cultivated.

Keywords: Natural Resource; Surveying & Mapping and Geoinformation; Talent Demand; Talent Cultivation

Abstract: In order to understand the current situation and the of existing problems of cultivation of surveying & mapping and geoinformation talents of China, relevant information about surveying and mapping majors were collected and analyzed. These information consists of cultivation objectives, disciplines, and curriculum systems. From the results, it is found that the quality of cultivation of surveying & mapping majors is good. Meantime, there are still some problems, such as unclear characteristics of professional objectives, insufficient ntegration between disciplines, prominent homogeneity among majors and universities, and obsolete professional skills. It is recommended that the OBE concept be used as a guide to redefine the boundaries of various majors in surveying & mapping, condense the core knowledge, abilities, skills and accomplishments of each major, reconstruct the curriculum system, and promote the high-quality development of higher education in surveying & mapping.

Keywords: Surveying & Mapping and Geoinformation; Talent Cultivation; Curriculum Systems; Homogeneity

B.5 Research on the Demand for Urban Surveying & Mapping and Geoinformation Talents and System Construction in the New Era

Yang Bogang, Xing Xiaojuan, Zhang Dan, Dong Ming and Cao Yongchao / 059

Abstract: The new era has brought important changes to the development of urban surveying & mapping and geoinformation. The new demands brought about by new businesses in the natural resources field and the new challenges brought about by the development of new technologies have continuously promoted the reconstruction of the urban surveying & mapping and geoinformation talent system in the new era. This article analyzed the new situation facing the development of surveying & mapping and geoinformation talents in the new era. The present state and demand of urban surveying & mapping and geoinformation talents were analyzed with Beijing as an example. The strategies and guarantee measures to build the surveying & mapping and geoinformation talents system in the new era were put forward.

Keywords: New Era; Surveying & Mapping and Geoinformation; Talent Demand; System Construction; Beijing

Abstract: The field of urban construction is one of the important service areas of surveying & mapping and geoinformation. The talents of surveying & mapping and geoinformation play an indispensable role in all aspects of urban planning and construction management. At present, urban construction has entered a new stage of high-quality development, and new requirements have been put forward for surveying & mapping and geoinformation services. Based on the analysis of the characteristics of new urban surveying & mapping and geoinformation services under the background of high-quality development of urban construction, this article discussed the demands for urban surveying & mapping and geoinformation talents' knowledge and ability, and put forward relevant suggestions.

Keywords: Surveying & Mapping and Geoinformation; City Planning; Construction Management; High-Quality Development; Talent

Abstract: The historical evolution and development status of smart logistics were discussed. The problems in the development of smart logistics were analyzed. The demand for geoinformation talents of smart logistics was discussed. The trend of the demand for geoinformation talents of smart logistics was pointed out.

Keywords: Smart Logistics; Geoinformation; Informatisation; Talent Demand

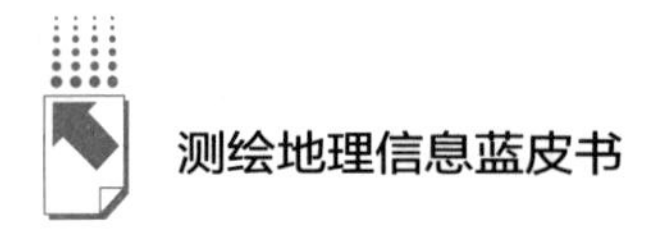

B.8 Marine Surveying and Mapping Education and Talent Cultivation

Yang Fanlin, Zhang Kai / 098

Abstract: Marine surveying and mapping provides basic marine geoinformation data for various ocean-related activities. At present, construction of maritime power has been a long-term strategic goal of China. The importance of marine surveying and mapping has been highlighted. The increasing frequency of various ocean-related activities puts forward an urgent need for the cultivation of talents in ocean surveying and mapping. This article introduced the current situation of China's ocean surveying and mapping higher education from the aspects of discipline construction, representative academic institutions in the field, and talent cultivation. The status of cultivation development and future directions were analyzed.

Keywords: Marine Surveying and Mapping; Discipline Construction; Social Demand; Talent Cultivation

B.9 Analysis of the Demand for Practical Surveying and Mapping Talents in the Railway Industry

Zhang Guanjun / 109

Abstract: The current situation and prospects of railway engineering surveying technology were studied. The demand for surveying and maping talent of railway survey and design companies, construction companies and operation management companies, as well as the characteristics of surveying and mapping in the railway industry.were analyzed. Based on above, the demands for practical surveying and mapping talents of railway industry were analyzed. Some suggestions on the positioning of surveying and mapping majors in colleges and universities, and the curriculum setting of surveying and mapping majors in response to the needs of

surveying and mapping talent in the railway industry were put forward.

Keywords: Railway; Survey Engineer; Railway Engineering Survey; Talent

Ⅲ University and Subjects

Abstract: With the development of sensors and computer technology, photogrammetry has entered the era of spatio-temporal big data, which brought new opportunities and challenges to the development of the traditional photogrammetry industry and the cultivation of professional talent. This article firstly introduced the development and trends of photogrammetry disciplines, from analog photogrammetry, analytical photogrammetry, and digital photogrammetry to intelligent photogrammetry. Then the latest application fields of photogrammetry in the spatio-temporal big data era were discussed. The talent cultivation models of the photogrammetry discipline of China and other countries were analyzed and compared. Finally, the new demand for the talent cultivation of photogrammetry discipline under the new situation of artificial intelligence was illustrated.

Keywords: Photogrammetry; Spatio-temporal Big Data; Artificial Intelligence; Talent Cultivation

Abstract: The discipline of remote sensing has developed vigorously in recent years. The interdisciplinary of remote sensing science and technology was officially approved in 2019. Remote sensing has become ubiquitous. There are strong demands for talents in remote sensing science and technology from various fields. This article firstly analyzed the development of the discipline of remote sensing science and technology. Then the demand for talent cultivation of remote sensing science and technology. The present situation and cultivation mode of talent cultivation of remote sensing science and technology were explored. Finally, the demand and cultivation mode of remote sensing science and technology talents were prospected.

Keywords: Discipline of Remote Sensing; Remote Sensing Science and Technology; Talent Demand; Cultivation Mode; Interdisciplinary

Abstract: Technological innovations such as the Internet of Things, big data, and artificial intelligence, as well as application requirements such as dynamic monitoring, automatic modeling, and travel services, have spawned the transformation and upgrading of the discipline of surveying & mapping and geoinformation, thus putting forward new demands on the knowledge system and capabilities of practitioners. This paper analyzed the development status and trends of surveying and location services, remote sensing technology and its application, cartography and geoinformation in recent years. It was proposed that under the comprehensive effect of the discipline's own development and external factors, the reform and innovation of the surveying and mapping geoinformation discipline is a necessity. Based on the demand for future talents, four suggestions were put forward for the education of surveying & mapping and geoinformation in colleges and universities, namely, the innovation of the education of basic theory and method of surveying & mapping and geoinformation,

the new engineering cultivation model of multidisciplinary, the application orientation for significant demands, and the comprehensive innovation of the cultivation system.

Keywords: Surveying and Mapping Science and Technology; Information Communication; Big Data; Artificial Intelligence; New Engineering Discipline

Abstract: With the rapid development of new technologies such as sensor networks, big data, and machine learning, traditional geoinformation science education with the basic knowledge framework of geographic science, surveying and mapping methods, information technology and application field education is facing a new turning point. On the one hand, the classic knowledge structure has its characteristics of stability and continuity. On the other hand, new theoretical frameworks and technical systems are surging in, which urgently needs to be incorporated into modern geoinformation science and engineering education. This article illustrated some of the author's thoughts on how geoinformation education, which is at a point of change, faces the arrival of the intelligent age.

Keywords: Geoinformation; Intelligent Era; Talent Cultivation; Internationalization

Abstract: Faced with the changes in the demand for geoinformation science talents in the new era, and in view of the current problems and contradictions in the cultivation of geoinformation science professionals, three major cultivation concepts were proposed: "geographical qualities", "one specialization with multiple abilities", and "various types". Around the three concepts, a "thick foundation and wide-calibre" talent cultivation model has gradually formed, and it has been tested in practice in the School of Geography and Remote Sensing, Guangzhou University. Practice shows that the "thick foundation, wide-calibre" talent cultivation model can fully cultivate students' comprehensive ability, significantly improve their employment competitiveness, and enable students to find a development platform that is more suitable for them.

Keywords: Geoinformation Science; Cultivation of Innovative Talents; Thick Foundation; Wide-Calibre

B.15 Collaboration of Science and Education, Integrate with the World, and Cultivate Top-Ranking Surveying & Mapping and Geoinformation Talents

Gong Huili, Li Xiaojuan and Deng Lei / 180

Abstract: Talent is the most critical element for the development of surveying & mapping and geoinformation industry. This paper analyzed the current situation and existing problems of undergraduate cultivation in geoinformation science in China in the new era, and systematically explored the measures and methods of cultivating a new generation of innovative high-quality geography talents with international perspectives and mastering the application of high-tech geosciences. Based on the practice of Capital Normal University's geoinformation science first-class professional talent cultivation in the collaboration of science and education and internationalization, the construction and progress of the geoinformation science professional talent cultivation system were discussed, which may be a reference for other related universities.

Keywords: Geoinformation Science; Talent Cultivation System; Collaboration of Science and Education; Internationalization

Abstract: The Ministry of Education of China proposed that one of the goals of the construction of new engineering courses in universities is to cultivate innovative talents with engineering practice capabilities. The development of surveying and mapping instruments and methods poses new challenges for the construction of surveying and mapping discipline, and also produces higher requirements for the comprehensive capabilities of talents. This article took the transformation and upgrading of the mine surveying major of China University of Mining and Technology as an example, and discussed the reform ideas of the development of the surveying and mapping engineering major and the cultivation of innovative talents under the new engineering situation, whose aim is to promote the transformation and upgrading of the surveying and mapping major from the traditional old major to "space-sky-earth" new engineering disciplines.

Keywords: New Engineering Discipline; Survey Engineering; Transformation of Major; Innovative

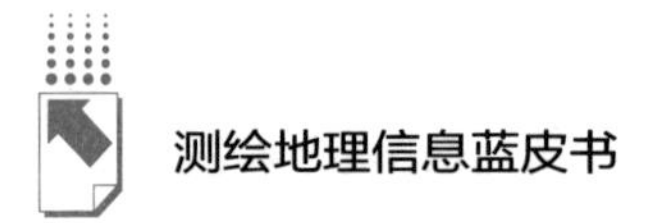

Abstract: This article discussed the methods and measures of the construction concept, faculty, course materials, talent cultivation and demonstration radiation of the surveying & mapping and geoinformation major in architectural universities. Aiming at the problems of imperfect disciplines, lack of prominent advantages in construction industry, insufficient intersecting and application-oriented teachers, inability to highlight the characteristics of the construction industry in student employment, and weak humanistic quality education faced by the surveying & mapping and geoinformation majors in architectural universities, some suggests were put forward, namely, adhereing to the independence of teaching institutions, highlighting the characteristics of the construction industry, strengthening disciplines integration and cross-type teacher cultivation, and emphasizing humanistic quality education.

Keywords: Architectural Universities; Surveying & Mapping and Geoinformation; Talent Cultivation

Abstract: This article firsly analyzed the existing problems of vocational education and the reform background. Then combined with the teaching reform practice of "learning, doing, and teaching" in Henan Vocational College of Surveying and Mapping, it discussed the construction of a "dual" education

platform for school-enterprise cooperation. The formulation of the talent cultivation program with ability achievement as the core were introduced. The implementation process of "learning, doing, and teaching" three-in-one teaching reform and its results were disscussed.

Keywords: Vocational Education; School-Enterprise Cooperation; Teaching Reform

Ⅳ Enterprises

Abstract: This article first briefly analyzed the demand for surveying & mapping and geoinformation talents under the background of the transformation and upgrading of the surveying & mapping and geoinformation industry. Then it discussed the talent strategy of high-tech geoinformation enterprises in the high-quality development process, taking Beijing Digsur Technology Co., Ltd as an example. Finally, some suggestions on the future cultivation of surveying & mapping and geoinformation talents were put forward.

Keywords: Surveying & Mapping and Geoinformation; High-Quality Development; Talent Strategy

Abstract: Driven by the new era, new technologies and new demands, the technologies and services of the surveying & mapping and geoinformation industry are undergoing tremendous progress and changes. It have been proved that innovative talents are one of the main driving forces of these progress and changes. Geoinformation enterprises are indispensable participants and contributors to this transformation process. The enterprises must realize that only innovative talents can promote the transformation of their businesses and forming new services that meet the needs of the new era. This article aims to explore what kind of innovative talents geoinformation enterprises need, how to cultivate, and what challenges exist, and try to clarify the profile of innovation and innovative talents of geoinformation enterprises.

Keywords: Innovation; Innovative Talents; Geoinformation Enterprise

Abstract: At present, the deep integration of surveying & mapping and geoinformation with new technologies such as the Internet of Things, big data, cloud computing, 5G communications, and artificial intelligence has spawned more new products, new models and new formats. The geoinformation industry is developing towards high quality. During the transformation and upgrading stage, the demand for talents has become increasingly prominent. Taking the five-year transformation and upgrading practice of South Surveying & Mapping Technology Co., Ltd. as an example, this article analyzed the development situation of the geoinformation industry, as well as the key points of the recruitment and appointment of talents, which may be reference for geoinformation enterprises and relative universities and scientific research institutions.

Keywords: Geoinformation Industry; Transformation and Upgrading; Cross-Border Integration; Talent Cultivation

Abstract: With the development of the geoinformation industry, enterprises' demand for geoinformation talents will inevitably remain high. This article analyzed the impact of geoinformation industry market demand on talents, and the impact of geoinformation technology development trends on talents, and put forward the talent needs of geoinformation enterprises and relative advices of talent cultivation.

Keywords: Geoinformation Enterprise; Analysis of Geoinformation Market; Talent Cultivation

Abstract: In response to the demand for talents of innovative surveying & mapping and geoinformation enterprises in recent years, starting with Lidar enterprises and their research content and industry applications, the demands of Lidar enterprises for surveying & mapping and geoinformation professionals were analyzed. The main problems of surveying & mapping and geoinformation professional cultivation were discussed. In response to the demands for the surveying & mapping and geoinformation professionals of the Lidar enterprises, some suggestions on talent cultivation were put forward.

Keywords: Lidar Enterprises; Surveying & Mapping and Geoinformation; Hierarchical Talent Cultivation

皮 书

智库成果出版与传播平台

❖ 皮书定义 ❖

皮书是对中国与世界发展状况和热点问题进行年度监测，以专业的角度、专家的视野和实证研究方法，针对某一领域或区域现状与发展态势展开分析和预测，具备前沿性、原创性、实证性、连续性、时效性等特点的公开出版物，由一系列权威研究报告组成。

❖ 皮书作者 ❖

皮书系列报告作者以国内外一流研究机构、知名高校等重点智库的研究人员为主，多为相关领域一流专家学者，他们的观点代表了当下学界对中国与世界的现实和未来最高水平的解读与分析。截至 2021 年底，皮书研创机构逾千家，报告作者累计超过 10 万人。

❖ 皮书荣誉 ❖

皮书作为中国社会科学院基础理论研究与应用对策研究融合发展的代表性成果，不仅是哲学社会科学工作者服务中国特色社会主义现代化建设的重要成果，更是助力中国特色新型智库建设、构建中国特色哲学社会科学“三大体系”的重要平台。皮书系列先后被列入“十二五”“十三五”“ 十四五”时期国家重点出版物出版专项规划项目；2013~2022 年，重点皮书列入中国社会科学院国家哲学社会科学创新工程项目。

皮书网

（网址：www.pishu.cn）

发布皮书研创资讯，传播皮书精彩内容

引领皮书出版潮流，打造皮书服务平台

栏目设置

◆ **关于皮书**

何谓皮书、皮书分类、皮书大事记、皮书荣誉、皮书出版第一人、皮书编辑部

◆ **最新资讯**

通知公告、新闻动态、媒体聚焦、网站专题、视频直播、下载专区

◆ **皮书研创**

皮书规范、皮书选题、皮书出版、皮书研究、研创团队

◆ **皮书评奖评价**

指标体系、皮书评价、皮书评奖

◆ **皮书研究院理事会**

理事会章程、理事单位、个人理事、高级研究员、理事会秘书处、入会指南

所获荣誉

◆ 2008 年、2011 年、2014 年，皮书网均在全国新闻出版业网站荣誉评选中获得“最具商业价值网站”称号；

◆ 2012 年，获得“出版业网站百强”称号。

网库合一

2014年，皮书网与皮书数据库端口合一，实现资源共享，搭建智库成果融合创新平台。

皮书网

“皮书说”微信公众号

皮书微博

中国社会发展数据库（下设12个专题子库）

紧扣人口、政治、外交、法律、教育、医疗卫生、资源环境等12个社会发展领域的前沿和热点，全面整合专业著作、智库报告、学术资讯、调研数据等类型资源，帮助用户追踪中国社会发展动态、研究社会发展战略与政策、了解社会热点问题、分析社会发展趋势。

中国经济发展数据库（下设12专题子库）

内容涵盖宏观经济、产业经济、工业经济、农业经济、财政金融、房地产经济、城市经济、商业贸易等12个重点经济领域，为把握经济运行态势、洞察经济发展规律、研判经济发展趋势、进行经济调控决策提供参考和依据。

中国行业发展数据库（下设17个专题子库）

以中国国民经济行业分类为依据，覆盖金融业、旅游业、交通运输业、能源矿产业、制造业等100多个行业，跟踪分析国民经济相关行业市场运行状况和政策导向，汇集行业发展前沿资讯，为投资、从业及各种经济决策提供理论支撑和实践指导。

中国区域发展数据库（下设4个专题子库）

对中国特定区域内的经济、社会、文化等领域现状与发展情况进行深度分析和预测，涉及省级行政区、城市群、城市、农村等不同维度，研究层级至县及县以下行政区，为学者研究地方经济社会宏观态势、经验模式、发展案例提供支撑，为地方政府决策提供参考。

中国文化传媒数据库（下设18个专题子库）

内容覆盖文化产业、新闻传播、电影娱乐、文学艺术、群众文化、图书情报等18个重点研究领域，聚焦文化传媒领域发展前沿、热点话题、行业实践，服务用户的教学科研、文化投资、企业规划等需要。

世界经济与国际关系数据库（下设6个专题子库）

整合世界经济、国际政治、世界文化与科技、全球性问题、国际组织与国际法、区域研究6大领域研究成果，对世界经济形势、国际形势进行连续性深度分析，对年度热点问题进行专题解读，为研判全球发展趋势提供事实和数据支持。

法律声明